创客电子制作

分立元件

王晓鹏◎编

·北京·

图书在版编目（CIP）数据

创客电子制作：分立元件 / 王晓鹏编．—北京：化学工业出版社，2020.8（2023.4重印）
ISBN 978-7-122-37043-3

Ⅰ．①创…　Ⅱ．①王…　Ⅲ．①电子器件 - 制作　Ⅳ．①TN

中国版本图书馆 CIP 数据核字（2020）第 087493 号

责任编辑：宋　辉　　装帧设计：王晓宇
责任校对：边　涛

出版发行：化学工业出版社（北京市东城区青年湖南街13号　邮政编码100011）
印　　装：北京瑞禾彩色印刷有限公司
710mm×1000mm　1/16　印张14½　字数269千字　2023年4月北京第1版第2次印刷

购书咨询：010-64518888　　售后服务：010-64518899
网　　址：http://www.cip.com.cn
凡购买本书，如有缺损质量问题，本社销售中心负责调换。

定　　价：58.00元

前言

本书选取了30个相对比较简单实用的小电路，采用分立元件焊接完成，制作成功率高，是学习电子技术的入门实践指导用书。

本书共分为两章，第一章是元件和器材介绍，对本书中所使用的元件均做了较为详细的介绍，对所需要的工具和仪表也做了一些讲述。本章是基础，对于以前没接触过电子制作的读者，建议先完整阅读此章，有了了解之后再动手实践，也就是常说的“磨刀不误砍柴工”。第二章是实战篇，按照灯光控制类、门铃音响类、开关控制类、无线发射接收类、信号检测类、报警器类和音频放大类进行分类，共列举了30个电路，每个电路都有原理简介、电路原理图、印板图、元件清单以及详细的装配步骤，可为读者提供有针对性的装配指导。

为了方便读者提高动手能力，笔者的淘宝店提供配套的制作器件，包括印刷电路板和所有器件以及制作工具，这10个电路在目录中带有*号标志，同时，扫描书中的二维码，可以观看详细的焊接装配视频。完成这10款典型电路的制作，就基本上掌握了本书的核心内容。其余20款电路，也鼓励有兴趣的读者选做，书中也提供了电路实验效果的演示视频，用手机扫描二维码即可观看。

为了便于大家交流，我们还组建了专门的微信群，有关电路的分析、装配、调试、讨论等，都可以在群里交流，我们也将为进群的读者提供必要的技术帮助，也会适时提供优惠信息和免费资料。

我们计划后续还将推出数字电路制作、运放电路制作、传感器电路制作等多种进阶电子DIY制作图书和配套器材，以期为读者提供全新的电子技术理论学习和动手实践套装。

本书在策划编写过程中，得到了中国航天科工集团第二研究院工会、北京新风航天装备有限责任公司工会的大力支持。本书由王晓鹏编写，张利哲完成制表、校核等工作。由于我们的精力和水平有限，书中难免存在一些不足，欢迎广大读者批评指正。

编者

本书交流微信群

电子制作 QQ 群

应用电子淘宝店

目录

第一章

元件和器材

第一节　电阻器

1. 固定电阻器

电阻器通常简称为电阻，具有限制电流通过的功能，是电路中使用最为广泛的元件。根据制造材料和结构的不同，电阻的种类很多，常见的有碳膜电阻、金属膜电阻、线绕电阻、水泥电阻、贴片电阻等，功率从1/16W（瓦）到几十瓦甚至更大功率都有，本书实验所采用的就是最常见的普通碳膜电阻，功率为1/4W的。这是由于1/4W的电阻体积大小合适，色环易于识别，功率能够满足需要，且易于购买，价格低廉。其实物外观如图1-1-1所示。

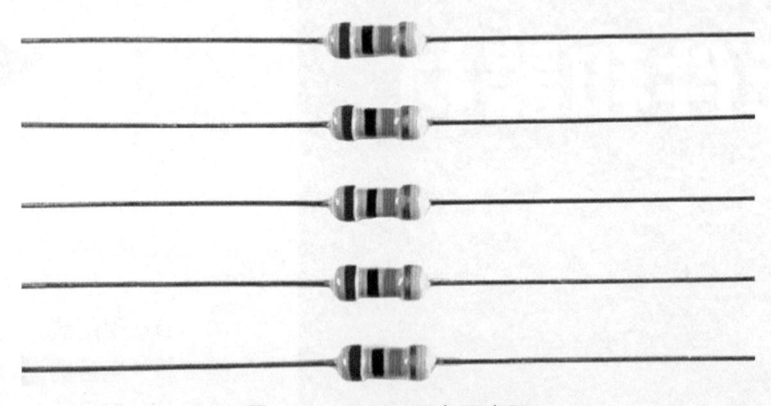

图1-1-1　1/4W四色环电阻

图1-1-2是普通固定电阻器的电路图形符号。从图中可以看出，电阻有两个引脚，不区分正负极性，用大写字母R来表示，R后面的数字表示该电阻在电路中的编号，1kΩ表示该电阻的阻值。在有的电路中，例如“R1”后面还标注有“*”，即“R1*”，这一般表示该电阻允许在一定范围内调整阻值，以满足实际需要。

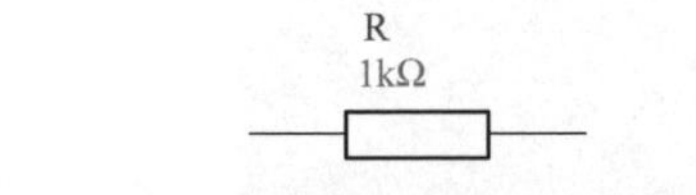

图1-1-2　普通固定电阻器电路图形符号

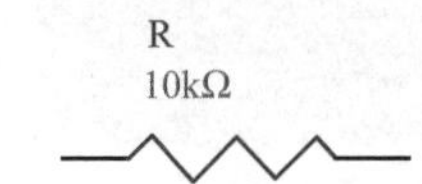

图1-1-3　国外常用的固定电阻器电路图形符号

图 1-1-3 是另外一种电阻图形符号，这种符号经常出现在国外电路图中，我们在阅读翻译版本的图书中也会经常看到。

电阻的特点就是对流经的电流形成阻碍，不论电流是直流还是交流，流经电阻的电流就会在电阻两端产生压降。电阻最主要的参数是电阻值和额定功率。

电阻值反映了其阻碍电流通过能力的大小，基本单位是欧姆，简称“欧”，单位符号是Ω。欧的单位相对较小，因此常用的单位还有千欧（kΩ）、兆欧（MΩ），它们之间的关系是

$$1000\Omega=1k\Omega \quad 1000k\Omega=1M\Omega$$

如果电路图上电阻阻值数字后面没有标注单位，这通常表示电阻阻值单位为欧姆（Ω）。

在电阻器制造过程中，由于成本和技术的限制，电阻的实际阻值与标称值之间不可避免地存在一定的误差，因此规定了一个允许的误差参数。显然，精度高的电阻，其制造难度就高，成本高，价格自然也会高一些。而精度低的电阻，制造难度低，成本也低，售价也就便宜一些。在不同的电路中，对电阻的精度要求也不尽相同，有的电路要求电阻值必须十分精确才能确保电路正常工作，而更多的电路则允许电阻值存在一定的误差，电路的稳定工作不会受到影响。

小功率的电阻一般都用色环来表示阻值和误差，常见的有四色环和五色环两种表示方法，表 1-1-1 列出了四色环电阻各道色环的具体含义。

表 1-1-1　四色环电阻的表示方法

色环颜色	第一道色环（第一有效位）	第二道色环（第二有效位）	第三道色环（乘以 10 的 N 次方）	第四道色环（误差范围）
黑	0	0	10^0	—
棕	1	1	10^1	—
红	2	2	10^2	—
橙	3	3	10^3	—
黄	4	4	10^4	—
绿	5	5	10^5	—
蓝	6	6	10^6	—
紫	7	7	10^7	—
灰	8	8	10^8	—
白	9	9	10^9	—
金	—	—	—	±5%
银	—	—	—	±10%

从表中可以看出，在四色环电阻中，前两道色环表示有效位，第三道色环表示乘以 10 的 *N* 次幂，第四道色环表示允许的误差范围，阻值的单位为欧姆（Ω）。对第三道色环的表示“10 的 *N* 次方”还有一个简便的计算方式就是将第三道色环看成“0”的个数，*N* 就是 0 的个数，直接加在前两位有效数字的后面，就得到电阻的阻值，非常简便、直观。

举例来说，某只电阻，其色环分别为“棕、黑、红、金”，那么对应上述表格中的数字来看，前三道色环就是“1、0、00”，连起来就是 1000，单位 Ω，表示为 1000Ω，也就是 1kΩ，其误差在 ±5% 以内，也就是说这个电阻实际阻值在 950 ～ 1050Ω 之间。

除了四色环电阻，常用的还有五色环电阻，它在第二位有效值之后增加了第三位有效值，从而可以表示更高精度的电阻。图 1-1-4 是 1/4W 五色环电阻的实物外观图。

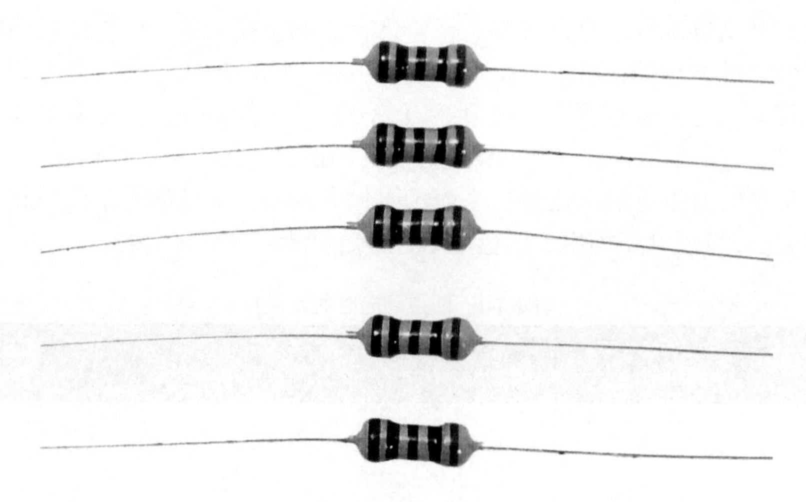

图 1-1-4　1/4W 五色环电阻

表 1-1-2 列出了五色环电阻各道色环的具体含义。

表 1-1-2　五色环电阻的表示方法

色环颜色	第一道色环（第一有效位）	第二道色环（第二有效位）	第三道色环（第三有效位）	第四道色环（乘以 10 的 *N* 次方）	第五道色环（误差范围）
黑	0	0	0	10^0	—
棕	1	1	1	10^1	±1%
红	2	2	2	10^2	±2%
橙	3	3	3	10^3	—

续表

色环颜色	第一道色环（第一有效位）	第二道色环（第二有效位）	第三道色环（第三有效位）	第四道色环（乘以 10 的 N 次方）	第五道色环（误差范围）
黄	4	4	4	10^4	—
绿	5	5	5	10^5	±0.5%
蓝	6	6	6	10^6	±0.25%
紫	7	7	7	10^7	±0.1%
灰	8	8	8	10^8	—
白	9	9	9	10^9	—
金	—	—	—	10^{-1}	—
银	—	—	—	10^{-2}	—

由于五色环增加了一个有效位，因此，其表示阻值的方式与四色环有所不同，同样以上述 1kΩ 电阻为例，五色环表示方式为：棕、黑、黑、棕、棕。

由于电阻本身不区分极性，但色环标识具有唯一性，因此关于色环电阻的读数方向也是唯一的，也就是说拿到手里的电阻，其色环应该从左往右读，还是从右往左读，就需要事先明确。从表 1-1-1 中可以看出，对于四色环电阻，金、银颜色仅用于表示误差，那么金或银色环所在的位置显然应该在结尾，也就是在右边，那么四色环电阻的读数方向也就能确定了。除此之外，第三道色环与第四道色环之间的间距，要比前几道色环的间距大一些，这些都可以为确定读数方向提供依据。四色环电阻目前普遍使用浅土黄色作为底色，在其上面印制色环，各颜色的色差明显，因此识别起来比较容易，稍加练习，很快就能熟练记住各个常用电阻的色环。时间长了，就能做到拿起电阻看一眼，就能知道其阻值。

但对于五色环电阻的识别，可能会存在一定的歧义。市面上常见的小功率五色环电阻，常用“棕”色环来表示误差 ±1%。这样，对于阻值的第一个有效位为“1”的电阻，其色环两端均为棕色，这样从哪边开始读就是个问题。还以前面的 1kΩ 电阻为例，正确的读法是“棕、黑、黑、棕、棕”，但反过来读就变成“棕、棕、黑、黑、棕”，其阻值就被读成 110Ω，即 0.11kΩ，从而导致读数错误。虽然第四道色环与第五道色环之间的间距要大于前几道色环的间距，但对于 1/4W、1/8W、1/16W 等小功率、小体积的电阻来说，密集地印制了五道色环，导致这样的区别非常不明显，很难做出直观的判断。

另外，市面销售的五色环电阻，普遍使用浅蓝色作为底色，再在上面印制色环，在暖色的光线下，较深颜色的色环，如黑、棕、红、蓝、紫等颜色，色差不明显，较难分辨，特别是 1/8W、1/16W 等小功率电阻，体积仅相当于米粒大小，又在上面印制了五道色环，间距又密颜色又接近，对于准确读数来说更显困难。只有那些常年销售电阻的商家才能一眼分辨出阻值，普通用户确实很难准确分辨。

对于这种情况，我们建议最好的方法还是用万用表电阻挡实测一下，很方便，也不用担心读错色环，导致阻值读数错误。

为了尽量减少规格，便于采购，降低成本，增加通用性，本书中的实验共选取了四色环共 13 种阻值的电阻，具体阻值、色环及外观如表 1-1-3 所示。

表 1-1-3　实验所需电阻阻值、色环及实物图

阻值	色环	实物图样式	阻值	色环	实物图样式
47Ω	黄 紫 黑 金		27kΩ	红 紫 橙 金	
100Ω	棕 黑 棕 金		47kΩ	黄 紫 橙 金	
470Ω	黄 紫 棕 金		100kΩ	棕 黑 黄 金	
1kΩ	棕 黑 红 金		200kΩ	红 黑 黄 金	
2kΩ	红 黑 红 金		470kΩ	黄 黑 黄 金	
4.7kΩ	黄 紫 红 金		1MΩ	棕 黑 绿 金	
10kΩ	红 黑 橙 金				

2. 可变电阻器

可变电阻器也称可调电阻器，顾名思义，这种电阻器的阻值可以在一定范围内调整，在一些要求电阻阻值可以调整的电路中，经常会使用到这种电阻器。

本书中一共使用了两种规格的卧式可变电阻，如图 1-1-5 所示，图 1-1-6 是原理图符号，用 RP 来表示。它的引脚垂直向下，顶部有十字形槽，可以使用一字或十字改锥调整阻值。它有 3 个引脚，左、右两端引脚内部连接的是定片 1 和定片 2，这两个引脚之间的阻值是固定不变的，中间的引脚在内部连接的是动片，也就是符号中带箭头的部分，它是可以左右转动的，当用一字形改锥伸入十字槽中转动时，动片上的触点在可变电阻内部的膜式电阻片上进行滑动。当动片沿顺时针方向旋转时，相当于图 1-1-6 中的动片向下滑动，定片 1 与动片之间的电阻增大，动片与定片 2 之间的电阻值减少，当动片滑至最右边的位置时，等同于图 1-1-6 中动片移至最下端时，定片 1 与动片之间的电阻阻值为最大值，等于标称值，动片与定片 2 之间的阻值等于 0。当动片沿逆时针方向旋转时，阻值的变化与上述情形相反。

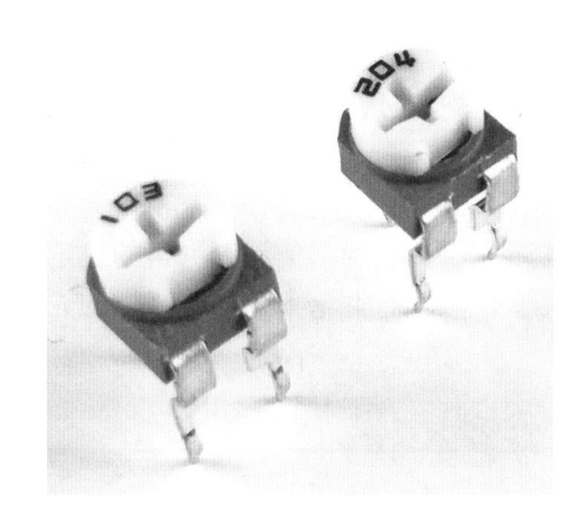

图 **1-1-5**　卧式可变电阻

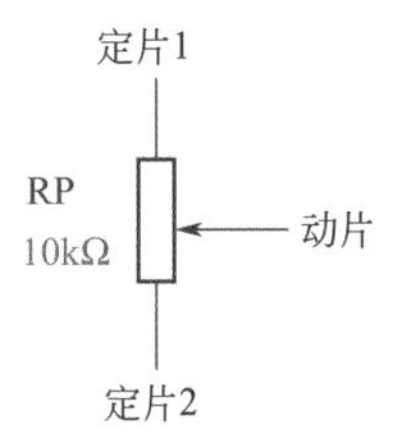

图 **1-1-6**　可变电阻器电路图形符号

严格讲，可变电阻器适用于调整不太频繁的电路中，通过改变阻值使电路达到规定要求后，就固定下来，不再经常改变阻值。与可变电阻器功能相似的还有电位器，其结构更加坚固，在电路中调整更加频繁，如很多音响设备上的音量、音调调整旋钮，就是由音量电位器构成的。在新的国家标准中，可变电阻器的电路符号如图 1-1-7 所示。

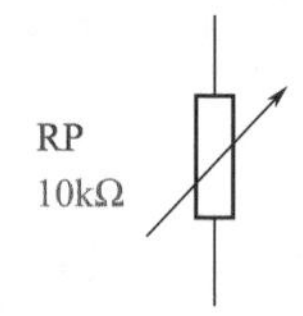

图 1-1-7　可变电阻器最新电路图形符号

可变电阻的标称阻值是其两个固定引脚之间的阻值，一般直接标示在可变电阻上，用 3 位数字来表示，前两位表示为有效位，第三位是表示乘以 10 的 *N* 次方。按照前面介绍的简便方法，第三位也可以看成在前两位有效位之后，添加相应个数的“0”。例如在本书的实验中，用到的可变电阻实物上标识为“103”，可以看成在“10”后面添 3 个“0”，即“10000”，单位为欧姆（Ω），也就是 10kΩ。同样，可变电阻实物上标识为“204”，即表示标称阻值为 200kΩ。

3. 光敏电阻器

光敏电阻器是阻值可以随光线照射的强弱变化而变化一种器件，当光线照射强时，呈现的电阻值小，光线照射弱时，电阻值大。光敏电阻外观如图 1-1-8 所示，电路图形符号如图 1-1-9 所示，用 RG 来表示，其中 R 表示电阻，G 表示阻值与光相关。光敏电阻有两个引脚，不区分极性。光敏电阻的制作材料也有多种，常见的是采用金属的硫化物、硒化物等半导体材料制成，基本原理是光电效应，在光敏电阻两端的电极上加上电压，其中会有电流通过，当受到光线照射时，电流就会随光线强弱而变化，从而实现光电转换。

光敏电阻的主要参数是暗电阻和亮电阻。暗电阻是在标准室温和全暗条件下，呈现的稳定电阻值。亮电阻是在标准室温下和一定光照条件下测得的稳定的电阻值。一般来说，光敏电阻的暗电阻越大越好，亮电阻越小越好，这样的光敏电阻灵敏度较高。

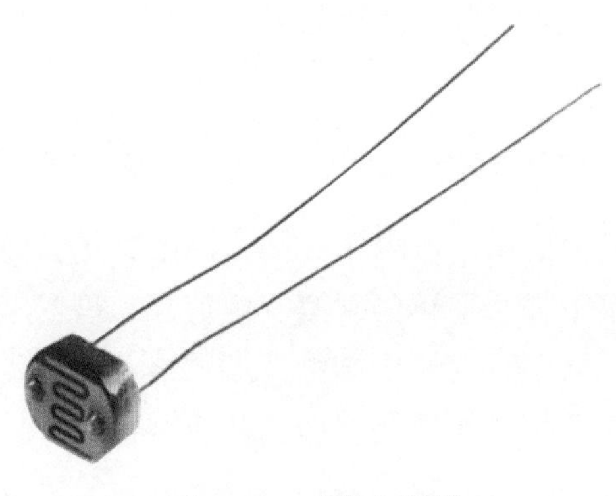

图 1-1-8　光敏电阻器

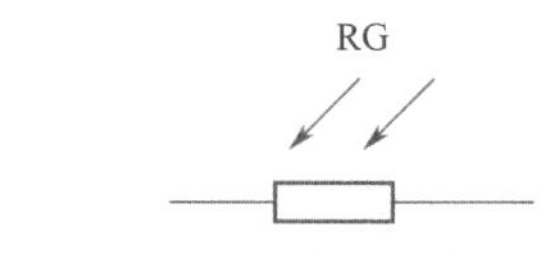

图 1-1-9　光敏电阻器电路图形符号

单只的光敏电阻本身一般没有做任何标注，其型号和参数一般仅在大包装盒上做标注，我们实验所用的光敏电阻型号为 MG45，是最常用的光敏电阻。其中“MG”表示为光敏电阻器，“4”表示为可见光，“5”表示相应的外形尺寸和性能指标。关于具体型号，我们只需了解一下即可。

第二节　电容器

电容器是电子电路中的一类重要元件。存储电荷是电容器的主要功能，存储电荷也就意味着存储能量，因此电容是一个能够储存电能的元件。“通交流、隔直流”是电容器的重要特性。它能随交流信号的不同频率而改变容抗大小。电容器的规格、种类很多，常用的有瓷介电容、电解电容、有机介质薄膜电容、独石电容等，外形、参数、标示等也是多种多样，这里我们只重点介绍实验所需的瓷介电容和铝电解电容。

电容的标准单位是法拉，用字符 F 来表示，由于法拉的单位比较大，更多时候我们使用的电容单位是微法和皮法，它们之间的关系是：

$$1\ 法拉（F）=10^{6}\ 微法（\mu F）=10^{12}\ 皮法（pF）$$

1. 瓷介电容器

瓷介电容器使用陶瓷材料挤压成圆片作为介质，并用烧渗方式将银镀在陶瓷上作为电极并通过引脚引出，外形如图 1-2-1 所示，用字母 C 表示，通常也称之为瓷片电容。瓷片电容有 2 个引脚，不区分极性。无极性的电容用图 1-2-2 的符号表示。它的优点是性能稳定，体积小，分布参数影响小，适用于高稳定的振荡电路中。其缺点是电容的容量偏差会大一些，容量也较小。

瓷片电容目前多采用 3 位数字表示其容量。其中前两位表示为有效数字，第 3 位表示乘以 10 的 N 次方，也就是在两位有效数字后添多少个“0”，单位为“皮法（pF）”，常简化为“p”。

对于 100pF 以下容量的瓷片电容，一般仅用 2 位数字标示出容量，省略了第三位数字。

例如，瓷片电容上印有“104”字样，那么它表示为 100000，单位 pF，也就是 0.1μF。如果瓷片电容上印有“27”，就表示该瓷片电容的容量就是 27pF。

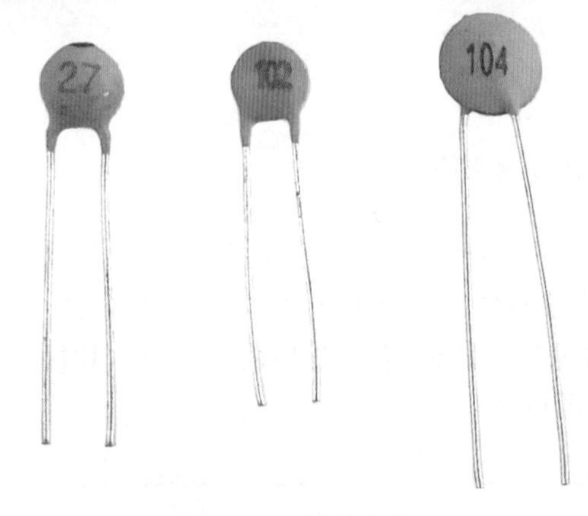

图 1-2-1　瓷片电容

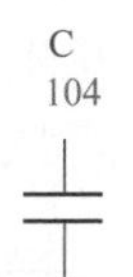

图 1-2-2　无极性普通电容电路图形符号

现在，很多书刊资料中的电路图上，对于1μF以下的小电容，也常采用3位数字的方式标识电容的容量。本书的电路图和装配图中，也是采用了3位数字的方式标注瓷片电容的容量，例如102、103、104三种瓷片电容，分别对应1000pF、0.01μF、0.1μF。这样标注可以使图纸与实物的标注相一致，免去了换算的步骤。

瓷片电容工作时也有耐压的要求，必须在低于额定电压下工作，并应留有余量。高耐压的瓷片电容会在元件上直接印制耐压值，普通瓷片电容往往并不标注耐压值，仅在大包装袋内另附有标签，标签上面印有本包瓷片电容的耐压值。普通瓷片电容耐压值多为50V。由于我们的实验所涉及的电路电压最高不过直流6V左右，因此普通瓷片电容都能胜任。

在一些小容量的瓷片电容的顶部，常能看到刷有一小段黑色漆。在图1-2-1中左边的27pF的瓷片电容顶部就有这样的黑色标记，这种顶部刷黑漆的瓷片电容通常表示其可以用于高频电路。

2. 电解电容器

电解电容器在电路中的使用量非常大，应用十分广泛，它的外形如图1-2-3所示，电路图形符号如图1-2-4所示，用字母C来表示。与前面介绍的瓷介电容符号相比，电解电容的符号上多了一个“+”，表明该电容是有极性的，带“+”的一端是正极，另一端是负极。

本书实验中用到的电解电容都是铝电解电容，外形通常为圆柱形，有两个引脚，新的电解电容的引脚是1长1短，长引脚的是正极，短引脚的是负极，在外壳上，短引脚的一边还会印有“－”标记，表明该引脚是负极。

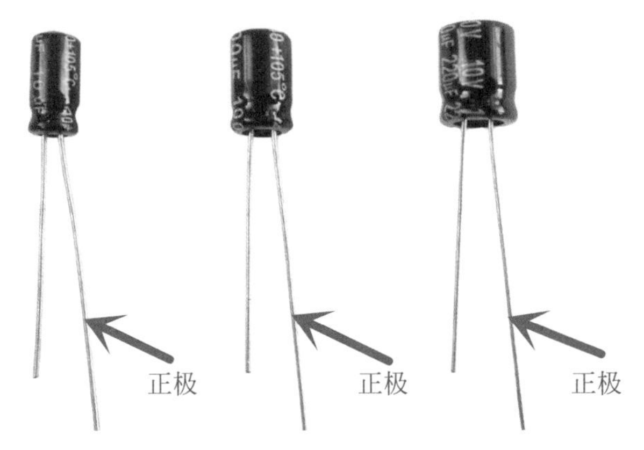

图 1-2-3　普通电解电容

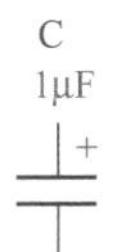

图 1-2-4　有极性普通电容电路图形符号

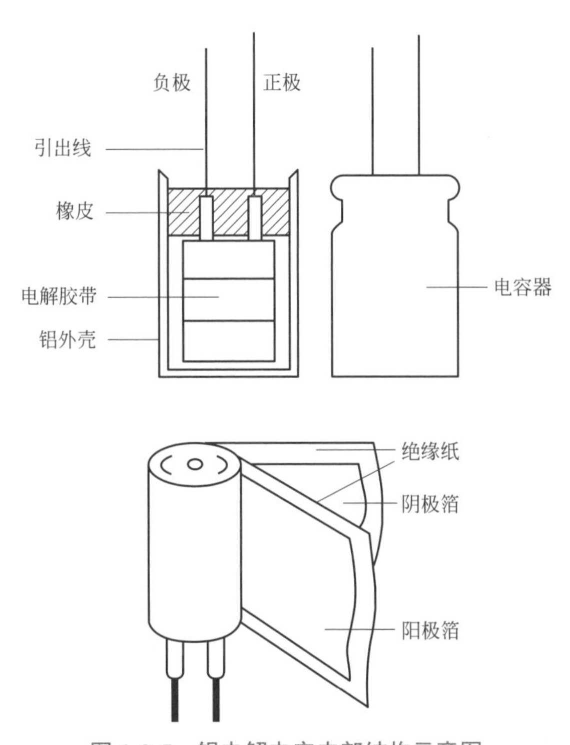

图 1-2-5　铝电解电容内部结构示意图

铝电解电容是将附有氧化膜的铝箔作为正极，即阳极箔，电解质作为负极，即阴极箔，中间是浸有电解液的绝缘纸，一起卷绕而成，如图 1-2-5 所示，是目前用量最多的一种电解电容，具有价格低、容量大、货源多等优点，缺点是介质损耗大、容量误差大、耐高温性能差，存放时间长的话容易失效。

相比瓷介电容而言，电解电容的容量一般会比较大，其电容容量和耐压直接印制在外壳上面，本书中所涉及的实验采用耐压 10V 及以上的电解电容就能够满足需要。

图 1-2-6 是国外常用的有极性电容的电路图形符号，在一些国外的资料中经常能够看到。

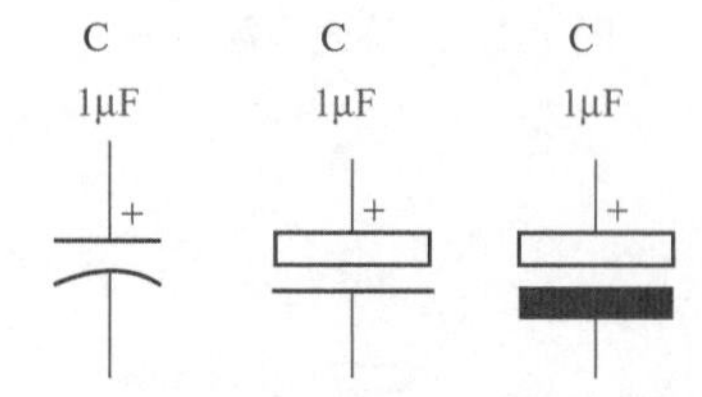

图 1-2-6　国外常用的有极性电容电路图形符号

第三节　二极管 

1. 小功率开关二极管

二极管在电子电路中有着广泛的应用，它是由导电能力介于导体和绝缘体之间的物质制成的器件，故而称之为半导体二极管。半导体二极管由 1 个 PN 结构成，具有单向导电的特性。二极管型号、参数、外形同样有很多种，按材料的不同，可分为硅管和锗管，硅管自身压降大一些，锗管压降小一些。按结构可分为点接触型和面接触型，点接触型的二极管，PN 结的结面积小，结电容小，可通过的电流小，一般用于小功率和高频电路，而面接触型 PN 结的结面积较大，允许通过的电流大，但结电容也大，适用于大电流电路及低频电路。按用途分，二极管可分为整流管、稳压管、开关管等。本书电路实验中仅涉及到 1 个规格的开关二极管，型号为 1N4148，外观如图 1-3-1 所示，电路图形符号如图 1-3-2 所示，用字母 VD 来表示。

1N4148 是一种玻璃封装的小功率普通开关二极管，主要参数为正向最大工作电流 75mA，正向压降 0.7V 左右，反向峰值耐压 100V。它有 2 个引脚，在管身的一端印有黑色圆环，表明该端引脚是负极，另一端自然就是正极了。1N4148 适用于小信号或小功率电路，在本书实验中主要用于继电器续流、隔离、整流等用途。

图 1-3-1　1N4148 二极管

图 1-3-2　二极管电路图形符号

需要说明一点的是，1N4148 中的“1N”是源于国外的一种二极管表示方法，意为 1 个 PN 节，“4148”早前也是国外的一种型号，目前国内元器件厂家普遍开始向国际标准靠拢，因此很多国内元器件厂家生产的元件也同样标有“1N4148”字样，或者不采用“1N”，而是采用元件厂家自己的字母代号作为前缀标识，但后面的“4148”则不变，因此，在采购元件的时候，相同外形封装的二极管管身上印有“4148”，而前缀是其他字母标识的，也是指同样一个型号的管子，只是生产厂家不同而已。1N4148 的体积很小，上面印的型号的字号也很小，需要仔细辨认，必要时可用放大镜查看。

1N4148 开关二极管的测量建议使用数字万用表二极管挡，红表笔接二极管正极，黑表笔接负极，则数字万用表显示被测二极管导通电压，大约 0.6 ～ 0.7V 左右，也就是显示 600 ～ 700 的数字。对调表笔再次测量，无数值显示，则表明被测二极管正常。如图 1-3-3 所示。

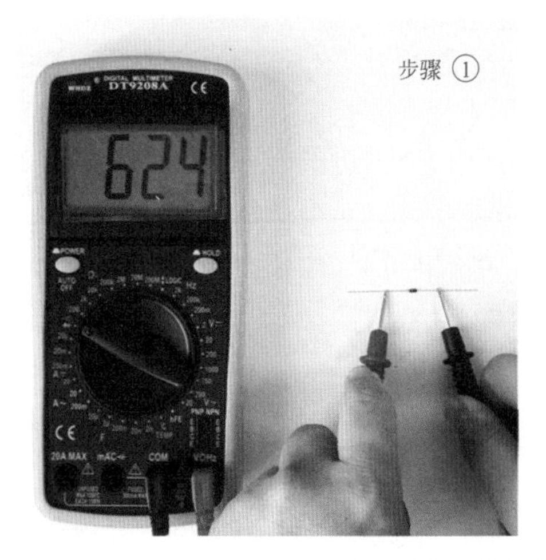

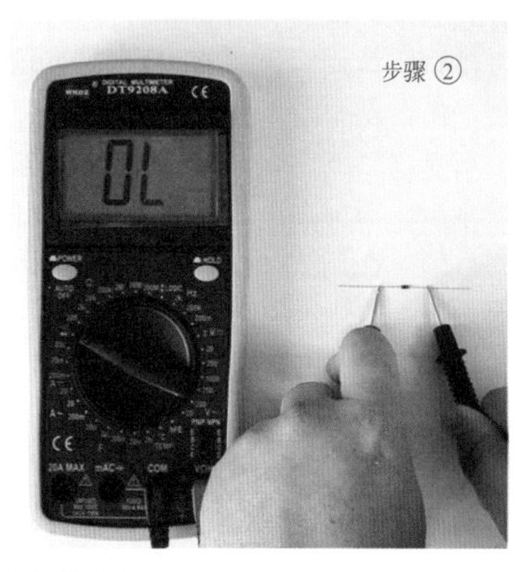

图 1-3-3　1N4148 二极管的测量

2. 变容二极管

二极管的PN结存在电容，当二极管两端加正向偏置电压时，由于外加电场与结电场方向相反，相当于电荷储存在PN结，当二极管两端加反向偏置电压时，由于外加电场与结电场方向相同，相当于PN结放出电荷，由此二极管的PN结等效于一个电容，这个电容称为结电容。变容二极管就是根据电压变化而改变结电容的半导体器件，主要应用于调谐器电路和调制电路中。在本书中“例22 晶振稳频无线话筒电路”中使用了FV1043变容二极管来实现调制功能。

本书中所使用的变容二极管型号是FV1043，外观如图1-3-4所示，在本书中的原理图符号如图1-3-5所示。

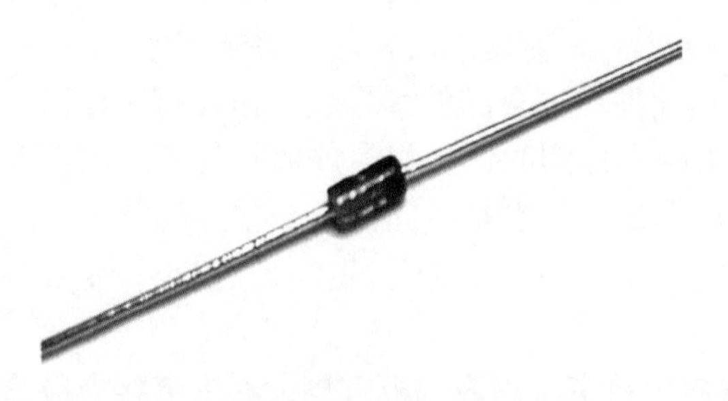

图1-3-4　FV1043变容二极管

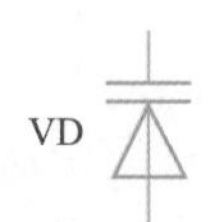

图1-3-5　本书中变容二极管符号

FV1043是玻璃外壳封装，与前面介绍的1N4148外观一样。它是利用PN结电容与反向偏置电压的关系制成的二极管。假如给变容二极管加载正向偏置电压，将有较大电流通过，电容变大，产生扩散电容效应。如加载反向偏置电压，则产生过度电容效应。由于在正向偏置电压时会有漏电流产生，因此变容二极管一般都是工作在反向偏置电压下。

当变容二极管PN结上接有反向偏置电压时，随着反向电压增大，二极管的电容量减少，而反向电压减少，二极管的电容量增大，从而实现利用电压控制电容量的目的。在例22的晶振稳频无线话筒的制作电路中，使用了FV1043变容二极管作为FM的信号调制。

FV1043的检测方法可参考前面的图1-3-3中的1N4148的检测方法。

3. 检波二极管

检波二极管的作用是利用其单向导电的特性，将高频载波信号中的低频信号提取出来，广泛应用于接收电路当中。检波二极管具有工作频率高、正向压降小、结电容小等特点。本书例23的简易场强仪的实验电路中应用了1N60型的检波二极管，外观如图 1-3-6 所示。

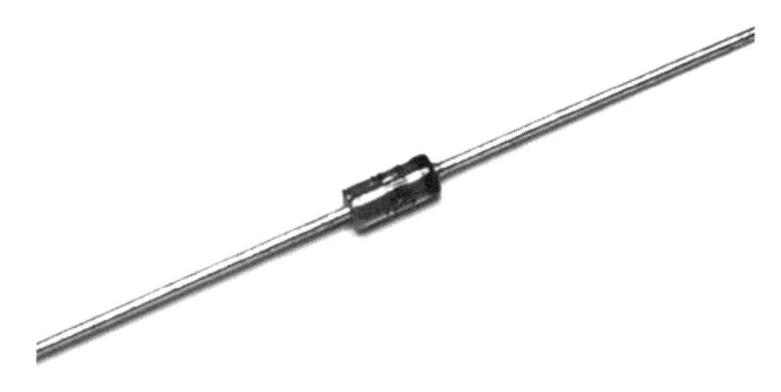

图 1-3-6 1N60 检波二极管

检波也可以理解为解调，对于调幅波，解调是从振幅变化中提取调制信号的过程。对于调频波，解调是从频率变化中提取调制信号的过程。检波二极管的工作原理是利用二极管的单向导电性，使只有高于 0.7V 的信号部分通过二极管，在二极管输出端连接一个小容量电容，将二极管输出的高频信号对地短路，从而滤除了高频部分，仅保留所需要的低频信号。虽然检波和整流的原理是相似的，但整流的目的是得到直流电，而检波则是从调制波中取出低频信号部分，更多的是应用于高频电路，并且要求二极管的结电容要小。

检波二极管的检测方法同样可以参照图 1-3-3 中的 1N4148 的检测方法。

4. 发光二极管

发光二极管简称 LED，也是二极管中的一种，其规格、颜色有很多种，图 1-3-7 所示的是本书实验中所使用的 LED，在本书中所使用的电路图形符号如图 1-3-8 所示。

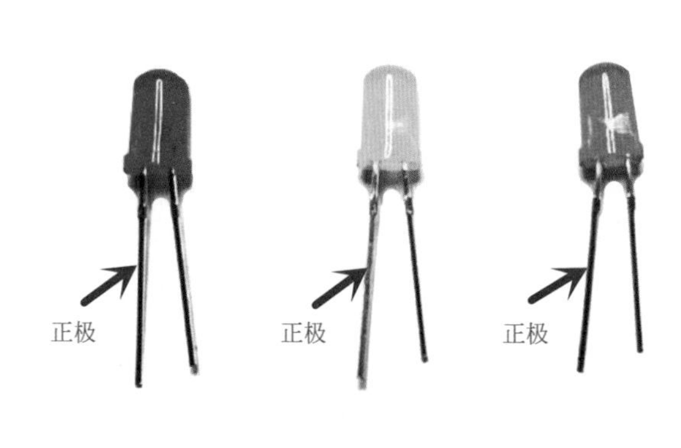

图 1-3-7 普通发光二极管（LED）

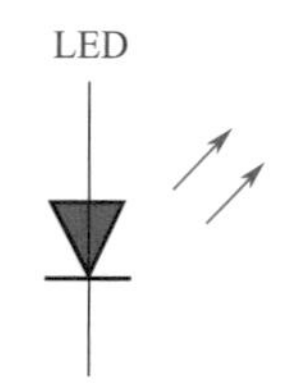

图 1-3-8 本书中的 LED 原理图符号

发光二极管是能直接把电能转换成光能的发光显示器件，发光二极管有 1 个 PN 结，当在其两端加上适当的电压时，就能发光。使用不同的材料，就能制造出不同颜色的发光二极管。我们实验主要涉及使用红色、黄色和绿色的发光二极管，这三种颜色的发光二极管性能稳定，通用性较强。除此之外，市场上还有蓝色、白色、七彩自闪烁等多种颜色的发光二极管可供选择。

我们实验所用的发光二极管采用的是 ϕ5mm，当然如果换用 ϕ3mm 的也是没有问题的。不同颜色的发光二极管的正向工作电压也有所不同，可参考表 1-3-1 所示，这些也是需要我们了解的。

表 1-3-1　常用颜色发光二极管的正向工作电压

发光颜色	正向工作电压参考值
红	1.8 ～ 2.0V
黄	1.9 ～ 2.1V
绿	2.0 ～ 2.2V
白	3.0 ～ 3.3V
蓝	3.0 ～ 3.3V

表 1-3-1 所列的电压值并不是固定不变的，随各厂家生产材料和工艺不同，会有所变化。在我们的实验中，发光二极管都必须串联限流电阻来使用，不能直接接在电源上，那样将会很快烧毁。发光二极管的正向工作电流在 2 ～ 20mA 时都能点亮，亮度会随电流增大而增大。建议在实验时，正向工作电流最好控制在 5 ～ 10mA 左右，电流过大，亮度增加有限，但管子的安全寿命会受到显著影响。选择适当的限流电阻，可以将工作电流控制在适合的范围内。从图 1-3-7 中可以看出，新的发光二极管有两个引脚，其中长引脚的是正极，短引脚的是负极。很多发光二极管的管身外圆上有一小段直线，该直线所在的引脚也表示为负极。由于发光二极管的封装多是半透明的，因此以前也有部分资料介绍，通过直接观察管芯内部的形状来判断发光二极管的正负极，小片的是正极，大片的是负极。但实践证明，这样的判断方法不一定准确，有些厂家生产的管子的正、负极与上面说的刚好相反，从而导致装配错误，因此这样的判断方法并不十分可靠。

发光二极管的检测，可以使用数字万用表的二极管挡测量，红表笔接发光二极管正极，黑表笔接负极，正常时发光二极管能被点亮，只是亮度较低，有时只是微微发亮，但可以证明发光二极管是完好的。如图 1-3-9 所示。

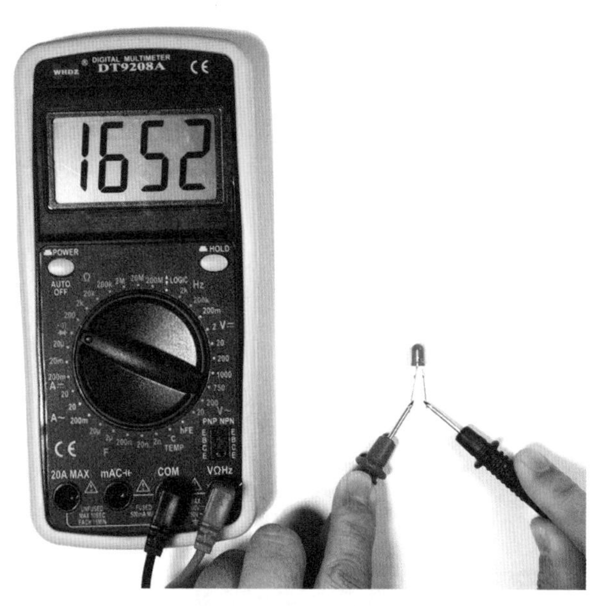

图 1-3-9　发光二极管的测量

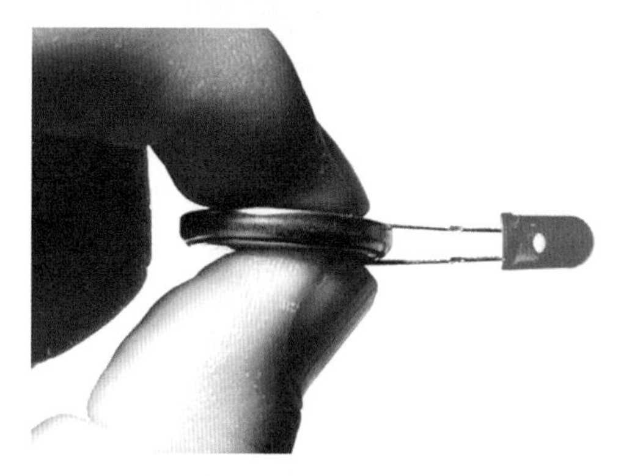

图 1-3-10　使用纽扣电池测量发光二极管

也有资料介绍使用纽扣电池来直接测量发光二极管，如图 1-3-10 所示。纽扣电池由于容量小、内阻大、输出电流小，直接驱动 LED 一般不会导致发光二极管烧毁，但要注意，纽扣电池需使用 3V 的，测量时一定要正确区分电池极性，不反接，测量时间要短，否则一样有损坏发光二极管的可能。

5. 红外发射二极管

红外线同无线电波一样，都属于电磁波的范畴。人眼能看到的光就是可见光，按照波长从长到短排列，依次为红、橙、黄、绿、青、蓝、紫。比紫光波长还短的光叫紫外线，比红光波长还长的光叫红外线。由于人眼对红外线并没有感觉，因此并不能直接观察到红外线。在我们日常使用的家电中，如电视机、空调器等，都在广泛的使用红外线遥控器，它就是以红外线为载体来实现调制信号的传送。

红外发射二极管，可以把振荡器产生的电脉冲信号转换为红外辐射的脉冲，有点类似前面介绍的发光二极管，只不过它的输出在肉眼可见光之外，进入红外光线范围。我们实验所使用的红外发射二极管如图 1-3-11 所示，它的直径为 ϕ5mm，属于小功率发射管，长引脚是正极。一般工作在正向偏置状态下，工作电流要控制在 20mA 以下，回路中一般要串接限流电阻使用。图 1-3-12 红外发射二极管电路图形符号。

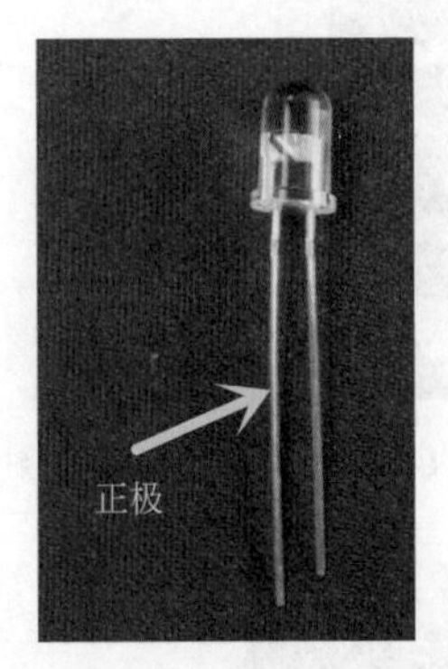

图 1-3-11　红外发射二极管

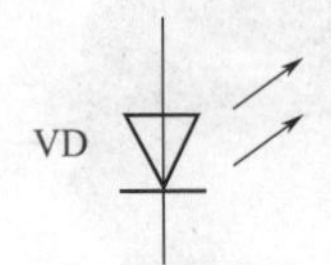

图 1-3-12　红外发射二极管电路图形符号

6. 红外接收二极管

红外接收二极管也是一种光敏二极管，它具有的频谱响应可以与红外发射二极管输出波长相适应，广泛应用在遥控接收系统上。在电路中红外接收二极管要工作在反向偏置状态下，才能获得较高的灵敏度。在没有接收到信号时，红外接收二极管处于截止状态。当收到红外线信号时，它内部的 PN 结受到光子的轰击，在反向电压的作用下，反向饱和漏电流大幅增加，从而形成了光电流，该光电流随入射的红外线光强的变化而变化。光电流在通过负载电阻时，在电阻两端形成随入射红外线光强变化而变化的电压信号，最终完成了光 - 电的转化。我们实验所使用的红外接收二极管如图 1-3-13 所示，它的长引脚是正极，外观颜色多为深色，可减小外界其他光线的干扰。图 1-3-14 是 红外接收二极管电路图形符号。

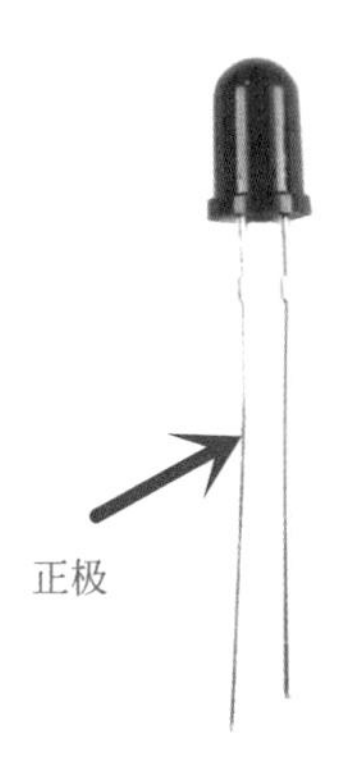

图 1-3-13　红外接收二极管

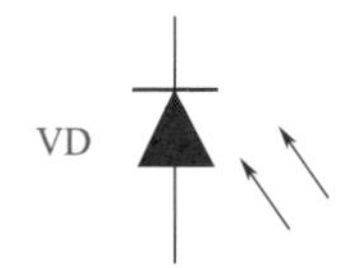

图 1-3-14　红外接收二极管电路图形符号

7. 七彩自闪烁发光二极管

随着元器件制造技术的不断提高，各种新型的 LED 层出不穷，七彩自闪烁发光二极管就是其中之一。图 1-3-15 是本书实验中所使用的 ϕ5mm 七彩自闪烁发光二极管。

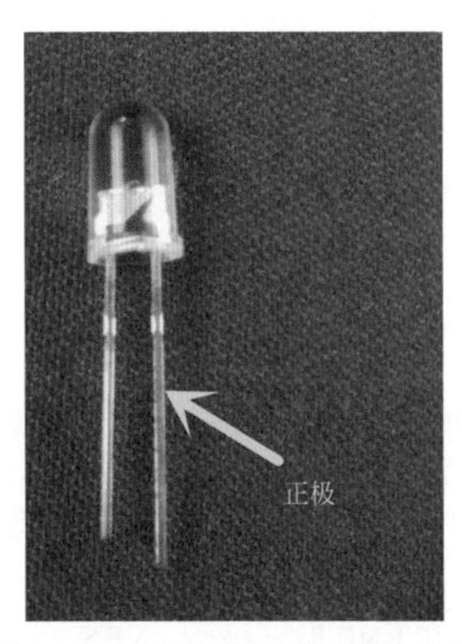

图 1-3-15　七彩自闪烁发光二极管

从照片中可以看出，七彩的自闪烁发光二极管与其他普通发光二极管在外观上一样。在管子内部集成了红、绿、蓝三种颜色的发光二极管，同时还集成了一个小控制电路，控制这三种颜色的发光二极管依次点亮、同时点亮两种颜色、同时点亮三种颜色等多种形式，从而呈现出五光十色的闪烁效果，但体积并没有因为这些功能的增加而增加。七彩发光二极管的工作电压一般在3V左右，同样需要串接限流电阻使用。当多只七彩发光二极管同时工作时，就能营造出五彩斑斓的显示效果。

第四节 三极管

半导体三极管常简称为三极管或者晶体管，电路中的很多元件都是为三极管服务的，它内部含有两个PN结，外部有3个引脚，分别为基极（用字母b或B表示）、集电极（用字母c或C表示）、发射极（用字母e或E表示）。基极是控制引脚，基极电流的大小可以控制集电极和发射极电流的大小，且基极的电流远小于集电极电流和发射极电流。因此，三极管的主要功能就是放大电信号。不过在电子电路中，三极管的作用不仅局限于放大，还可以用于信号开关、控制、处理等多种用途。

图1-4-1是常用的90**系列小功率三极管外观和引脚排列示意图。

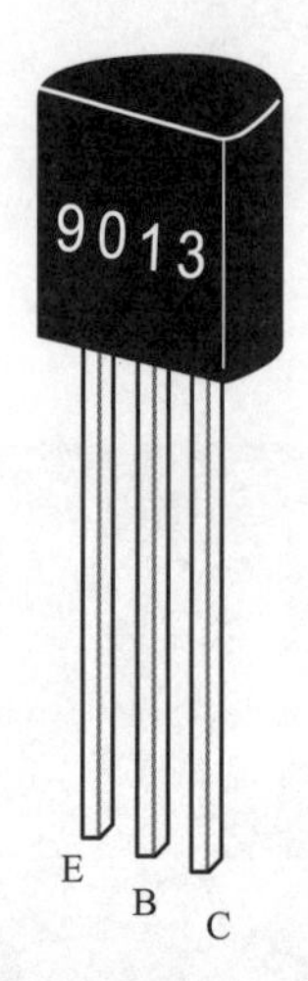

图1-4-1　90**系列小功率三极管外观和引脚排列示意图

三极管按极性可分为NPN和PNP两类。电路图形符号分别如图1-4-2和图1-4-3所示，用字母VT来表示。从图中可以看出，发射极标有小箭头，指示出发射极电流的方向，用于区别NPN和PNP型三极管。NPN型三极管发射极箭头指向外部，

PNP 型三极管发射极箭头指向内部。

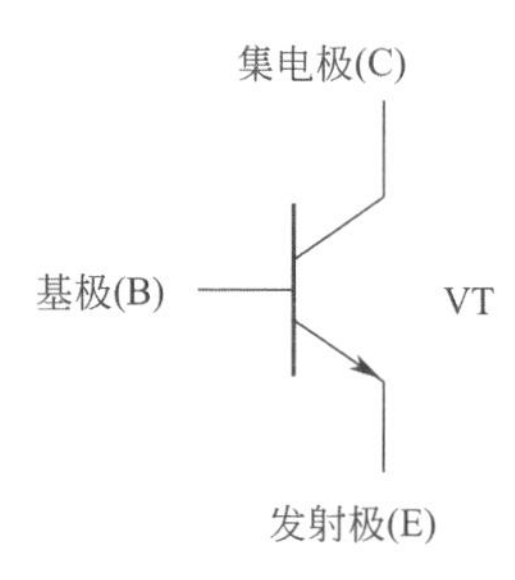

图 1-4-2　**NPN 型三极管电路图形符号**

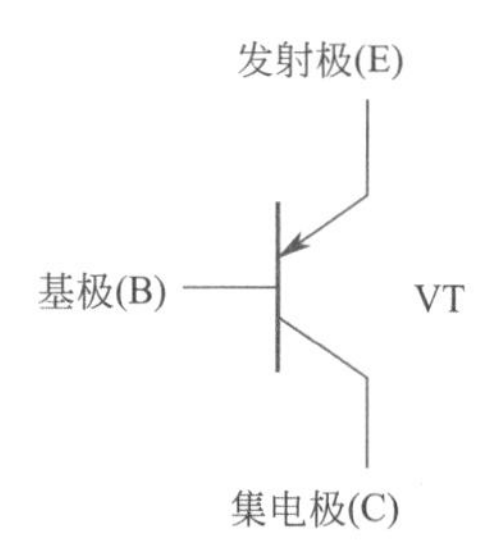

图 1-4-3　**PNP 型三极管电路图形符号**

三极管各极的电流分别是：基极电流，用 I_B 表示；集电极电流，用 I_C 表示；发射极电流，用 I_E 表示。NPN 型管和 PNP 型管的电流流经方向分别如图 1-4-4、图 1-4-5 所示。它们之间的关系是：

$$I_C=\beta I_B，I_E=I_B+I_C$$

其中，β 是三极管电流的放电倍数。从上面公式可以看出，集电极电流是基极电流的 β 倍。三个极的电流中，I_E 最大，I_C 其次，I_B 最小，I_E 和 I_C 相差不大，且远比 I_B 大的多。三极管的放大作用就是将基极的输入电流 I_B 的变化规律转换成 I_C、I_E 的变化，所以三极管具有电流放大作用。

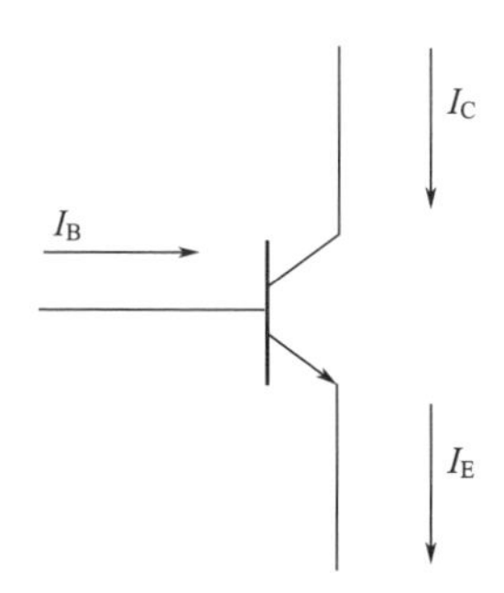

图 1-4-4　**NPN 型三极管各电极电流关系**

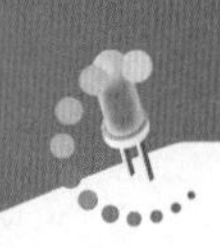

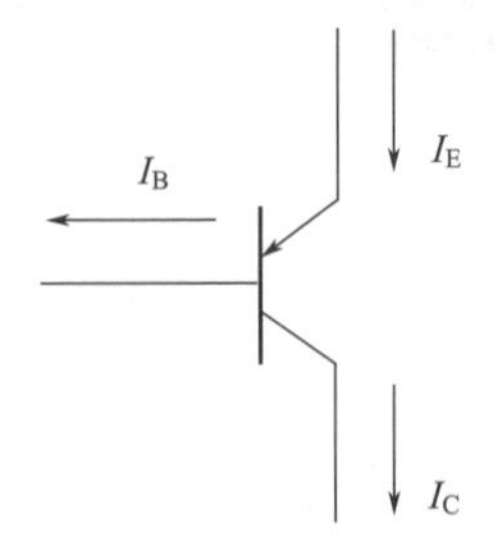

图 1-4-5　PNP 型三极管各电极电流关系

NPN 型和 PNP 型三极管可以用硅材料制造，也可以用锗材料制造。市面上，NPN 型三极管多为硅管，PNP 型三极管多为锗管。

三极管共有 3 种工作状态，分别是截止状态、放大状态、饱和状态，用于不同目的的三极管的工作状态不同。

① 截止状态：I_B=0 或者非常小，同时 I_C 和 I_E 也为 0，或者非常小，集电极与发射极之间的内阻很大，三极管相当于开路，利用这个特征可以判断三极管已经处于截止状态，相当于开关中的“关”状态。

② 放大状态：$I_C=\beta I_B$，$I_E=(1+\beta)I_B$，I_B 从 0 逐渐增大，I_C 也按照一定比例增大，三极管起放大作用，微小的 I_B 变化可以引起 I_C 较大幅度的变化。基极电流能够有效控制集电极电流和发射极电流。集电极与发射极之间的内阻受基极电流的控制。电流放大倍数 β 值的大小基本不变，有一个基极电流就有一个与之相对应的集电极电流，这也是三极管进入放大状态的一个特征。

③ 饱和状态：三极管在放大状态的基础上，如果基极电流进一步增大很多，三极管就将进入饱和状态，基极电流已经没法控制集电极电流和发射极电流的大小，集电极与发射极之间的内阻很小，这时三极管的电流放大倍数 β 值要下降很多，饱和越深其 β 值越小，甚至能到小于 1 的程度，此时三极管没有放大能力，相当于开关中的“开”状态。

在三极管开关电路中，三极管从截止状态迅速通过放大状态而进入饱和状态，或者从饱和状态迅速转为截止状态，不停留在放大状态。

我们的实验采用的是 90** 系列的小功率三极管，实物外形如图 1-4-6 所示。有 9011 ～ 9018 等多种型号，每个型号均有对应的适用用途，除此之外，常见的还有 8550（PNP）和 8050（NPN）两种型号，它们的输出驱动功率更大一些。几种三极管的主要参数可参见表 1-4-1 所示，它们均采用 TO-92 塑料封装。由于这个系列的管子基本上涵盖了小功率三极管的常用用途，因此得到了广泛应用。目前，国内元件厂家也在大量生产，继续延用了 90** 系列三极管的名称。前缀有字母“C”、“S”等，后缀字母一般用于表示放大倍数，常见的有“C”、“H”等，每个具体型号后缀字母均对应一个放大倍数范围。即使相同后缀字母，但不同型号的管子，对应的放大倍数范围也不同，需查阅相关资料确定。

图 1-4-6　9013 型三极管实物外观

表 1-4-1　几种三极管基本参数

型号	极性	集电极最大耗散功率 P_{CM} /mW	集电极最大电流 I_{CM} /mA	集电极 - 发射极电压 V_{Ceo} /V	特征频率 f_T /MHz	适合用途
9011	NPN	400	30	30	150	通用
9012	PNP	625	500	20	—	低频功放
9013	NPN	625	500	20	—	低频功放
9014	NPN	450	100	45	150	低噪放大
9015	PNP	450	100	45	150	低噪放大
9016	NPN	400	25	30	300	高频放大
9018	NPN	400	50	30	1000	高频放大
8050	NPN	1000	1500	25	100	功率放大
8550	PNP	1000	1500	25	100	功率放大

这些三极管得到了非常广泛的应用，在很多电气设备中都能看到它们的身影。本书的实验涉及 9012（PNP）、9013（NPN）、9014（NPN）、9018（NPN）共 4 种型号，其中 9012、9013 适用于工作频率较低的开关、放大电路。9014 适用于需要低噪音的电路，例如话筒前级放大电路等，它的放大倍数一般也较高。9018 适用于高频振荡电路，例如无线话筒的高频振荡、高频输出等场合。

需要说明一点的是，绝大多数厂家生产的 90** 系列三极管引脚排列如图 1-4-1 所示，也就是将三极管印有型号的平面朝向自己，从左至右，引脚分别是 E、B、C，即中间引脚是 B 极。还有很多型号的三极管，包括同样是 TO-92 封装的小功率三极管，引脚排列顺序与 90** 系列并不一致，比较常见的顺序是 E、C、B，中间引脚是 C 极。因此，同样外观的三极管，引脚排列顺序并不一定相同。具体到某种型号的三极管，引脚排列顺序最好查阅相关资料，或者通过实测来确定。

三极管的测量可以使用数字万用表二极管挡来测试。

1.NPN 型三极管的测量

可参考图 1-4-7 所示的步骤，需要测量 4 次。

① 红表笔接 B 极，黑表笔接 C 极，数字万用表应显示 600 ～ 800 的数值。

② 红表笔接 B 极，黑表笔接 E 极，数字万用表应显示 600 ～ 800 的数值。

③ 黑表笔接 B 极，红表笔接 C 极，数字万用表应无数值显示。

④ 黑表笔接 B 极，红表笔接 E 极，数字万用表应无数值显示。

以上测量结果表明，NPN 三极管完好。

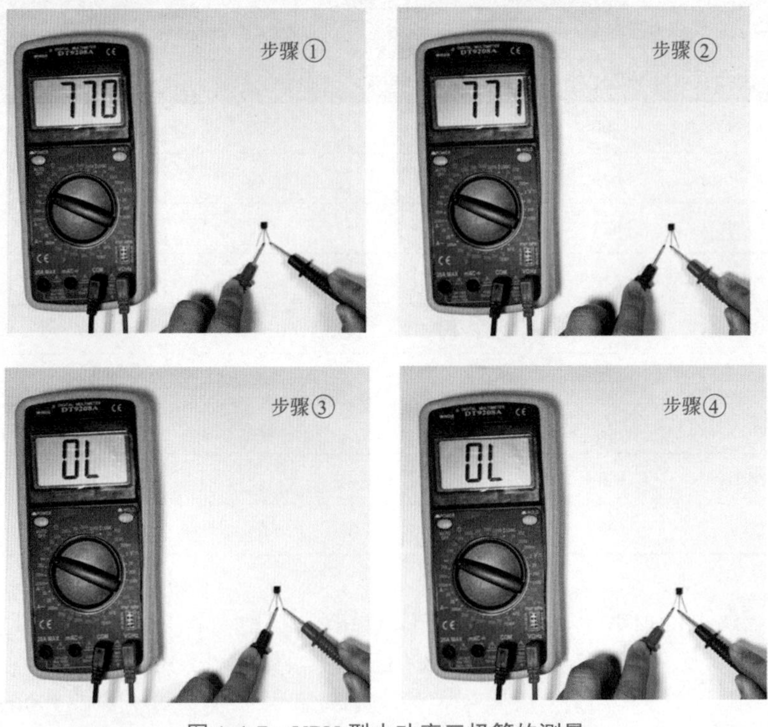

图 1-4-7　NPN 型小功率三极管的测量

2.PNP 型三极管的测量

可参考图 1-4-8 所示的步骤，同样需要测量 4 次。

① 黑表笔接 B 极，红表笔接 C 极，数字万用表应显示 600 ～ 800 的数值。

② 黑表笔接 B 极，红表笔接 E 极，数字万用表应显示 600 ～ 800 的数值。

③ 红表笔接 B 极，黑表笔接 C 极，数字万用表应无数值显示。

④ 红表笔接 B 极，黑表笔接 E 极，数字万用表应无数值显示。

以上测量结果表明，NPN 三极管完好。

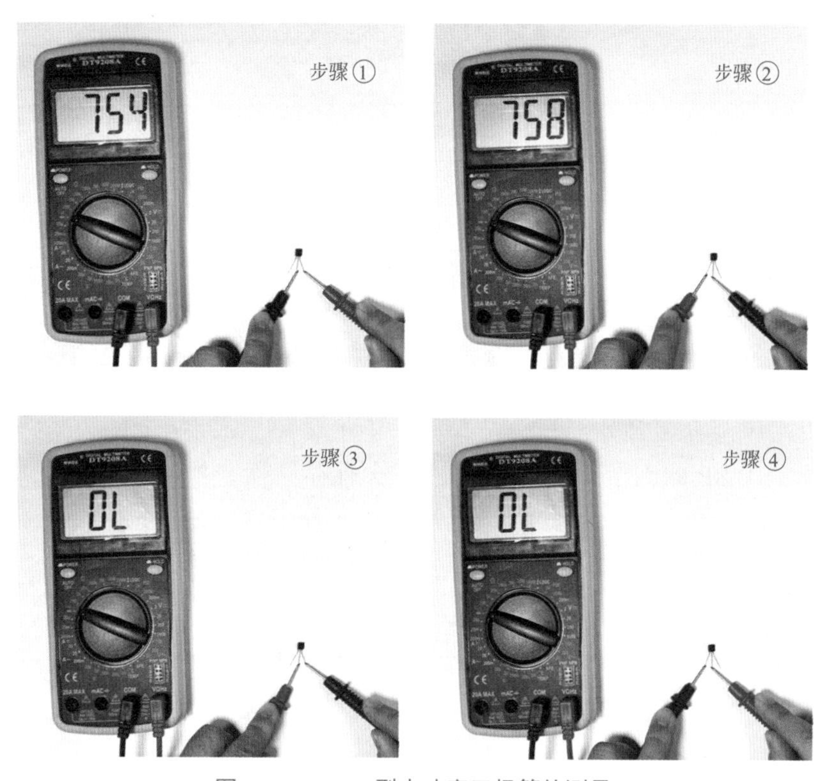

图 1-4-8 PNP 型小功率三极管的测量

第五节 音乐芯片

在本书的实验中使用了叮咚声芯片和内含一首歌曲的音乐芯片，它的外形如图 1-5-1 所示。

芯片是集成电路的一种约定俗成的简称，芯片一词的真正含义是指集成电路内部封装的很小的半导体芯片，也就是管芯。集成电路是指将各种元件，包括晶体管、电阻、电容等元件，采用一定的工艺，相互连接在一起，制作在一小块半导体基片或其他介质基片上，然后封装在一个外壳内，能够实现一定功能的微型结构，简单讲集成电路就是管芯 + 封装外壳，严格讲芯片和集成电路的定义不同，但普通用户一般能直接接触到的是集成电路，而较少直接应用管芯。因此在选购

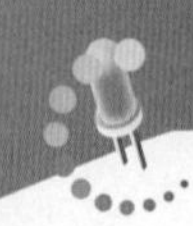

元器件的时候，经常就会把集成电路说成芯片。

图 1-5-1　音乐芯片外观图

本书是分立元件的电路制作，但也额外采用了音乐芯片，这主要是因为这种音乐芯片能发出较理想的声音，比分立元件搭接的电路在音色上好很多，且外围电路非常简单，易于实现较好效果。

音乐芯片也有多种外形封装，为便于手工装配，本书中的音乐芯片采用了双列直插 DIP 8P 的封装形式，芯片内部含有存储器，根据歌曲的长短不同，内部存储器大小也有区别，生产厂家事先在芯片内录入了所需的乐曲，用户自己不能随意更改。根据芯片引脚定义来搭建电路。图 1-5-2 是音乐芯片的参考应用电路。

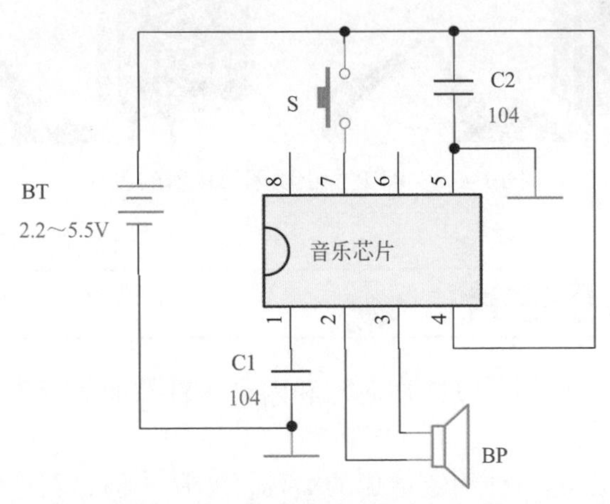

图 1-5-2　音乐芯片参考应用电路

表 1-5-1 分别是发出“叮咚”声音的芯片和内置一首歌曲的音乐芯片的各引脚定义。随批次不同和性能改进，各芯片的控制方式也会有所不同，主要是第 6、7 脚的控制模式会有区别，但基本上大同小异。

表 1-5-1　音乐芯片引脚定义

引脚序号	叮咚芯片	音乐芯片
1	与地之间接 1 只 104 瓷片电容	与地之间接 1 只 104 瓷片电容
2	接扬声器	接扬声器
3	接扬声器	接扬声器
4	电源正极	电源正极
5	电源负极	电源负极
6	空	接高电平循环播放歌曲
7	高电平触发一次播放一次叮咚声	高电平触发一次播放一次歌曲
8	空	空

为保证音乐芯片正常可靠工作，芯片的工作电源电压在 2.2 ～ 5.5V，建议控制在 2.5 ～ 5V。扬声器选用 0.5W8Ω，在芯片的电源正、负极引脚之间还需并联一只 104 的瓷片电容，即图 1-5-2 中的 C2，用于退耦，滤除可能存在的低频噪声干扰。

从图 1-5-2 中可以看出，这种芯片的控制电路非常简单，易于制作。需要注意的一点是，我们在焊装和使用此类芯片时要注意防止静电的侵入，电烙铁和人身体上所带的静电都可能对芯片造成永久性损坏，因此在焊接时电烙铁最好能可靠接地，或者断电，用余热焊接。在环境干燥的情况下，人身体易积聚静电，用手触摸一下自来水金属管道，也能有效释放身体所携带的静电。

第六节　其他器件

1. 扬声器

扬声器也俗称为喇叭，也是电气设备中常见的器件。扬声器的种类很多，价格区别悬殊。我们实验所用到的扬声器外观见图 1-6-1 所示，电路图形符号见图 1-6-2 所示，用字母 BP 来表示。

图 1-6-1　扬声器实物外观图

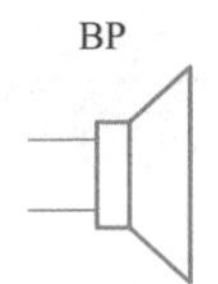

图 1-6-2　扬声器电路图形符号

扬声器有两个接线引脚，由于我们实验所使用的是小功率的扬声器，可不区分极性。在一些高保真音响的系统中，较大功率的扬声器是需要区分极性的。扬声器的主要参数有阻抗、额定功率、频率特性、失真度等。由于我们的实验电路对音质要求并不高，因此并不需要多么高级的产品，圆形的、直径 ϕ40mm、阻抗 8Ω、功率 0.5W 的扬声器就可以满足需要。阻抗和功率一般都在扬声器的背面上有所标注。扬声器内部有磁铁，并用细漆包线密绕了多圈线圈，两根线圈引线焊接在背面的小印板上，并用黑色树脂胶密封以保护漆包线。使用时，在小印板预留空白处焊接两根引线，与驱动电路相接。

扬声器的检测比较简单，使用数字万用表 200Ω 电阻挡测量扬声器引线两端，阻值约 8 ～ 10Ω（因为存在表笔接触电阻测量误差，测量值稍大约 8Ω 也是正常的），即表示扬声器完好。如果测量值为无穷大，则表明扬声器内部线圈断线损坏。

实验表明，在本书中的电路实验里，只要正常接线，扬声器本身一般很难损坏，如果实验电路中出现扬声器不响的问题，只要用万用表测一下就能立即判断好坏。而这类故障，绝大多数都是电路装配问题，而非扬声器自身问题。

2. 驻极话筒

驻极话筒是一种将声音信号转换成电信号的器件，起到拾音的作用。驻极话筒具有体积小、灵敏度高、价格低廉等优点，在电话座机、手机、电脑话筒、录音笔等设备中得到广泛的使用。外观如图 1-6-3 所示，电路图形符号如图 1-6-4 所示，用字母 MIC 表示。

图 1-6-3　驻极话筒外形图

图 1-6-4 驻极话筒电路图形符号

驻极话筒一般为圆柱形状，正面贴有圆形黑色纤维布，用于防尘。背面通常有两个引脚和三个引脚之分，常见的是两个引脚的。两引脚的驻极话筒的内部结构示意图如图 1-6-5 所示。

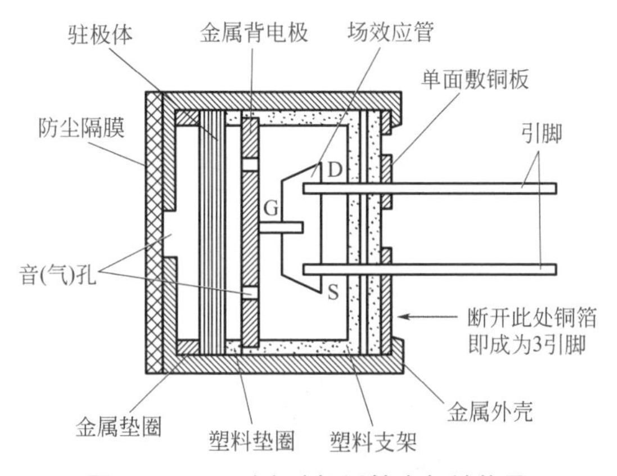

图 1-6-5 两引脚驻极话筒内部结构图

当驻极体膜片受到声音波的振动时，产生随声波变化的交变电压，它的输出阻抗值很高，约几十兆欧姆，不能直接与音频放大电路相匹配。所以在话筒内接入一只场效应管来进行阻抗变换。

驻极话筒内部电路有两种接法，分别是 S（源极）输出型和 D（漏极）输出型。这里建议采用 D（漏极）输出型的驻极话筒，其内部连线示意图如图 1-6-6 所示。

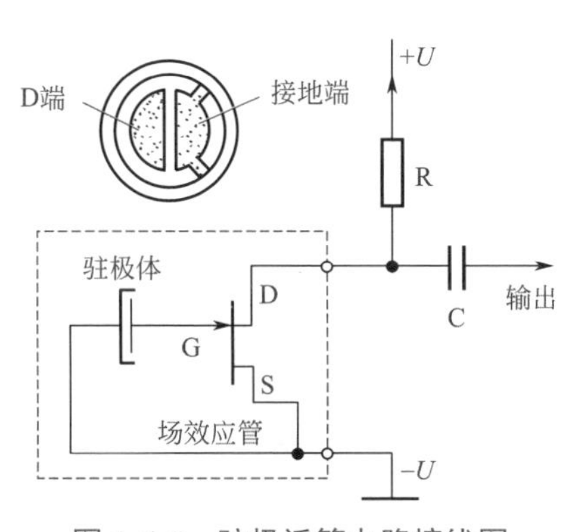

图 1-6-6 驻极话筒电路接线图

驻极话筒刚买来时一般是没有引脚的，仅在背面有两个焊点，见图 1-6-3 所示。通过观察可以看出，右边那个焊点通过铜箔走线与金属外壳相接，这个焊点就是驻极话筒的负极，一般接电源负极或者接地，另一引脚是正极，用于输出音频电信号。

驻极话筒在使用时必须另加一只偏置电阻才能工作，该电阻跨接在 D（漏极）与电源正极之间，也就是图 1-6-6 中的电阻 R。阻值一般可在 1 ～ 10kΩ 之间选取。阻值小，驻极话筒的灵敏度就高一些，反之就低一些。音频信号通过电容 C 隔直流后输出给后续电路进行处理。

驻极话筒的外形大小有很多种，在手机、MP3 等便于随身携带的数码产品中，使用的驻极话筒体积都很小，电话座机、电脑外接话筒等使用的驻极话筒体积稍大一些。我们实验使用的是直径 ϕ10mm、厚度为 6.5mm 的驻极话筒，为便于安装在电路板上，应在驻极话筒背面焊点上焊接引脚，市面上也有焊好引脚的驻极话筒出售，这样就可以直接焊在电路板上了。如图 1-6-7 所示。

图 1-6-7　驻极话筒焊接引脚示意图

3. 继电器

继电器是自动控制电路中的一种常用器件，种类、规格非常多，常见的是电磁继电器。其内部有电磁线圈，中间有电磁铁作为铁芯。当线圈通电以后，电磁铁的铁芯被磁化，产生一定的电磁吸力，吸动衔铁，衔铁带动常开触点吸合，或常闭触点断开，从而控制负载电气设备工作或停止。当线圈失电后，电磁吸合力消失，衔铁恢复初始状态，常开触点断开，常闭触点闭合。实际使用时只要将被控设备的电路连接在继电器相应的触点开关上，就能实现通过继电器来控制设备开关的目的。

继电器的线圈有交流、直流之分，我们实验所使用的继电器是直流的，外观见图 1-6-8 所示，属于超小型继电器，在本书中所使用的电路图形符号如图 1-6-9

所示，用字母 K 来表示，继电器的型号为 4100，线圈额定电压是 5V。在继电器上面还印有“3A 250VAC/3A30VDC”等字样，这表明该继电器触点所能承受的最大电流，也就是在交流 250V 时，或者直流 30V 时，触点所能承受的最大电流为 3A。使用时均不能超过额定电流，还应留有余量，否则将可能导致触点烧蚀，出现粘连等现象，会直接导致被控设备失控。如果被控设备工作电流较大，则应换用触点额定电流更大的继电器。

图 1-6-8 本书实验所用的超小型继电器外观

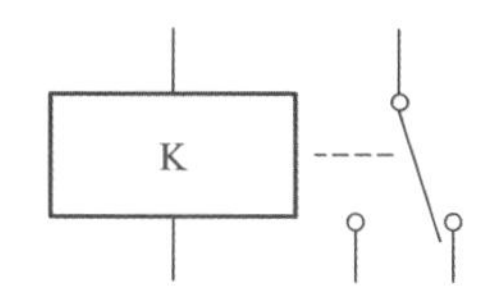

图 1-6-9 本书中继电器电路图形符号

这款继电器的线圈额定电压为直流 5V，我们实验所用的电源为 4 节 5 号电池，额定电压为直流 6V，虽然高出 1V，但由于继电器都由三极管来驱动，而三极管本身还有 V_{ce} 压降，大约在 0.3V 左右，因此加载在继电器线圈上的电压仅比 5V 略高一点，因此也是可以安全使用的。

在后面的实验电路中，我们可以看到，继电器在实际使用时经常采用如图 1-6-10 所示的电路，继电器线圈两端接有 1 只二极管，这只二极管一般称为续流二极管，它的作用是保护驱动继电器的三极管。在继电器线圈刚通电时，线圈上电压是“上正下负”，此时续流二极管处于反偏状态而不起作用。当继电器线圈失电时，线圈两端要产生反向电动势，其极性是“下正上负”，该电动势瞬间比较大，假如没有续流二极管，该电动势只能通过驱动三极管释放，容易导致三极管击穿损坏。当加入这只续流二极管后，反向电动势的能量可以通过二极管迅速释放。从而达到保护驱动三极管的目的。这种接法在很多实际继电器的电路中都有应用。

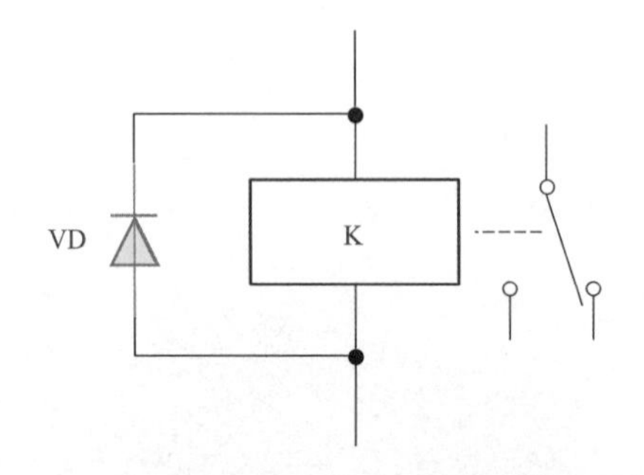

图 1-6-10　继电器续流二极管的应用示意图

图 1-6-11 是 4100 型继电器的内部连接关系的俯视图。第 2 脚和第 5 脚之间是线圈端，接 5V 直流电，继电器就能吸合。用万用表电阻挡可以测量出线圈阻值，不同生产厂家及不同批次产品其阻值会有一定的区别，大致为 130Ω 左右。第 3 脚和第 4 脚是内部相连接的公共端，用万用表通断挡测量这两脚电阻值显示为 0。第 1 脚和第 3 脚（或第 4 脚）之间是常闭触点，在未接通线圈电源时，这两脚的电阻值为 0，第 6 脚和第 3 脚（或第 4 脚）之间是常开触点，这两点间的电阻值为无穷大。在接通线圈电源，继电器吸合后，第 1 脚和第 3 脚（或第 4 脚）间电阻为无穷大，第 6 脚和第 3 脚（或第 4 脚）间电阻为 0。

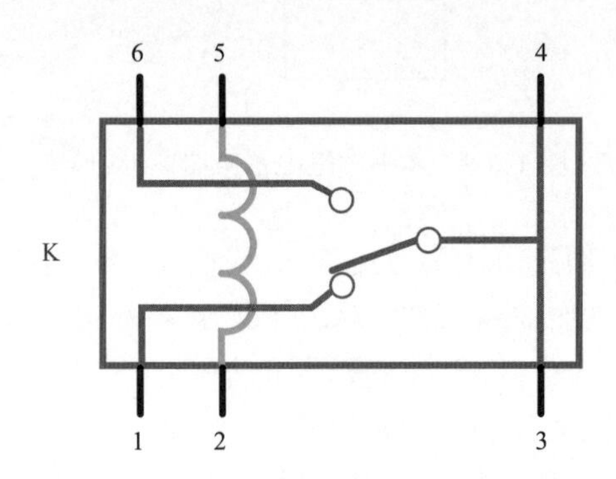

图 1-6-11　4100 型继电器内部连接示意图

4. 开关

机械开关是电路中常用的器件，品种规格众多。本书实验中一共仅涉及两种小开关，一种是微动开关，一种是拨动开关。

图 1-6-12 是微动开关实物外观图。它外形尺寸是 5mm×5mm，有 4 个引脚，

中间是键帽，键帽高低也分很多种，适用于不同高度场合的需要。图片中显示的键帽是 2mm 高的。所谓的微动，也就是按键的键程比较短，按下键帽就能感觉到“咯噔”一声，表明开关内部已接通。图 1-6-13 是微动开关在本书原理图中使用的符号，用字母 S 来表示。

图 **1-6-12**　微动开关实物外观图

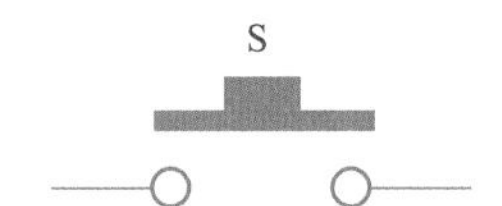

图 **1-6-13**　本书中微动开关原理图符号

如果我们给 4 个引脚编上号，如图 1-6-14 所示，那么第 1 脚和第 3 脚在开关内部是始终连通的，第 2 脚和第 4 脚之间也是连通的，但第 1 脚和第 2 脚之间不通、第 3 脚和第 4 脚也不通。当按下键帽时，第 1 脚和第 2 脚接通，第 3 脚和第 4 脚也接通，其实质上是 4 个引脚全都互通。简言之，就是纵向形成一个机械开关。

图 **1-6-14**　微动开关引脚编号示意图

微动开关的检测也很简单，按照上述的连通关系，用数字万用表通断挡即可检测。

图 1-6-15 是拨动开关，它有 3 个引脚，中间是公共端，当黑色拨杆推向左边时，第 1 脚和第 2 脚接通，第 2 脚和第 3 脚断开；当黑色拨杆推向右边时，第 2 脚和第 3 脚接通，第 1 脚和第 2 脚断开。

此类拨动开关在市场上销售的规格、品种也是非常多的，仅拨杆长度就细分为很多种。我们的实验要求不严，只要引脚间距是 2.54mm 就可以。图 1-6-16 是拨动开关在本书中所使用的符号，用字母 S 来表示。

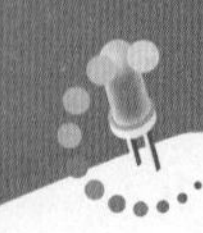

图 1-6-15　拨动开关实物外观图

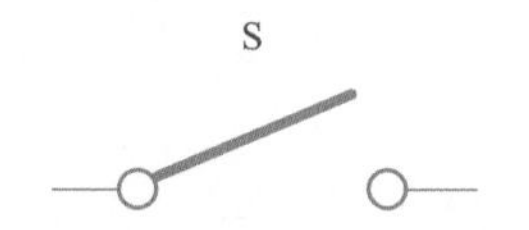

图 1-6-16　本书中拨动开关电路图形符号

拨动开关的检测可用数字万用表通断挡测量，黑色拨杆推向左边时，第 1 脚和第 2 脚间电阻为 0，第 2 脚与第 3 脚间电阻为无穷大。然后将黑色拨杆推向右侧，此时第 1 脚和第 2 脚间电阻为无穷大，第 2 脚与第 3 脚间电阻为 0。

5. 电感线圈

电感线圈的种类也是多种多样，应用广泛。所谓电感，就是用来表示自感应特性的一个量。当电感线圈流过电流，线圈周围就会产生磁场，线圈就有磁通量通过。通过的电流越大，磁场越强，通过线圈的磁通量就越大。电感的单位是亨利（H），简称“亨”。亨也是比较大的单位，常用的单位还有毫亨和微亨，它们之间的关系是：

1 亨（H）=1000 毫亨（mH）=1000000 微亨（μH）

本书实验中仅在例 21 和例 22 的无线话筒制作中使用到了两种工作在高频的线圈。一种是空芯线圈，另一种是屏蔽线圈。

空芯线圈外观如图 1-6-17 所示。它是用 ϕ0.69mm 的漆包铜线在 ϕ4mm 的圆棒上密绕 3 圈而成，它在电路中用于高频振荡，与谐振电容相并联，可使高频电路谐振在所需的频率上。它电感量非常小，不足 1μH。在装配前需要用刀片将引脚上的漆刮掉，并用烙铁镀锡，然后再焊接在印板上。

图 1-6-17　空芯线圈实物外观图

图 1-6-18 是空芯线圈在本书中所使用的电路图形符号，用 L 来表示。原理图上一般还用 3T 来表示线圈的圈数为 3 圈，也称为 3 匝。

图 1-6-18　空芯线圈电路图形符号

屏蔽线圈外观如图 1-6-19 所示。这是一种定制型线圈，它有两个绕组，分为初级和次级，分别绕制在内部的骨架上，用于高频电路的前、后级耦合。根据实际电路需要，屏蔽线圈的初级还设有抽头。为了适应高频电路防干扰的需要，外部罩有金属壳用于屏蔽外界干扰。金属外壳两侧也有引脚，装配时两侧引脚也要焊接在印板上，印板设计布线时这两个引脚一般设计为地线，从而使金属外壳接地，这样才能起到防干扰的作用。

图 1-6-19　屏蔽线圈实物外观图

屏蔽线圈中间有一个磁芯，用于增加线圈的电感量。用窄一字改锥旋转磁芯，可调整磁芯在线圈骨架中的上下位置，从而改变线圈的谐振点，可使高频电路工作在最佳状态。

图 1-6-20 是屏蔽线圈的电路图形符号，用字母 T 表示。符号中间有一个竖线，即表明该线圈含有磁芯。此种高频电路用屏蔽线圈一般是根据电路设计需要而定制，事先计算好初、次级的电感量，选取适当规格的漆包铜线，配合磁芯，设计好所需的线圈匝数并绕制在骨架上。市场上不容易买到正合适的屏蔽线圈，这里我们只要简单了解一下即可。

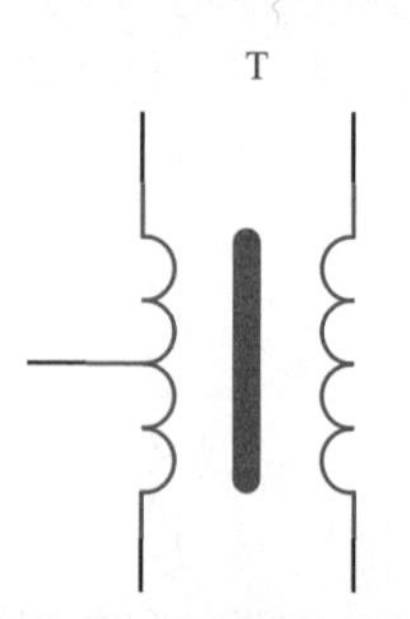

图 1-6-20　屏蔽线圈电路图形符号

本书实验中所使用的屏蔽线圈的检测也可以用数字万用表通断挡测量，初级线圈的 3 个引脚全互通，电阻几乎为 0，且与次级线圈全不通，与金属外壳也不通，表明初级线圈完好。测量次级线圈的两个引脚之间应相通，且与初级线圈不通，与金属外壳也不通，表明次级线圈完好。

至于其他屏蔽线圈的检测，则需要根据实际线圈绕制关系来测量。

6. 晶振

晶振是石英晶体振荡器的简称，在电路中主要用于选择和稳定频率，广泛应用在对频率稳定有较高要求的电路中。在例 22 晶振稳频无线话筒电路中就使用了 1 只 30MHz 的晶振。图 1-6-21 是晶振是实物外观图。

图 1-6-21　晶振实物外观图

晶体一般封装在金属外壳里，外形封装的规格也分很多种，图 1-6-21 是 MU49 型封装，正面印有标称频率。

晶体的特点是具有压电效应，当有机械压力作用于晶体两侧时，晶体产生电压；当有电压作用于晶体两侧时，晶体会产生机械振动。当在晶体两侧加上交流电压时，晶体会产生周期性的机械振动。如果交流电的频率与晶体的固有谐振频率相一致，晶体的机械振动最强，在电路中的电流也最大，从而产生谐振。由于晶体的特性，它可以构成频率稳定度很高的振荡器。

图 1-6-22 是晶振的电路电路图形符号，用字母 JT 来表示。用数字万用表最高电阻挡测量晶振两引脚间的电阻，应为无穷大，且与外壳之间的电阻也应为无穷大。

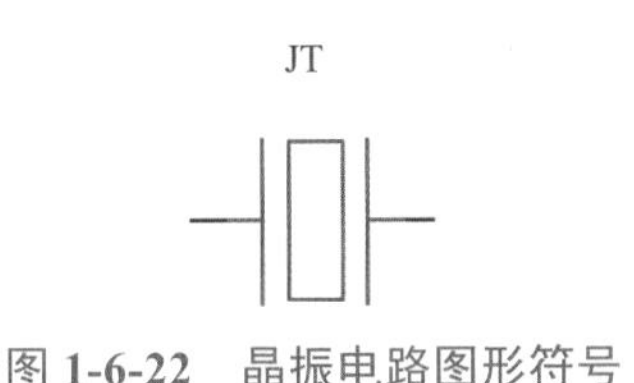

图 1-6-22　晶振电路图形符号

7. 耳机插座

在本书例 28 和例 30 中，使用到了耳机插座，实物外观如图 1-6-23 所示。

图 1-6-23　双声道耳机插座实物外观图

这是 ϕ3.5mm 的双声道耳机插座，共有 5 个引脚。图 1-6-24 是实物引脚排列图，图 1-6-25 是在本书中所使用的电路图形符号。这种耳机插座内含两组机械簧片开关，可自动切换扬声器和耳机输出。

图 1-6-24　双声道耳机插座引脚排列

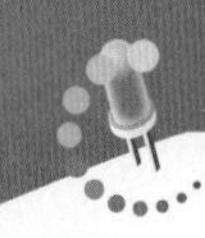

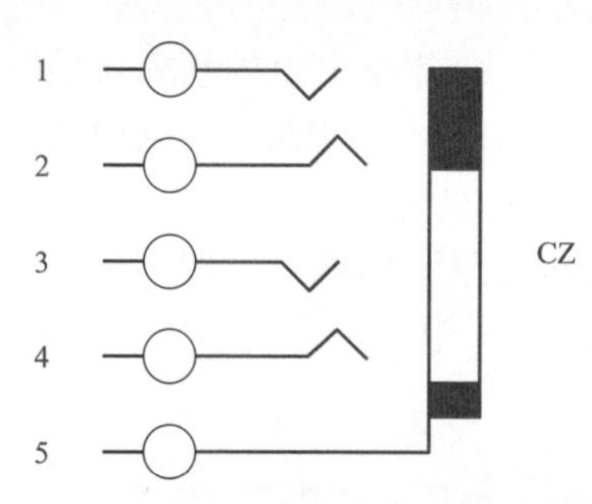

图 1-6-25　本书中双声道耳机插座电路图形符号

从上面两张图中可以看出，第 5 脚为音频双声道的公共端，第 1 脚和第 2 脚之间、第 3 脚和第 4 脚之间均为一个机械簧片开关，左、右声道的音频信号接第 1 脚和第 4 脚，左、右声道的扬声器接第 2 脚和第 3 脚。平时这两组开关闭合，则左、右音频信号经两组开关与扬声器相通，扬声器可以正常发声。如果将耳机插头插入插座后，两组开关被耳机插头顶开，切断音频信号与扬声器的通路，并与耳机插头形成通路，此时耳机将发声，扬声器无声，从而实现耳机与扬声器的自动切换。

在本书电路中，均直接使用了耳机，因此，耳机插座仅用到了第 1、4、5 引脚，未使用内部的机械簧片开关。另外，这种插座所配耳机仅为双声道的普通耳机，与手机用耳机有所不同，手机用耳机一般还含有线控开关功能，比普通耳机增加了一根线，所配套使用的插座与上述的也不尽相同，不能直接替换。

8. 电源接线座

为了实验方便，本书中所有电路均设置了电源接线座，用来与电池盒引线连接，其实物外观如图 1-6-26 所示。接线座顶部有螺钉，将电池盒引线从插孔中插入，如图 1-6-27 所示，用一字改锥旋紧顶部的螺钉，即可压紧导线。

电源接线座均采用 2P（两引脚）规格，分别为电源的正极和负极，具体的正、负极定义，需要参看印板上的字符标识。使用电源接线座可以方便电路板与电池盒的连接，无需每个电路都配备电池盒，从而降低实验成本。

图 1-6-26　电源接线座实物外观图

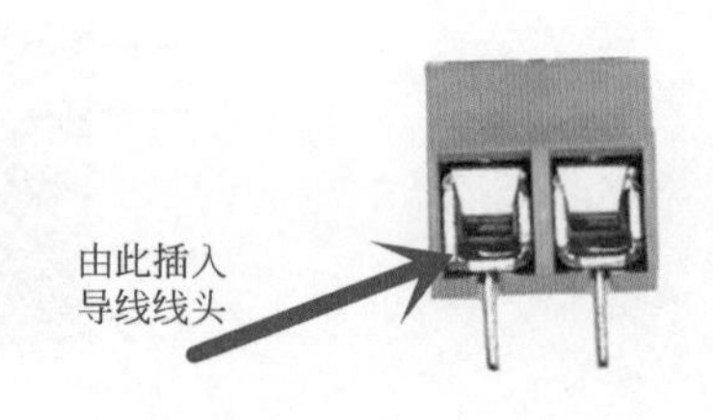

图 1-6-27　电源接线座导线连接示意图

9. 电池盒

本书实验所需电源为 3V 或 6V 直流电源，从既安全又方便的角度看，我们建议使用 2 节 5 号电池盒和 4 节 5 号电池盒作为电源，其外观分别如图 1-6-28 和图 1-6-29 所示。用户只需自备号电池即可，市售的电池盒一般都已压接好电源引线，线头已剥好并镀锡，可以直接压在电源接线座上。其中 2 节 5 号电池盒的引线较细，必要时需多剥出一些线头，并用烙铁镀锡后再使用。如果多次使用后，引线头因疲劳而折断，就需要自己重新加工一下，重新剥出线头并镀锡后再使用。

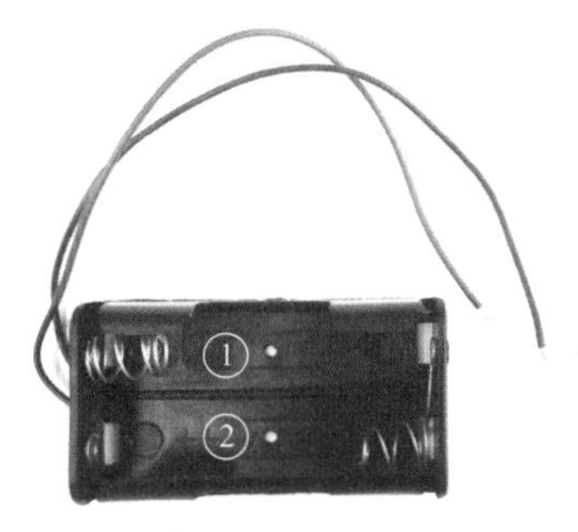

图 1-6-28　2 节 5 号电池盒实物外观图

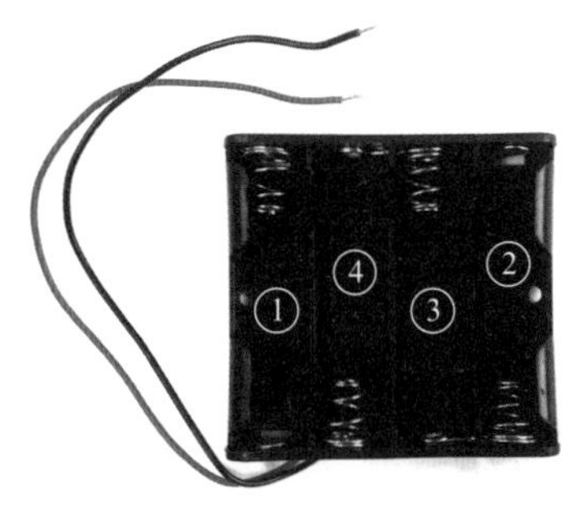

图 1-6-29　4 节 5 号电池盒实物外观图

注意　很多厂家生产的 4 节 5 号电池盒，其内部电池排列顺序有的是按照 1、2、3、4 节的顺序排列电池，而有的是按照 1、4、3、2 的顺序排列电池，如图 1-6-29 的标注所示。这主要是出于外接引线引出方便而设计的，对我们实验没有什么影响，只需了解即可。需要注意的就是安装电池时要与电池盒内的正极片和负极弹簧可靠接触，经常会出现电池正极没有与正极片相接触，而是留有一点缝隙，导致电池盒内部断路，电池盒无输出，从而导致电路无电不工作。

在本书的电路原理图中，对于电源的标注方法采用了电池符号，如图 1-6-30 所示，用字母 BT 表示。

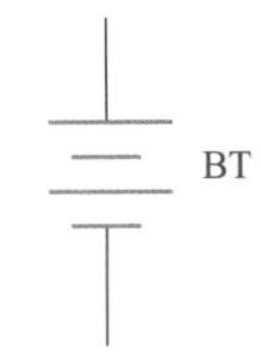

图 1-6-30　本书中的电池符号

有的电路资料中标注了电源符号，如“+6V”，如图 1-6-31 所示，也是常见的表示方法，在使用电池做电源时只需采用对应电压的电池节数即可。

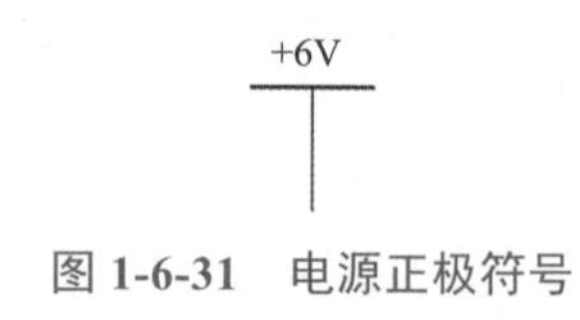

图 1-6-31　电源正极符号

图 1-6-32 是接地符号，在本书电路图中一般接电源负极。

图 1-6-32　接地符号

注意　使用普通电池作电源，电源最为干净，不存在杂波干扰，输出功率有限，不会轻易烧坏器件，因此特别建议使用普通电池作为本书实验的电源。如果非要使用外接电源的话，要使用相应电压输出的直流稳压电源，最好是实验专用电源，不要使用非稳压电源和廉价的开关电源，以及手机充电适配器等，那样将给实验电路带来较大干扰，从而可能引发电路工作异常，导致实验失败。

第七节　常用工具和材料

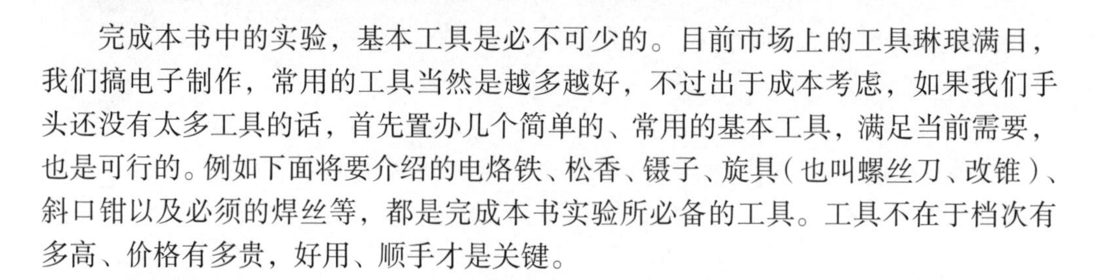

完成本书中的实验，基本工具是必不可少的。目前市场上的工具琳琅满目，我们搞电子制作，常用的工具当然是越多越好，不过出于成本考虑，如果我们手头还没有太多工具的话，首先置办几个简单的、常用的基本工具，满足当前需要，也是可行的。例如下面将要介绍的电烙铁、松香、镊子、旋具（也叫螺丝刀、改锥）、斜口钳以及必须的焊丝等，都是完成本书实验所必备的工具。工具不在于档次有多高、价格有多贵，好用、顺手才是关键。

1. 电烙铁

电烙铁肯定是我们装配电路的必备工具之一，装配本书中的电路，我们建议使用外热式尖头烙铁，图 1-7-1 所示的就是一款普通外热 30W 长寿命电烙铁。

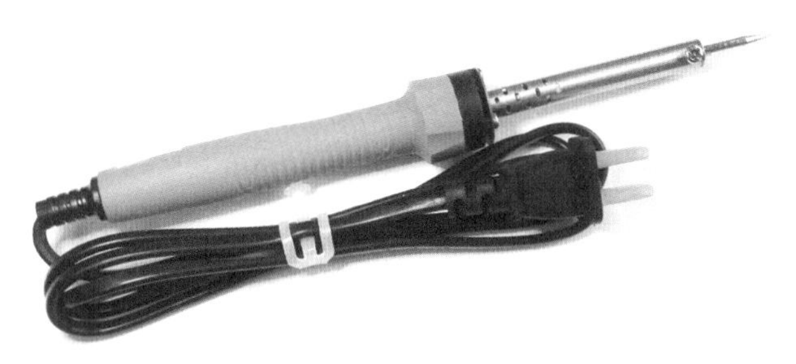

图 1-7-1　30W 外热式电烙铁

知识链接　所谓的长寿命一般是指烙铁头的使用寿命比较长，目前这种烙铁头的前端锥面部分有特殊防护涂层，其颜色与后面直柄的颜色明显不同，有的是金属银亮色，有的还加涂了一层紫红色，都是提示这个位置有防护涂层，可有效防止烙铁头高温氧化，从而延长烙铁头的使用寿命。但这也是有前提条件的，需要正确使用才可以。新的烙铁首次通电时，趁烙铁头刚热，刚好能融化焊丝时，就立即将焊丝镀满锥面上的防护涂层，切勿未镀锡长时间空烧。镀好锡后的烙铁头，就能长时间使用了。正规厂家生产的电烙铁，其电热丝部分质量都比较可靠，能长时间使用而不坏，烙铁头使用时间长了，出现磨损、涂层脱落、不上锡等老化问题，只需拧下前端螺丝，换新头即可，非常方便。

使用时，烙铁头经常会出现一些污物，影响焊接使用，这主要是焊丝中的一些杂质在受热后遗留下来的。有部分用户喜欢用刀片之类的东西刮除这些杂质，但这样刮对烙铁头的防护涂层有很大损坏，经常会把防护涂层刮下来。从而出现烙铁头不上锡、不易融化焊丝等问题，影响正常使用。

遇到这样的问题，建议使用图 1-7-2 所示的专用清洁海绵，这是一种耐高温的海绵，面积不大，小块的也就 2cm×2cm，使用前先将清洁海绵用水浸湿，用的时候将烙铁头在海绵上刮蹭几次，就可以将烙铁头上的污物蹭掉，使烙铁头清洁如新。海绵上的污物可以用水清洗掉，可以反复多次长期使用。

图 1-7-2　清洁海绵

烙铁还需要配一个烙铁架，防止烫伤身体，或在无意间烫坏其他物品，尤其是烙铁自身的电源线，不注意的话很容易被烫坏，将可能引发触电或短路事故，比较危险。简易的烙铁架的外观和使用如图 1-7-3 和图 1-7-4 所示。

图 **1-7-3**　简易烙铁支架

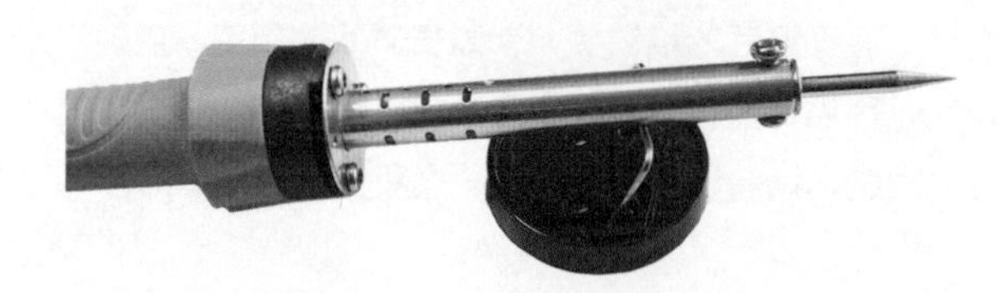

图 **1-7-4**　简易烙铁支架的使用

当然，最好能使用图 1-7-5 所示的专用铸铁烙铁架，安全防护性能就好多了。铸铁底托里可以放置专用海绵。

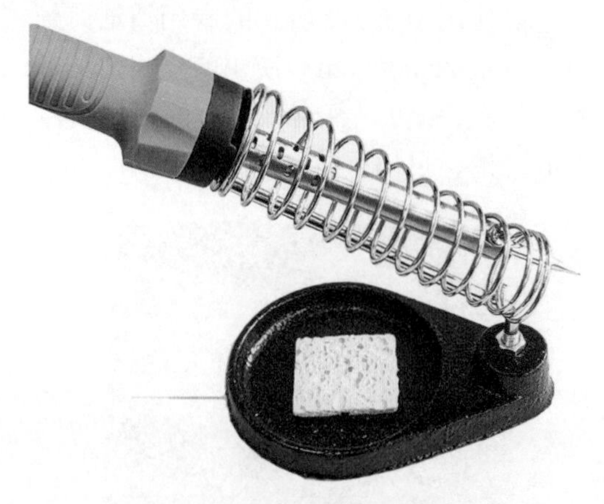

图 **1-7-5**　铸铁烙铁架

市面上还有很多其他规格的烙铁出售，如内热式的，可调温焊接工作台等。

烙铁头也分很多种，除了上面介绍的尖头外，还有马蹄形的、刀口型的、专用型的等，即便是烙铁架也有很多样式很多功能供选则，可根据不同应用场合和个人习惯及财力来选购。

2. 焊锡丝

焊接元件，自然离不开焊锡丝。优质的焊锡丝可以让焊接更加顺畅自如。焊锡丝的主要成分是锡和铅，其中的锡、铅所占比例是焊锡丝的一项重要指标，不同的锡、铅比例，决定着焊锡丝的品质。表 1-7-1 是常见的焊丝参数。

表 1-7-1　常用焊锡丝参数

焊丝类型	锡 / 铅比例	熔点 /℃	主要用途
有铅焊丝	63/37	183	要求较高的电路板，高精密仪器、电子工业、通信等领域焊接
	60/40	183 ～ 190	
	55/45	183 ～ 203	
	50/50	183 ～ 216	普通要求的电路板、家电、电器仪表、汽车电器、一般五金电器等
	45/55	183 ～ 227	
	40/60	183 ～ 238	
	35/65	183 ～ 247	要求较低的电路板、五金机械、汽车水箱、灯跑、普通电缆接头等焊接
	30/70	183 ～ 255	
	25/75	183 ～ 266	
无铅焊丝	99.3	227 ～ 277	适用于高档电子产品，出口品质电子电气工业产品等
无铅含银焊丝	锡 96.5 银 3 铜 0.5	217 ～ 277	焊点较亮，性能优良，用于高要求的焊接，成本较高
	锡 99 银 0.3 铜 0.7	217 ～ 277	

从表中可以看出，含锡量高的焊丝，品质更高一些，焊接时易于融化，可使焊点更加圆润、光亮、可靠，当然价格也更贵一些。建议尽量选择含锡量高的焊丝，也就是表格中前三行的。无铅焊丝环保，价格高，熔点高，普通烙铁焊接并不方便，需要使用可调温度的焊台来焊接。

焊丝的直径也有很多种，我们建议使用 ϕ0.5 ～ ϕ1.0mm 的，焊接元件比较方便，多数成卷销售，如图 1-7-6 所示。目前的市售的焊锡丝普遍在中间添加了助焊剂，使焊接更加容易和可靠。

图 1-7-6　焊锡丝卷

3. 松香

松香是以松树的树脂为原料，通过加工后形成的黄色透明固体材料，是重要的化工原料。松香不溶于水，质地硬而脆，用于制造油漆、肥皂、纸张等，在乐器领域里，经常被涂抹在二胡、提琴、马头琴等弦乐的弓毛上，用来增大弓毛与琴弦之间的摩擦力。后来的研究发现，松香还是很好的电路板焊接助焊剂，松香可以有效清除待焊部位的氧化物杂质，增强焊接牢固强度，也能起到防止氧化作用，并且其本身还具有良好的绝缘性能，还能增加焊锡丝的液态流动性，从而使焊点更加牢固、可靠。

图 1-7-7 就是一种常用的松香助焊剂。使用时只需用烙铁头轻蘸一点松香，再焊接元件即可。

图 1-7-7　松香助焊剂

注意　前面曾提到，焊锡丝在生产时就在中间添加了助焊剂，方便焊接，实际上大部分时候不需要再额外用松香，松香的用途是在焊接质量不佳时，或者焊丝内的助焊剂经烙铁高温加热蒸发掉了，但焊点还没焊好时，再额外添加使用，并非每次焊接都要使用。

4. 镊子

镊子也是电子制作常用的工具，如图 1-7-8 所示。

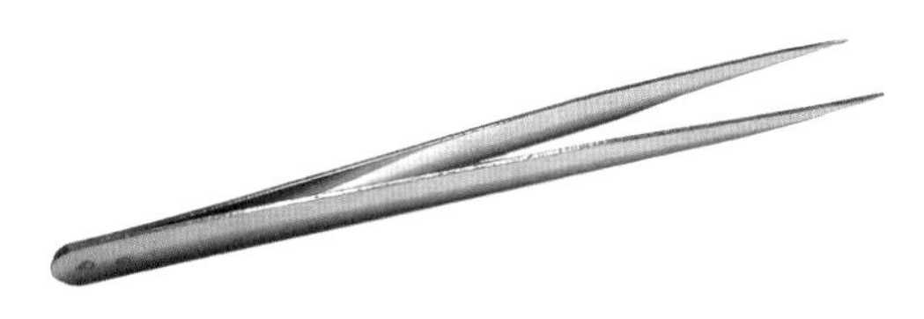

图 1-7-8　镊子

在装配元件的过程中，有时元件体积很小，用手拿取安装并不方便，这是就需要一把镊子来帮忙，用它来帮助夹持元件引脚，调整元件位置，就方便多了。使用时要注意，普通镊子都是金属制成的，并不绝缘，因此在夹持元件之前，电路应该断电，然后再使用镊子夹持元件。

5. 小一字改锥

改锥也叫螺丝刀、起子，各地叫法不同，在本书的电路装配过程中仅需要一只小一字改锥就可以了，如图 1-7-9 所示。

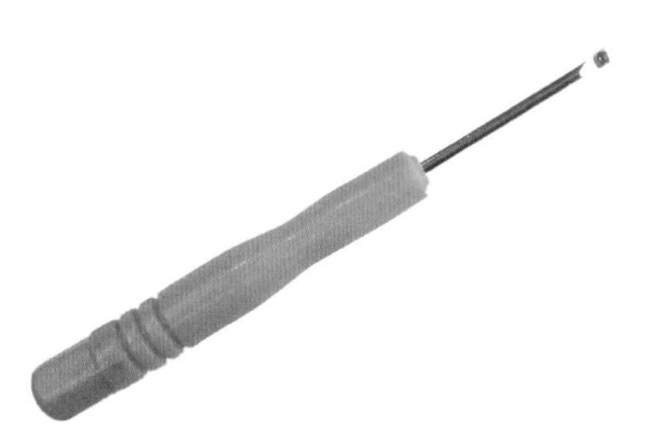

图 1-7-9　小一字改锥

在本书的实验中，这个小改锥的用途，一是用于旋紧电源接线座上的螺钉（也叫螺丝），将电池盒的引线压紧在接线座上。二是用来调整可变电阻，将改锥一字头伸入可变电阻的一字槽里，左、右旋转就可以调整电阻值。另外在例 22 的晶振稳频无线话筒的制作中，使用了 2 只屏蔽线圈，中间的磁芯需要用一字改锥来调整，且磁芯的一字槽较窄，只能使用小的一字改锥，图 1-7-9 中的改锥一字头有时还比磁芯中的一字槽还要宽一点，这时建议使用砂轮、砂纸之类的东西将一字头磨窄一点再用。成套的钟表改锥中就有更小更窄的一字改锥，用来调整屏蔽线圈的磁芯就更方便一些了。

严格地讲，高频电路磁芯调整应使用无感改锥，也就是非金属材料制作的改锥，但我们电路没有太高要求，使用普通改锥也能胜任。

6. 水口钳

在电路装配过程中，普通元器件的引脚都是偏长一些的，焊接完成后，需要剪断多余的引脚，水口钳就是用来剪断引脚的工具，其外观如图 1-7-10 所示。水口钳的钳口一面是斜面的，一面是平面的，特别适合用来剪断元件引脚。图中的水口钳是 6 寸的，大小适中。

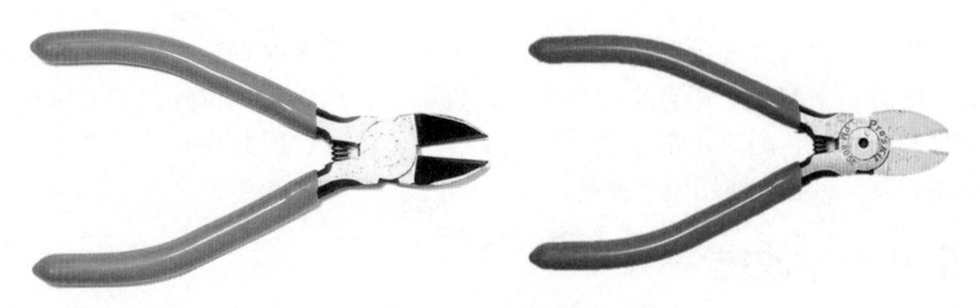

图 1-7-10　水口钳

注意　使用水口钳时需注意，一是不能带电操作。二是钳口很锋利，仅能用于剪断普通元器件的引脚、排线、热缩管之类的细的物品，不能用于剪硬铁丝、钢丝等强度较高的金属物品，那样钳口很容易崩坏。

本书中的电路元件都是普通直插型元件，元件焊接完毕后，多余引脚都需要剪掉，水口钳比较好用，但也不一定非要配备，如果仅是短期临时装配的话，用指甲钳临时代替一下也是不错的选择。

7. 关于焊接

本书中的电路元件都需要焊接来完成，因此焊接技能尤其重要，优质、可靠的焊接，是保证电路正常工作的前提条件，但这实际也是一个孰能生巧的过程。我们建议在焊接这些元件时，使用普通 30W 外热尖头烙铁即可，配 ϕ0.5 ～ 1.0mm 的优质焊锡丝。焊接时先将元件引脚插好，元件安装高度要根据电路板设计需要而定。卧式安装的电阻可以紧贴电路板，三极管的安装则需留有 3 ～ 5mm 的引脚高度。然后右手持电烙铁，将烙铁头靠近被焊元件的焊盘，左手送焊丝，将焊丝融化在焊盘上，焊丝要留满焊盘，并注意焊丝融化量也不要太多。然后先移开焊丝，再移开烙铁。好的焊点，焊锡圆润、饱满、光亮，既充满整个焊盘，又不能有堆砌、拉丝。焊接的手法是个熟能生巧的过程，多练习就能很快掌握。实际上每个焊点用时不过 1 ～ 2s 即可完成。

焊锡丝还是尽量选择优质的，那些含铅高的虽然便宜但熔点也高，不易融化，会导致焊点松散、颜色发乌、容易虚焊等问题，得不偿失。我们配套提供的印板，都是环氧板，焊盘均已事先镀锡，板材质量可靠，因此焊接过程很容易完成。而有些套件或者成品电路板，出于成本考虑，使用了纸基板材，焊盘事先没有做镀锡处理，手工焊接时就得注意掌握好焊接温度和加热时间，温度过高或者加热时间过长，焊盘和铜箔走线就可能脱落，导致装配失败。因此焊装纸基板的元件，要尽量一次焊好，避免反复，否则电路板很容易损坏。

焊接元件时，焊丝和松香经高温加热后，不可避免会发生冒烟现象，虽然是正常现象，但这些烟雾有一定毒性，吸入后会对人体产生不利影响，因此，在进行焊接操作时，要注意环境通风，必要时用风扇强制通风，尽量避免吸入烟雾。

有关本书电路板元件焊装的操作，也可在目录中选择带有“*”标志的实例，这些实例均带有二维码，扫码就可以观看详细的装配过程。

第八节 万用表的使用 

这里给大家推荐一款性价比高的 DT9208A 型的数字万用表，外观如图 1-8-1 所示。除了具备常规的电阻、电压、电流、三极管测试等功能外，还具有频率、温度、电容等测量功能，能够很好地满足我们电子制作的各项测量需要。下面让我们先看看这款万用表的性能。

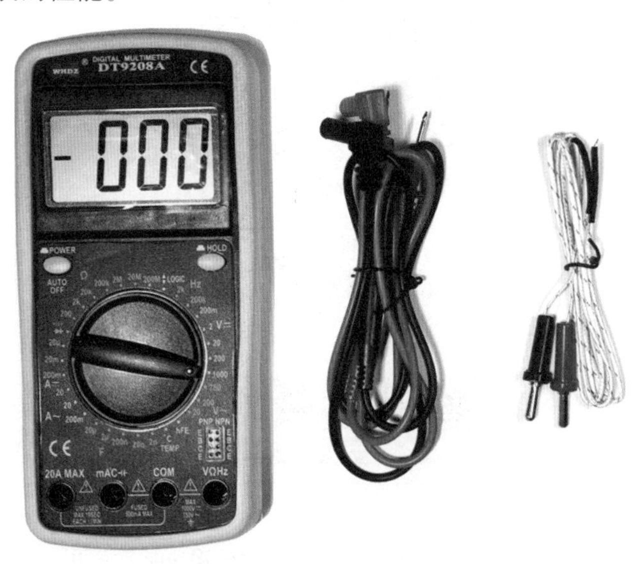

图 1-8-1 DT9208A 型数字万用表

表 1-8-1 是这款 DT9208A 万用表的外观基本参数，图 1-8-2 是外观功能示意图。

表 1-8-1　DT9208A 数字万用表外观基本参数

外观参数	数值 / 配置	外观参数	数值 / 配置
液晶屏尺寸	67mm×32mm	电池	6F22 9V 电池
最大显示数值	1999（三位半）	重量	283g（含护套）
量程选择	手动	表外观尺寸（含护套）	190mm×89mm×33mm
工作环境	0 ～ 40℃	包装盒尺寸	210mm×140mm×45mm

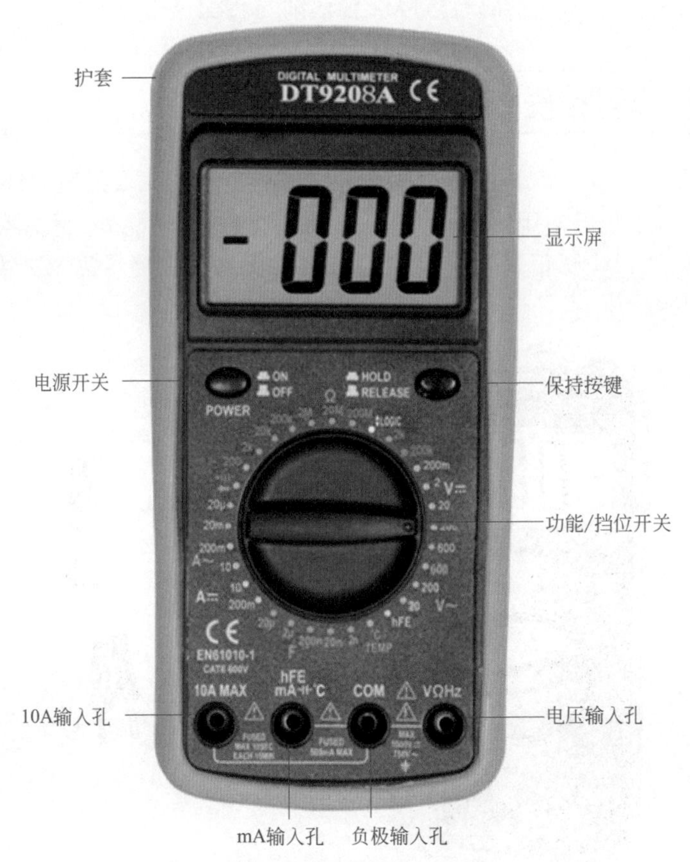

图 1-8-2　DT9208A 数字万用表外观功能示意图

在使用万用表测量之前，为防止发生触电危险，保护人身安全，避免仪表在测试中损坏，我们要坚持以下操作注意事项。

① 在使用前，仔细检查仪表外壳及保护套是否完好，无破损。

② 检查表笔绝缘是否良好，导线外皮完整没有破口，不要有金属导线外漏。

③ 测量时，要选择正确的表笔孔位和正确的测量挡位，挡位开关拨动时要旋到位，不要停留在两个挡位之间。

④ 手持表笔时，手要握持在表笔前端挡板后面。

⑤ 在使用蜂鸣挡 / 二极管挡、电阻挡、电容挡时，应将被测电路断电，并释放电路中电容里的电荷，以免电容残存电荷对仪表造成冲击损坏。

⑥ 当液晶屏显示一个电池符号时，表示表内电池电量不足，应及时更换新电池。如果继续使用电量不足的电池去测量，将导致测量结果出现很大偏差，很容易误导用户。更换电池时，先关闭仪表，移除表笔，再打开后盖。

⑦ 大部分数字万用表都有自动关机功能，开机一段时间后，会自动关闭，目的是避免用户忘记关机而长时间通电导致表内电池电量过快耗尽。如果较长时间不使用万用表，应及时检查表内电池，防止电池漏液腐蚀表内线路，建议将表内电池取出。

归纳起来，最关键的就两条：a. 表笔不要插错孔位。b. 选择正确的挡位。

据以往经验，发生误操作的情形，最多的就是在测量电流之后，没有及时变更表笔孔位，就直接去测电压，轻则烧毁表内保险管，重则发生触电危险，损坏仪表和被测电路。尤其是在 20A 电流挡，测量完电流后不及时把红表笔从“20A”孔位中拔出，换到“VΩHz”孔位，就直接测电路电压，导致被测电路短路，必然导致电路打火、放炮。因此，测量时始终保持清醒头脑至关重要。

说完了注意事项，下面我们来看看具体如何使用这款万用表。

1. 直流电压测量

测量步骤：

① 将挡位开关拨到所需要的直流电压量程挡位；

② 将红表笔接在万用表的“VΩHz”（电压、电阻、频率测量）端，黑表笔接在“COM”（公共端）；

③ 将表笔连接到待测电压或电源上，即可读出测量数值；

④ 如果液晶屏上的测量数字前显示“—”。表明黑色表笔接的是直流电压正极，红表笔接的是直流电压负极。如果没有显示“—”，则表明红表笔接的是直流电压正极，黑表笔接的是直流电压负极。

直流电压测量如图 1-8-3 所示。

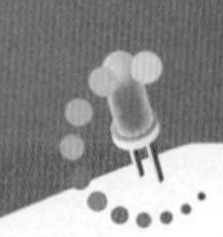

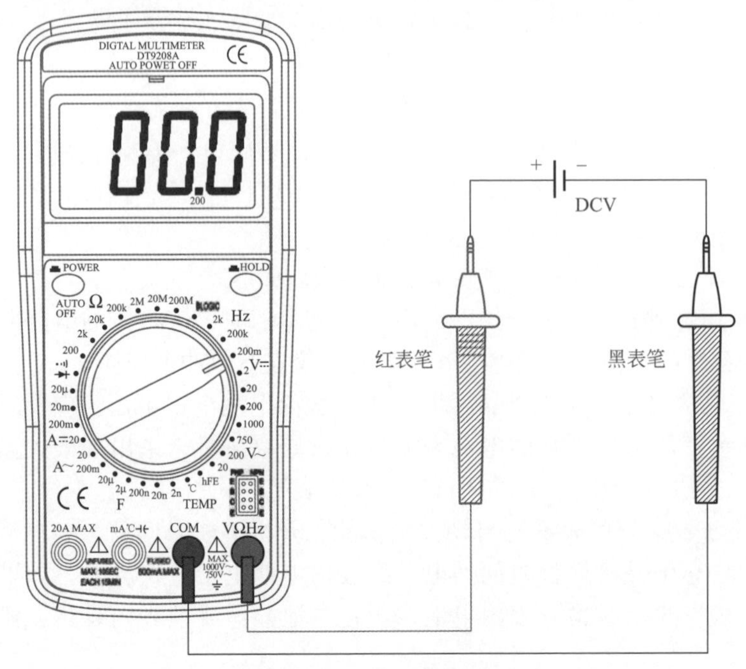

图 1-8-3　直流电压测量

表 1-8-2 是直流电压各挡的精度。+*n* 字表示测量值尾数的允许跳动范围。

表 1-8-2　直流电压各挡精度表

量程	分辨率	精度
200mV	0.1mV	±0.5%+3 字
2V	1mV	±0.8%+5 字
20V	10mV	
200V	100mV	
1000V	1V	±1%+5 字
输入阻抗：10MΩ		
过载保护：直流 1000V 或交流 750V 有效值。最大直流输入电压：1000V		

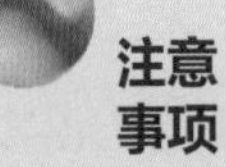

注意事项　① 如果事先不清楚待测电压的范围，请先将表挡位开关拨至最高挡位，也就是直流电压 1000V 挡，试测后再逐步降低测量挡位，直至测量数字适合为止。

② 当测量时液晶屏只显示“1”，则表示超过该挡位的量程了，需要提升挡位再测。

③ 不允许测量直流 1000V 以上的电压，这样将可能导致万用表损坏。

2. 交流电压测量

测量步骤：

① 将挡位开关拨到所需要的交流电压量程挡位；

② 将红表笔接在万用表的“VΩHz”端，黑表笔接在“COM”端；

③ 将表笔连接到待测电压或电源上，即可读出测量数值。

交流电压测量如图 1-8-4 所示。

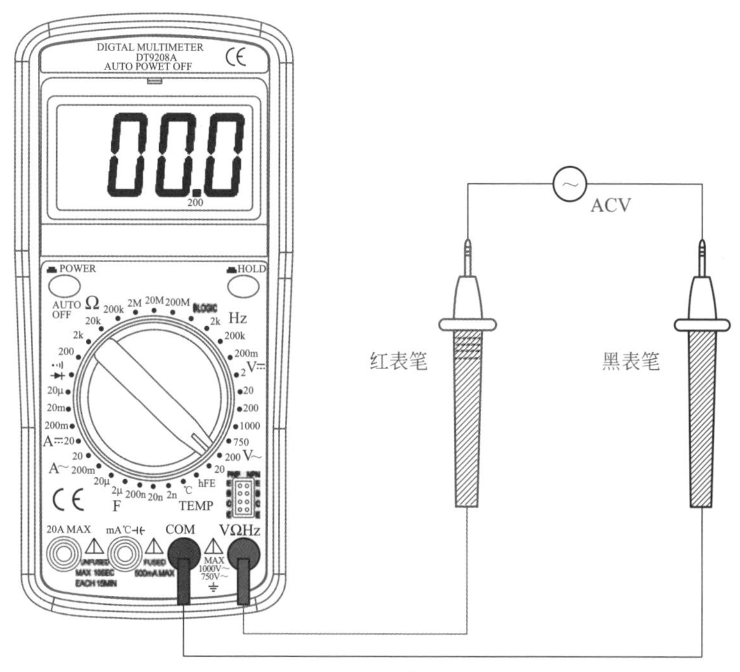

图 1-8-4　交流电压测量

表 1-8-3 是交流电压各挡精度。

表 1-8-3　交流电压各挡精度表

<table>
<tr><th>量程</th><th>分辨率</th><th>精度</th></tr>
<tr><td>20V</td><td>10mV</td><td rowspan="2">±1%+5 字</td></tr>
<tr><td>200V</td><td>100mV</td></tr>
<tr><td>750V</td><td>1V</td><td>±1.2%+5 字</td></tr>
<tr><td colspan="3">输入阻抗：10MΩ</td></tr>
<tr><td colspan="3">过载保护：直流 1000V 或交流 750V 有效值。最大交流输入电压：750V</td></tr>
<tr><td colspan="3">频响范围：40 ～ 400Hz</td></tr>
<tr><td colspan="3">响应：平均值，正弦波校正</td></tr>
</table>

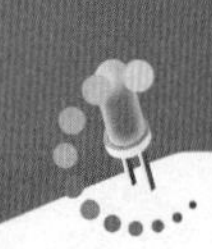

注意事项 ① 与直流电压测量相同，如果事先不清楚待测电压的范围，应先将表挡位开关拨至最高挡位，也就是交流电压 750V 挡，试测后再逐步降低测量挡位。② 当测量时液晶屏只显示“1”，则表示超过该挡位的量程了，需要提升挡位再测。③ 不允许测量交流 750V 以上的电压，这样将可能导致万用表损坏。

3. 直流电流测量

测量步骤：

① 将挡位开关拨到所需要的直流电流量程挡位；

② 将红表笔接在万用表的“mA℃⊣⊢”（电流、温度、电容测量）端，黑表笔接在“COM”（公共端），此时直流电流最大测量值为 200mA；

③ 将表笔串联接到待测电路上，即可读出测量数值；

④ 如果液晶屏上的测量数字前显示“—”，表明黑色表笔接的是直流电流输入端，红表笔接的是直流电流输出端。如果没有显示“—”，则表明红表笔接的是直流电流输入端，黑表笔接的是直流电流输出端；

⑤ 如果要测量大于 200mA 的直流电流，请将红表笔插入“20A MAX”端，并将挡位开关拨至 A⎓20A 挡。直流电流测量如图 1-8-5 所示。

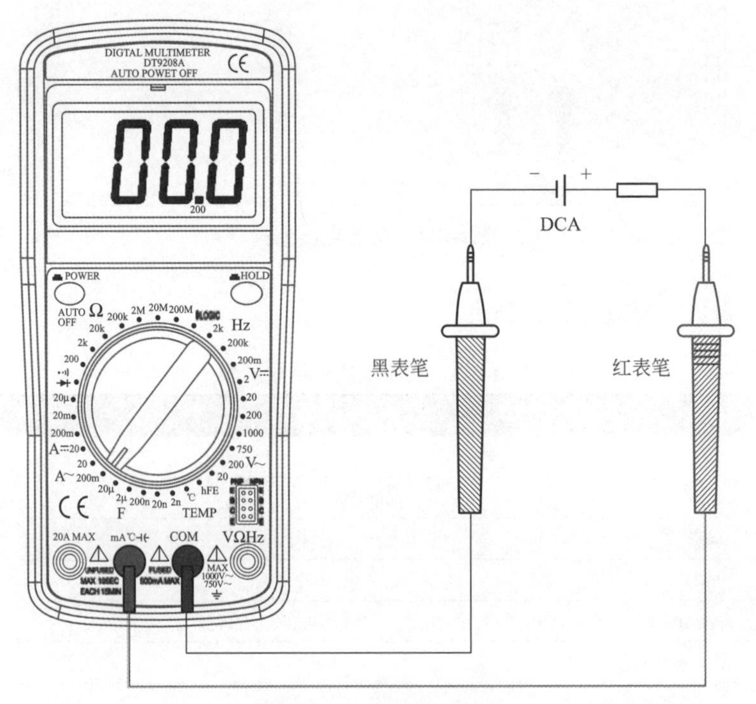

图 1-8-5　直流电流测量

表 1-8-4 是直流电流各挡精度。

表 1-8-4　直流电流各挡精度表

量程	分辨率	精度
20μA	10nA	±1.8%+2 字
20mA	10μA	
200mA	100μA	±2%+2 字
20A	10mA	±2%+10 字

过载保护，mA 端：F400mA/250V 快速熔断保险管
20A 端：无保险管，测量需特别注意安全

电压降：200mV

注意事项

① 如果事先不清楚待测电流的电压范围，请先将表挡位开关拨至最高挡位，也就是直流电流 200mA 挡，试测后再逐步降低测量挡位，直至测量数字适合为止。

② 当测量时液晶屏只显示“1”时，则表示超过该挡位的量程了，需要提升挡位再测。

③ 在使用 20A 挡位时，因电流大，且表内无保护电路，因此要特别注意安全，连续测量时，最大电流应控制在 10A 以内。非连续测量时，测量时间应短于 10s，并且每次测量间隔应大于 10min。

4. 交流电流测量

测量步骤：

① 将红表笔接在万用表的“mA℃⊣⊢”（电流、温度、电容测量）端，黑表笔接在“COM”（公共端），选择交流 200mA 挡；

② 将表笔串联接到待测电路上，即可读出测量数值。此时交流电流最大测量值为 200mA；

交流电流测量如图 1-8-6 所示。

如果要测量大于 200mA 的交流电流，请将红表笔插入“20A MAX”端，并将挡位开关拨至 A≂ 20A 挡。

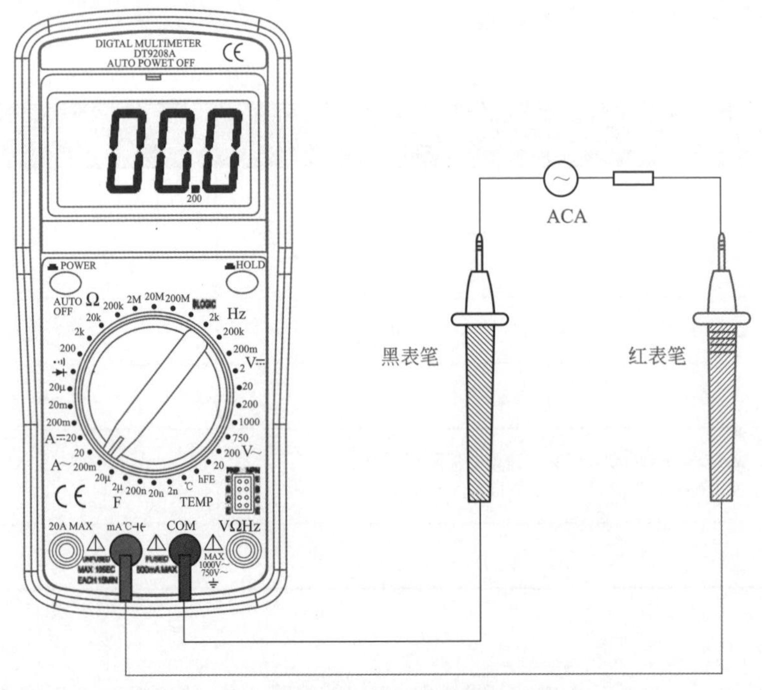

图 1-8-6　交流电流测量

表 1-8-5 是交流电流各挡精度。

表 1-8-5　交流电流各挡精度表

量程	分辨率	精度
200mA	100μA	±2%+5 字
20A	10mA	±2%+10 字
过载保护，mA 端：F400mA/250V 快速熔断保险管 20A 端：无保险管，测量需特别注意安全		
电压降：200mV		
响应：平均值，正弦波校正		

注意事项　① 当用交流电流 200mA 挡测量，液晶屏只显示“1”时，则表示超过该挡位的量程了，需要换 20A 挡再测。

② 在使用 20A 挡位时，因电流大，且表内无保护电路，因此要特别注意安全，连续测量时，最大电流应控制在 10A 以内。非连续测量时，测量时间应短于 10s，并且每次测量间隔应大于 10min。

图 1-8-7 是直流电流、交流电流 20A 挡测量示意图。

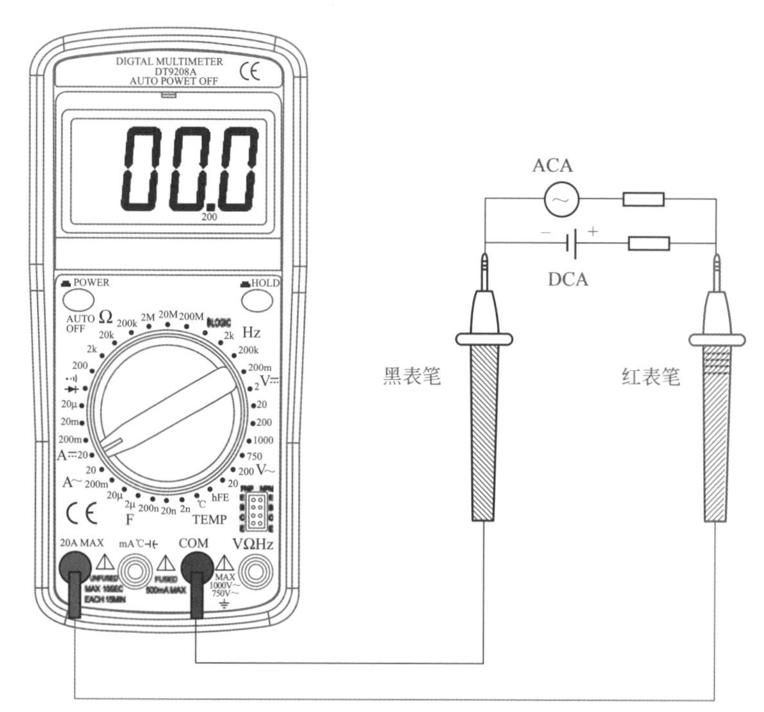

图 1-8-7　直流电流、交流电流 20A 挡测量示意图

5. 电阻测量

测量步骤：

① 将挡位开关拨到所需要的电阻量程挡位；

② 将红表笔接在万用表的“VΩHz”端，黑表笔接在“COM”端；

③ 将表笔连接到待测电阻两端，即可读出测量数值。

电阻测量如图 1-8-8 所示。

表 1-8-6 是电阻各挡精度。

表 1-8-6　电阻各挡精度表

量程	分辨率	精度
200Ω	0.1Ω	±1%+10 字
2kΩ	1Ω	±1%+5 字
20kΩ	10Ω	
200kΩ	100Ω	
2MΩ	1kΩ	

续表

量程	分辨率	精度
20MΩ	10kΩ	±1%+10 字
200MΩ	100kΩ	±5%+20 字
开路电压：约 0.5V		
过载保护：直流 250V 或交流 250V 有效值		

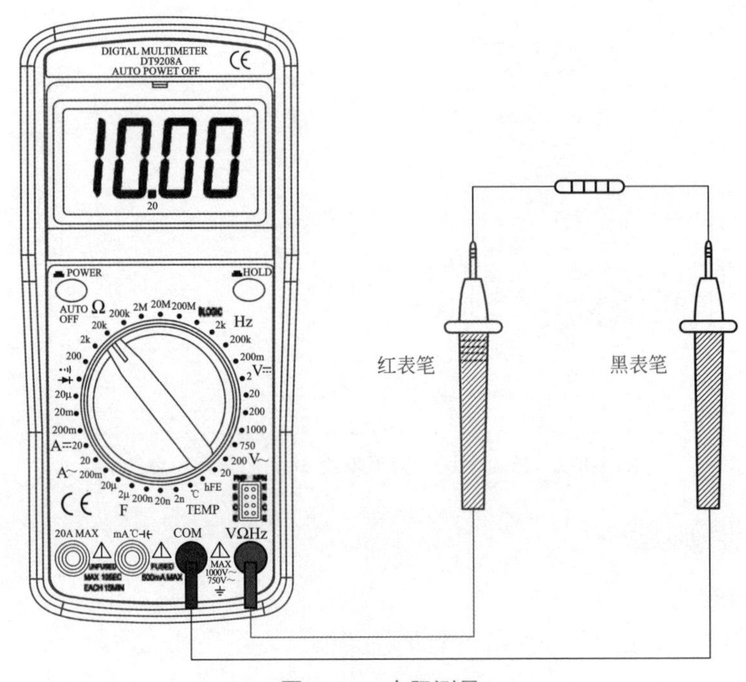

图 1-8-8 电阻测量

注意事项

① 当表笔没有连接被测电阻时，液晶屏显示“1”。

② 如果被测电阻阻值大于所选量程时，液晶屏也会显示“1”，这时可将挡位开关拨至更高的电阻挡位再测试。

③ 测量电阻时，手及身体的任何部位都不要触及表笔金属头和电阻引脚，以免因并入人体阻值，而导致测量值不准。尤其是在测量阻值较大的电阻时更应避免引入人体阻值。

④ 200MΩ 挡在表笔短接时也有 0.9 左右的不回零值，这个是正常的，实际测试值减去 0.9MΩ 即为测量值。

6. 电容测量

测量步骤：

① 将挡位开关拨到所需要的电容量程挡位；

② 将红表笔接在万用表的“mA℃⊣⊢”端，黑表笔接在“COM”端；

③ 将表笔连接到待测电容两端，待读数稳定后，再读出测量数值。测量较大电容值的电容，读数稳定需要几秒的时间。

电容测量如图 1-8-9 所示。

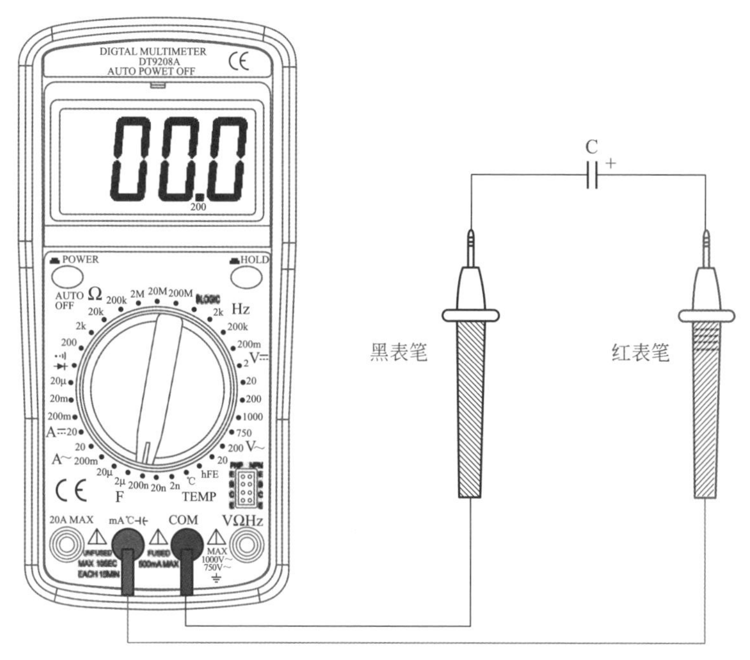

图 1-8-9　电容测量

表 1-8-7 是电容各挡精度。

表 1-8-7　电容各挡精度表

量程	分辨率	精度
2nF	1pF	±4%+5 字
20nF	10pF	
200nF	100pF	
2μF	1nF	
20μF	10nF	
开路电压：约 0.5V		
过载保护：直流 250V 或交流 250V 有效值		

注意事项　① 为确保安全，防止因电容残存电荷的冲击而导致仪表内部损坏，测试电容前，应将电容充分放电。尤其是工作电压较高的电容，更应注意需将电容充分放电后再测量。

② 测量电容时，手及身体的任何部位都不要触及表笔金属头和电容引脚，以免因人体介入而导致测量值不准。

7. 二极管和通断测量

测量步骤：

① 将挡位开关拨到 ▶|•))) 挡位；

② 将红表笔接在万用表的“VΩHz”端，黑表笔接在“COM”端；

③ 将表笔连接到待测二极管两端，如果显示 500 ~ 800 的测试值，则红表笔对应的二极管测量引脚为正极，黑表笔所接引脚为负极。然后进一步验证，将红、黑表笔对调，如果仅显示“1”，则表明被测二极管正常；

④ 本测试挡还可用于电路通断测量，当被测电路电阻阻值小于约 70Ω 时，表内置蜂鸣器将发声，提示被测电路处于导通状态，这个功能在检测电路是否正常连通时非常有用，只需听蜂鸣声即可判断电路连接是否正常。

二极管及通断挡的测量如图 1-8-10 所示。

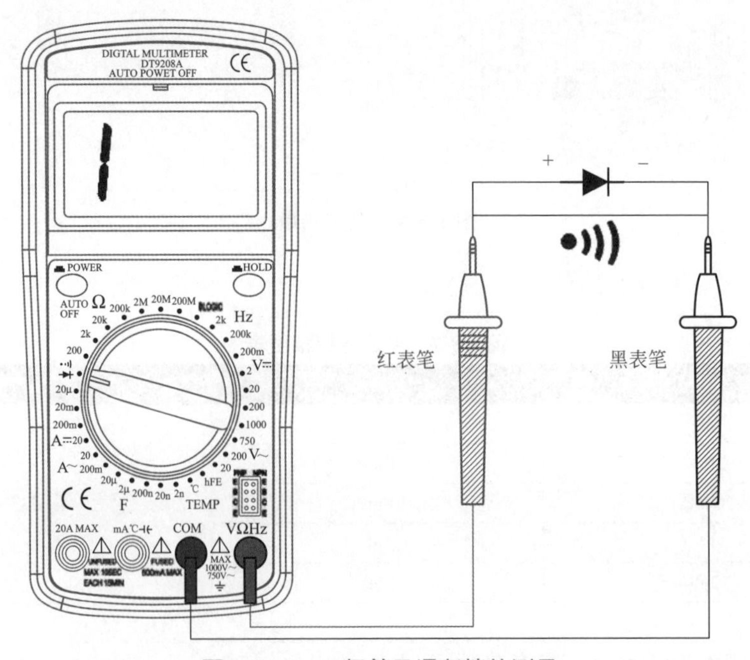

图 1-8-10　二极管及通断挡的测量

表 1-8-8 是二极管及通断挡功能表。

表 1-8-8　二极管及通断挡功能表

量程	说明	备注
▶|	二极管测量	开路电压约 2.8V
•)))	当测量电阻小于约 70Ω 时，内置蜂鸣器发声	
过载保护：直流 250V 或交流 250V 有效值		

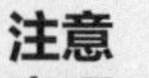

注意事项　① 当表笔没有连接二极管或其他任何电路时，液晶屏显示“1”；

② 如果测量二极管，数值显示很小，对调表笔后数值依然很小，则表明被测二极管已经击穿损坏，如果对调表笔前后，液晶屏始终显示“1”，则表明被测二极管已经开路损坏；

③ 测量步骤 3 中二极管测量结果是针对数字万用表而言，假设换用指针万用表，则测量结果刚好相反。这是由于数字万用表与指针万用表在表内的电池极性刚好相反而导致的。

8. 三极管 hFE 测量

测量步骤：

① 将挡位开关拨到“hFE”量程挡位；

② 根据三极管的型号，事先判断好是 NPN 型还是 PNP 型；

③ 按照面板所标注的极性，将三极管插入测试座，液晶屏显示的数值就是被测三极管的 hFE。

三极管 hFE 的测量如图 1-8-11 所示。

表 1-8-9 是三极管 hFE 测量参数。

表 1-8-9　三极管 hFE 测量参数

量程	说明	测试电流	测试电压
NPN	0 ～ 1000	I_b=10μA	V_{ce}=2.8V
PNP			

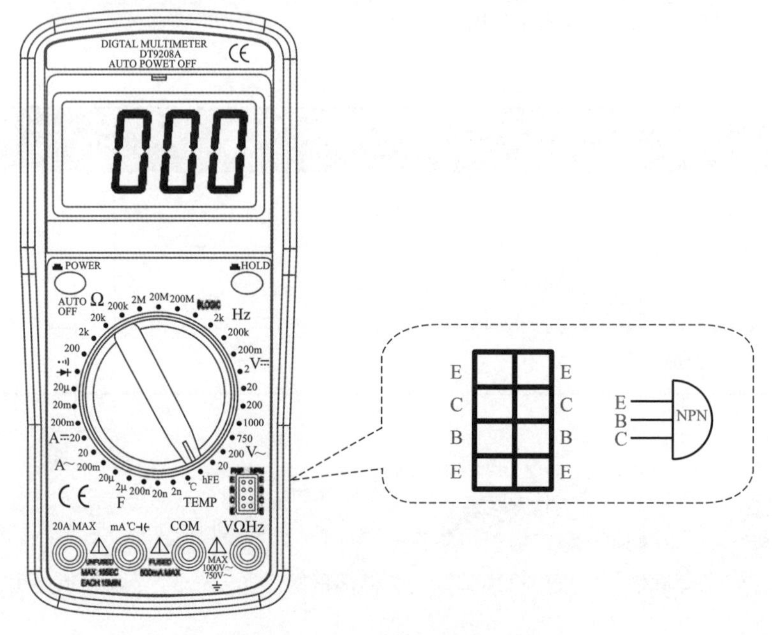

图 1-8-11　三极管 hFE 的测量

注意事项　如果测量结果显示“1”，或者“000”则表明要么是三极管极性插错了，要么三极管本身损坏。

9. 逻辑电平测量

测量步骤：

① 将挡位开关拨到“LOGIC”量程挡位；

② 将红表笔接在万用表的“VΩHz”端，黑表笔接在“COM”端。此时红表笔代表的是 + 极性；

③ 将红、黑表笔分别接入被测电路两端；

④ 被测电路电压高于 2.5V 时，为高电平，液晶屏显示“▲”，被测电路电压低于 0.7V 时，为低电平，液晶屏显示“▼”，同时蜂鸣器会发声。

逻辑电平测量如图 1-8-12 所示。

注意事项　如果被测电压在 0.7～2.5V 之间，则可能显示高电平，也可能显示低电平，也可能什么都不显示。这也就意味着被测电压的高、低电平不确定。

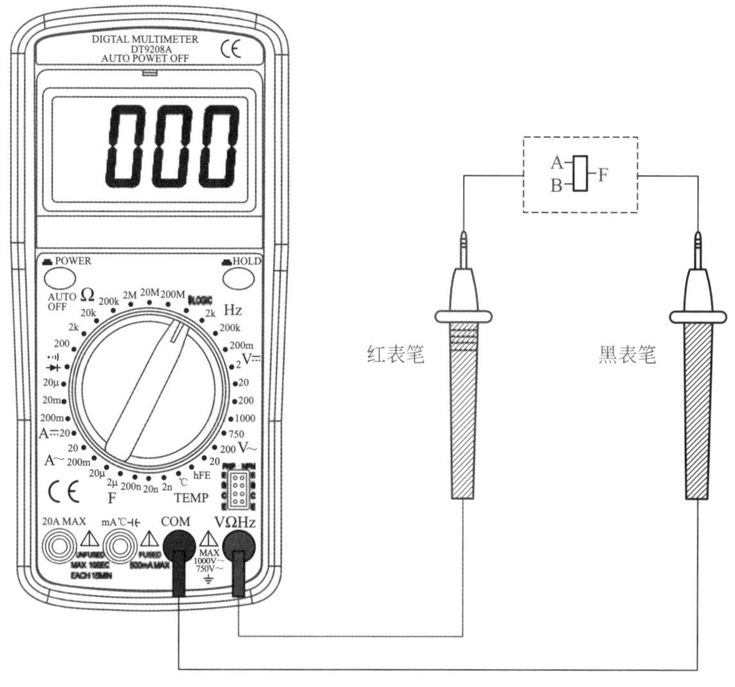

图 1-8-12 逻辑电平测量

10. 频率测量

测量步骤：

① 将挡位开关拨到所需要的频率“Hz”量程挡位；

② 将红表笔接在万用表的“VΩHz”端，黑表笔接在“COM”端；

③ 将红、黑表笔分别接入被测电路两端，可读取频率数值。

频率测量如图 1-8-13 所示。

表 1-8-10 是各挡频率测量精度。

表 1-8-10 频率测量精度表

量程	分辨率	备注
2kHz	1Hz	±3%+5 字
200kHz	100Hz	
过载保护：直流 250V 或交流 250V 有效值		

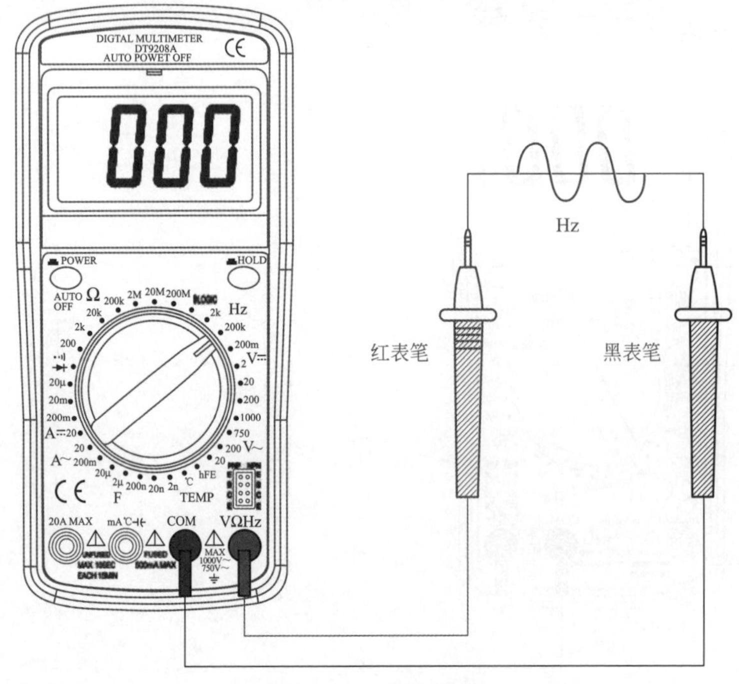

图 1-8-13　频率测量

11. 温度测量

测量步骤：

① 将挡位开关拨到“℃ TEMP”量程挡位；

② 未插入温度探头时，表显示的是常温温度；

③ 将温度探头的红色插头接在万用表的“mA℃╫”端，黑色插头接在“COM”端；

④ 将探头与被测物体接触，稍等一会，待温度显示稳定后，读取读数。

温度测量如图 1-8-14 所示。

表 1-8-11 是温度测量精度表。

表 1-8-11　温度测量精度表

量程	分辨率	精度
-40 ～ 150℃	1℃	±1%+4 字
150 ～ 1370℃		±2%+3 字

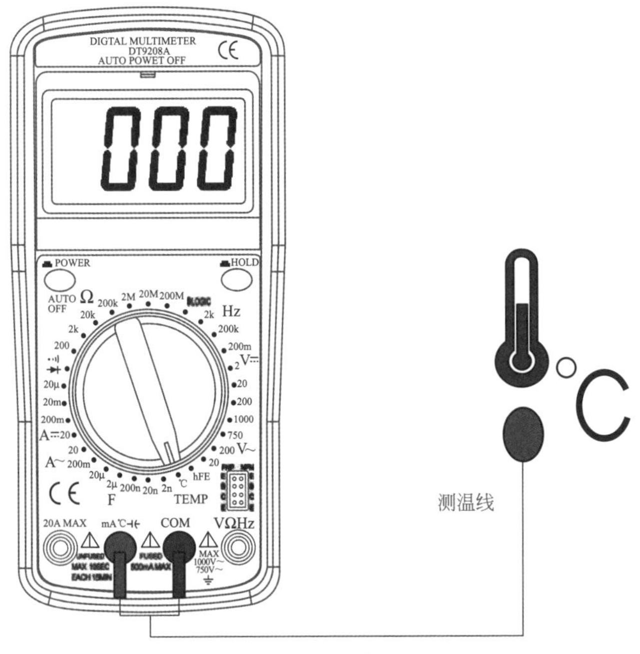

图 1-8-14　温度测量

注意事项　测量时需注意安全，小心操作探头，避免发生烫伤事故。

第二章

电子制作实战

- 灯光控制类电子制作
- 门铃音响类电子制作
- 开关控制类电子制作
- 无线发射接收类电子制作
- 信号检测类电子制作
- 报警器类电子制作
- 音频放大类电子制作

灯光控制类电子制作

例 1 双色闪光灯 *

制作难度：★★比较简单

原理简介：

这里介绍的双色闪光灯电路是一个典型的无稳态振荡器。电路原理图如图 2-1-1 所示。

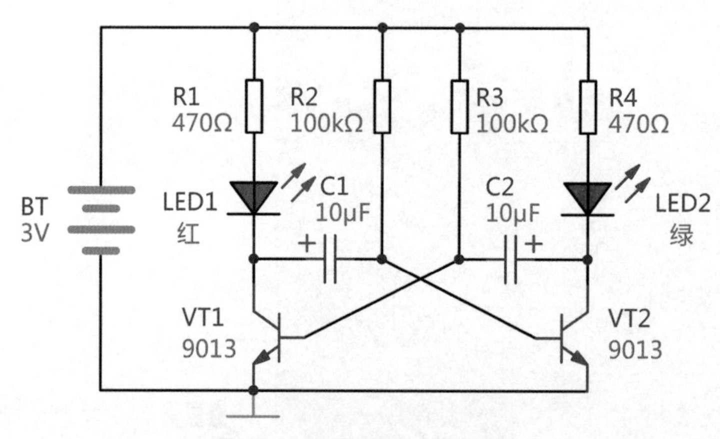

图 2-1-1　双色闪光灯原理图

在刚接通电源时，电容 C1、C2 相当于短路，电源正极一路通过 R1、LED1、C1 加载至 VT2 基极，欲使 VT2 导通。另一路通过 R4、LED2、C2 加载到 VT1 基极，欲使 VT1 也导通。但 VT1 和 VT2 不可能同时导通，由于元件自身存在的差异，总有一个三极管会率先导通，这里我们假设 VT1 先导通，则 VT1 的集电极变为低电平，C1 开始放电，此时红色发光二极管 LED1 点亮。C1 的放电还导致 VT2 的基极变为低电平而截止，使得绿色发光二极管 LED2 熄灭。随着 C1 放电过程结束，C1 相当于开路。R2 成为 VT2 基极的上拉电阻，使得 VT2 开始导通，VT2 的集电极变为低电平，LED2 开始点亮，同时 C2 开始放电，并导致 VT1 的基极变为低电平而截止，LED1 熄灭。经过一段时间后 C2 放电结束，C2 相当于开路，R3 作为 VT1 的基极上拉电阻，使得 VT1 又开始导通，LED1 重新点亮。接下来电路就会按照上面的步骤不断重复着，呈现 LED1、LED2 轮流点亮、熄灭的工作过程。

电路的振荡周期和频率有相对应的公式可供参考：

$$振荡周期\ T=0.7(R_2C_1+R_3C_2)$$

电路中，R_2 和 R_3 的取值相等，C_1 和 C_2 的取值相等，因此振荡周期的公式可以简化为：

$T=1.4RC$，频率与周期互为倒数，即

$$f=1/T=1/1.4RC$$

这里电阻的单位是欧姆（Ω），电容的单位是法拉（F），周期（T）的单位是秒（s），频率（f）的单位是赫兹（Hz）。

更改电阻 R2、R3 阻值，或电容 Cl、C2 的电容值，可以改变振荡频率，即改变发光二极管交替闪亮的频率。阻值或电容值越大，发光二极管闪烁的频率越慢，阻值或电容值越小，发光二极管闪烁的频率越快。调整电阻 R1、R4 的阻值，可以改变发光二极管的亮度。

表 2-1-1 是双色闪光灯的元件清单。图 2-1-2 是电路印板图，图 2-1-3 是所需元器件的实物外观图，图 2-1-4 是电路板外观及尺寸。扫描蓝色二维码可以观看本电路的详细制作过程。

表 2-1-1　双色闪光灯元件清单

元件名称	编　号	参考数值	元件名称	编　号	参考数值
电阻	R1、R4	470Ω	发光二极管	LED2	绿
电阻	R2、R3	100kΩ	三极管 NPN	VT1、VT2	9013
电解电容	C1、C2	10μF	电源接线座	BT 3V	2 节 5 号电池
发光二极管	LED1	红			

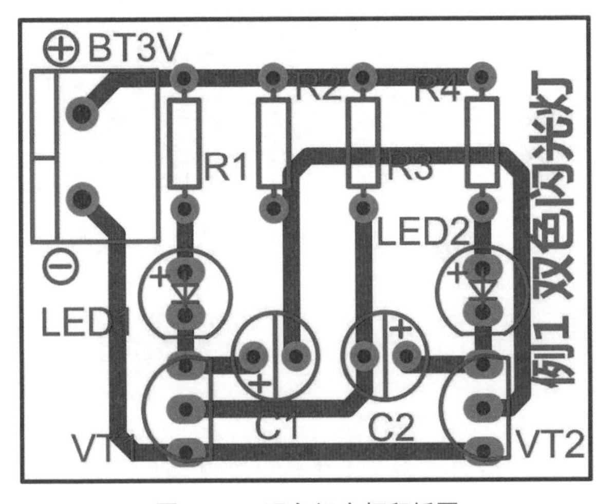

图 2-1-2　双色闪光灯印板图

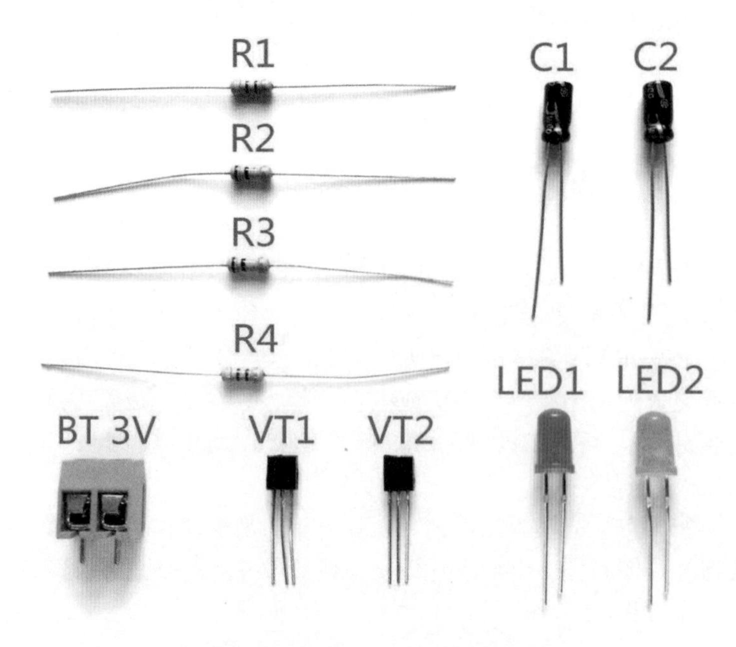

图 2-1-3　双色闪光灯所需元器件

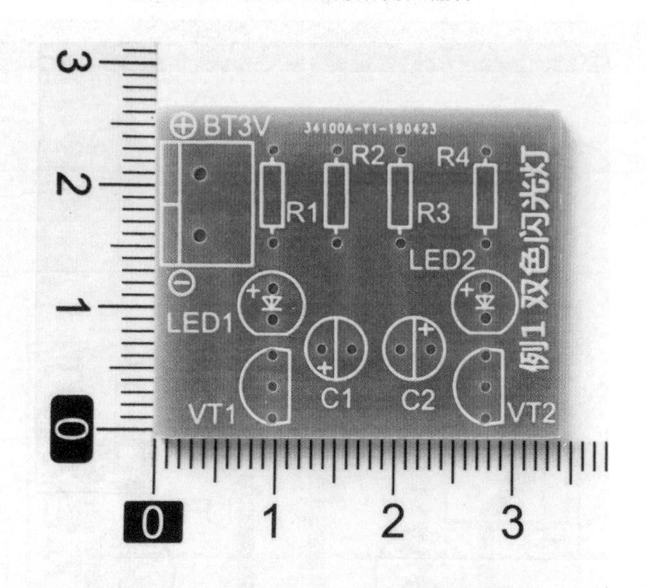

图 2-1-4　双色闪光灯电路板外观及尺寸

焊装步骤 1：

先焊电阻，对照元件清单，将各电阻焊装在相应的位置。

再焊电解电容。在印板电解电容的字符上标有“+”的一极，插电解电容正极，也就是长引脚的一极。有的印板上，用斜线阴影来表示装电解电容的负极，也就是短引脚的一极。

此步骤完成后如图 2-1-5 所示。

图 **2-1-5**　焊接电阻和电容

焊装步骤 **2**：

先焊三极管。参照印板字符方向，即“圆弧对圆弧”，将两只三极管 9013 插入对应孔位并焊接好。

然后焊装发光二极管（LED）。印板上 LED 字符中标有“+”的一极插 LED 的正极，也就是长引脚的一极。可先焊好一只引脚，然后观察发光二极管是否摆正，高度是否合适，如有倾斜可扶正，然后再焊接另外一只引脚。如图 2-1-6 所示。

图 **2-1-6**　焊接三极管和 **LED**

焊装步骤 3：

最后焊接电源接线座。其接线入口端朝左，然后将接线座的两个引脚插入印板上并焊接好。

此步骤完成后如图 2-1-7 所示。

图 2-1-7　焊接电源接线柱

最后再仔细检查一下，确保元件焊装正确，无误后即可接上电池盒引线，红色引线接在“+”接线柱上，黑色引线接在“-”接线柱上，用一字螺丝刀拧紧螺钉，将导线压牢，装好 2 节 5 号电池，就可以看到红、绿发光二极管交替闪烁了。

装好的电路板成品效果如图 2-1-8 所示。

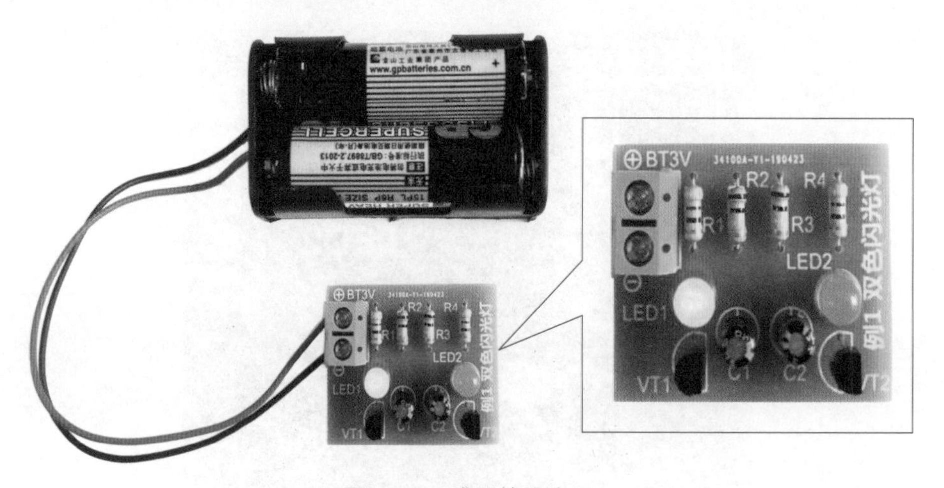

图 2-1-8　成品效果演示

例 2　声控 LED 闪烁灯 *

制作难度：★★比较简单

原理简介：

这个小电路可以将声音转换为电信号，驱动 3 只发光二极管（LED）随着声音大小而闪烁。电路原理图如图 2-2-1 所示。

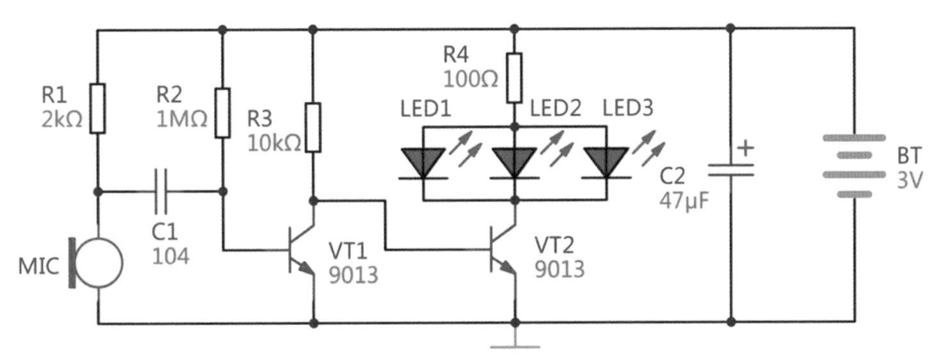

图 2-2-1　声控 LED 闪烁灯原理图

MIC 是驻极话筒，它可以将声音信号转换为电信号并输出，经过电容 C1 耦合到三极管 VT1 进行放大，放大后的信号再送到 VT2 做进一步放大，并驱动 3 只红色 LED。MIC 在没有收集到声音信号时，基本无输出，由于 VT1 基极接有电阻 R2，则 VT1 处于导通状态，它的集电极为低电平，该低电平又同时接在 VT2 的基极，导致 VT2 处于截止状态，VT2 不导通，LED 均不发光。当话筒 MIC 收集到声音信号时，该信号经电容 C1 使得 VT1 基极变为低电平，VT1 截至，则 VT1 集电极变为高电平，此时 VT2 基极也变为高电平，VT2 导通，LED 被点亮。随着声音大小不断变化，VT2 也在导通和截止之间不断变化，从而使 LED 呈现不断闪烁的效果。

表 2-2-1 是声控 LED 闪烁灯的元件清单。图 2-2-2 是电路印板图，图 2-2-3 是所需元器件实物外观图，图 2-2-4 电路板外观及尺寸。详细制作教程可扫描下页蓝色二维码观看。

表 2-2-1　声控 LED 闪光灯元件清单

元件名称	编　号	参考数值	元件名称	编　号	参考数值
电阻	R1	2kΩ	电阻	R3	10kΩ
电阻	R2	1MΩ	电阻	R4	100Ω

续表

元件名称	编　号	参考数值	元件名称	编　号	参考数值
瓷片电容	C1	104（0.1μF）	三极管 NPN	VT1、VT2	9013
电解电容	C2	47μF	驻极话筒	MIC	—
发光二极管	LED1-LED3	红	电源接线座	BT 3V	2 节 5 号电池

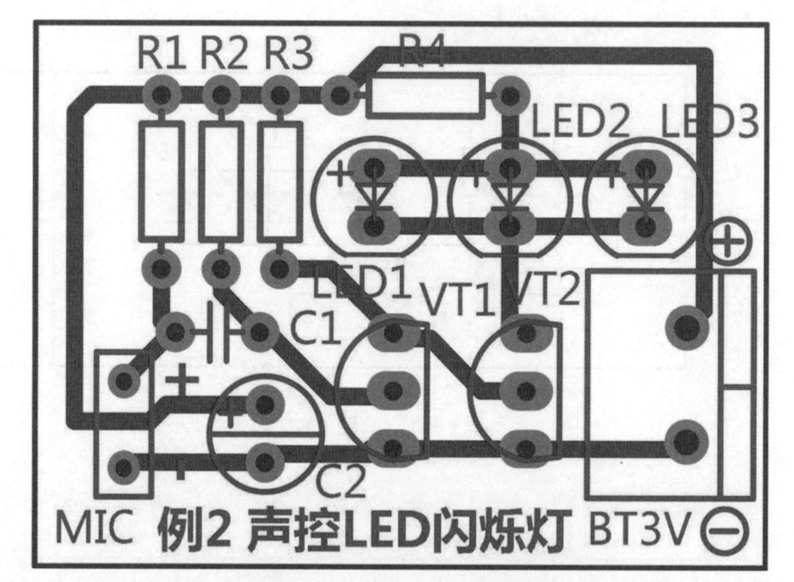

图 2-2-2　声控 LED 闪烁灯印板图

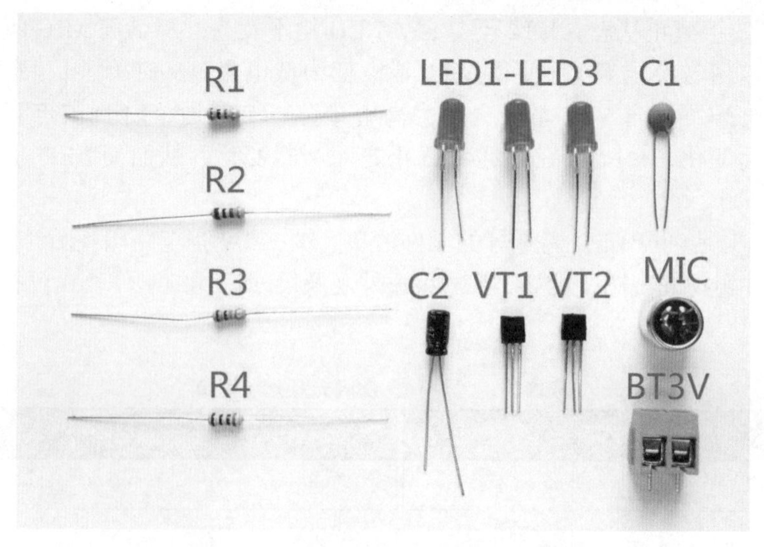

图 2-2-3　声控 LED 闪烁灯所需元器件

图 2-2-4　声控 LED 闪光灯电路板外观及尺寸

焊装步骤 1：

先焊电阻，对照元件清单，将各电阻焊装在相应的位置，如图 2-2-5 所示。

图 2-2-5　焊接电阻

焊装步骤 2：

焊装瓷片电容、电解电容、三极管和驻极话筒。驻极话筒区分极性，其中与外壳相通的一脚是负极。此步骤完成后如图 2-2-6 所示。

图 2-2-6　焊接电容、三极管和驻极话筒

焊装步骤 3：

最后焊接 3 只红色 LED 和电源引线座。完成后如图 2-2-7 所示。

图 2-2-7　焊接 LED 和电源接线座

检查无误后接上 2 节 5 号电池盒引线，红正黑负。这时对着话筒吹气或说话，3 只红色 LED 就会随着声音大小而闪动，实现声控 LED 闪烁的效果。

装好的电路板成品效果如图 2-2-8 所示。

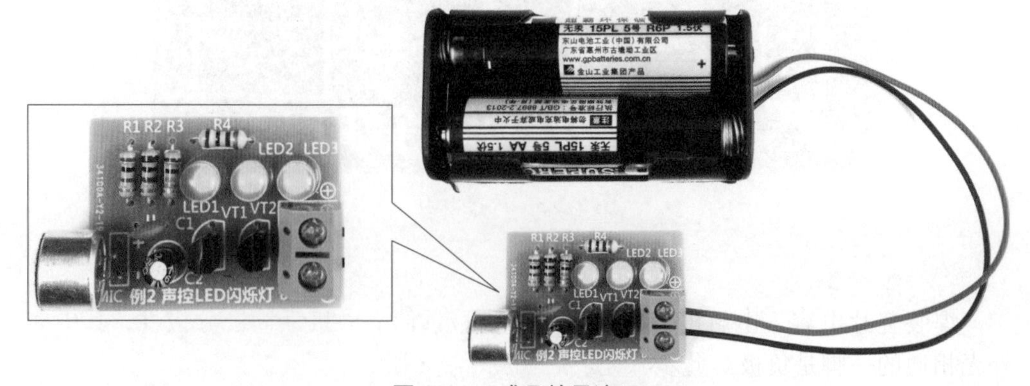

图 2-2-8　成品效果演示

例 3　3 组 12LED 循环灯 *

制作难度：★★★中等

原理简介：

城市的晚间被五光十色的彩灯装饰得缤纷靓丽，尤其是流动的彩灯，更是让人赏心悦目。本款循环灯电路配有 12 个发光二极管，呈圆形均匀分布，可以模拟流动彩灯，闪烁起来更具动感。电路原理图如图 2-3-1 所示。

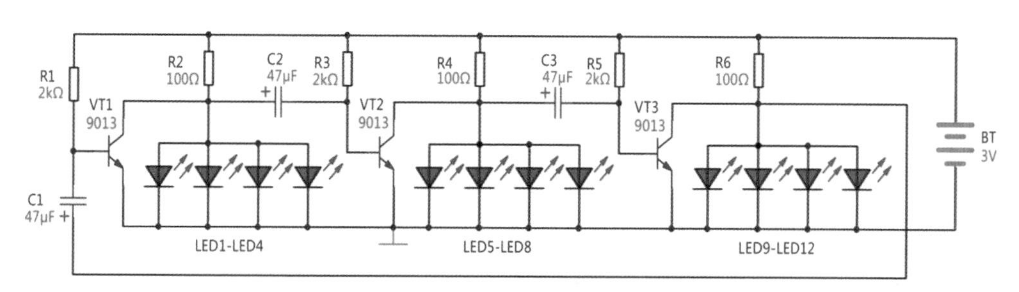

图 2-3-1　3 组 12LED 循环灯原理图

本电路由 3 只三极管组成循环驱动电路。当电源刚接通时，3 只三极管会争先导通，但由于元件存在差异，只会有 1 只三极管最先导通。这里假设 VT1 最先导通，则 VT1 集电极电压下降，使得电容 C2 的左端下降，接近 0V。由于电容两端的电压不能突变，因此这时 VT2 的基极也被拉到近似 0V，VT2 截止，VT2 的集电极为高电压，故接在它上面的发光二极管 LED5 ～ LED8 被点亮。此时 VT2 的集电极高电压通过电容 C3 使 VT3 基极电压升高，VT3 也将迅速导通，使 VT3 的集电极为低电平，LED9 ～ LED12 熄灭。因此在这段时间里，VT1、VT3 的集电极均为低电平，VT2 为高电平。因此只有 LED5 ～ LED8 被点亮，LED1 ～ LED4、LED9 ～ LED12 均熄灭。随着电源通过电阻 R3 对 C2 的充电，VT2 的基极电压逐渐升高，当超过 0.7V 时，VT2 由截止状态变为导通状态，集电极电压下降，LED5 ～ LED8 熄灭。与此同时，VT2 的集电极下降的电压通过电容 C3 使 VT3 的基极电压也降低，VT3 由导通变为截止，VT3 的集电极电压升高，LED9 ～ LED12 被点亮。接下来电路按照上面叙述的过程循环，我们将 LED1 ～ LED12 交叉排列成圆形，就达到了流动显烁的效果。

印板上 J1、J2、J3 是跨接线，可用剪下的电阻引脚线代替，请勿漏焊。

表 2-3-1 是 3 组 12LED 循环灯的元件清单。图 2-3-2 是电路印板图，图 2-3-3 是所需元器件实物外观图，图 2-3-4 电路板外观及尺寸。扫描蓝色二维码可以观看

本电路的详细制作过程。

思考题

本电路中的 LED 均使用了红色的，并且并联使用。如果把 LED 换成其他颜色的，比如蓝色、白色、黄色等混合并联，电路能正常工作吗？会有什么现象？参考解答可查阅本书附录。

表 2-3-1　3 组 12LED 循环灯元件清单

元件名称	编　号	参考数值	元件名称	编　号	参考数值
电阻	R1、R3、R5	2kΩ	三极管	VT1、VT2、VT3	9013
电阻	R2、R4、R6	100Ω	跨接线	J1、J2、J3	用剪下的电阻引脚代
电解电容	C1、C2、C3	47μF	电源接线座	BT 3V	2 节 5 号电池
发光二极管	LED1-LED12	红			

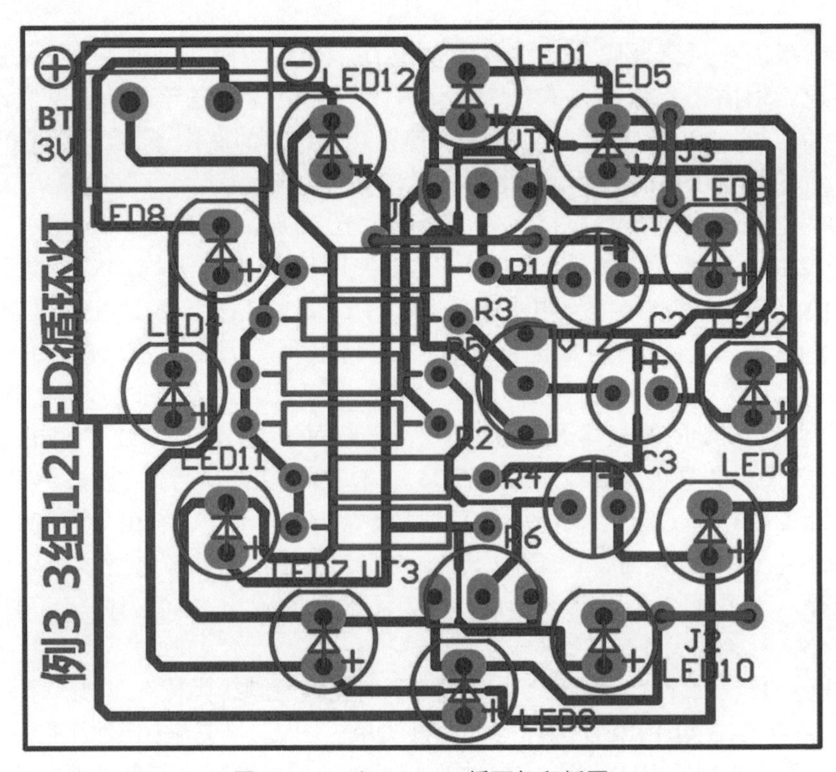

图 2-3-2　3 组 12LED 循环灯印板图

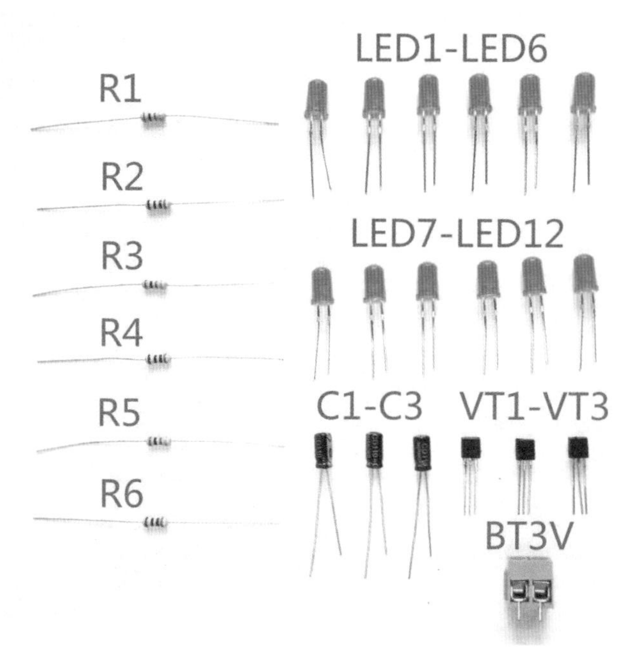

图 2-3-3　3 组 12LED 循环灯所需元器件

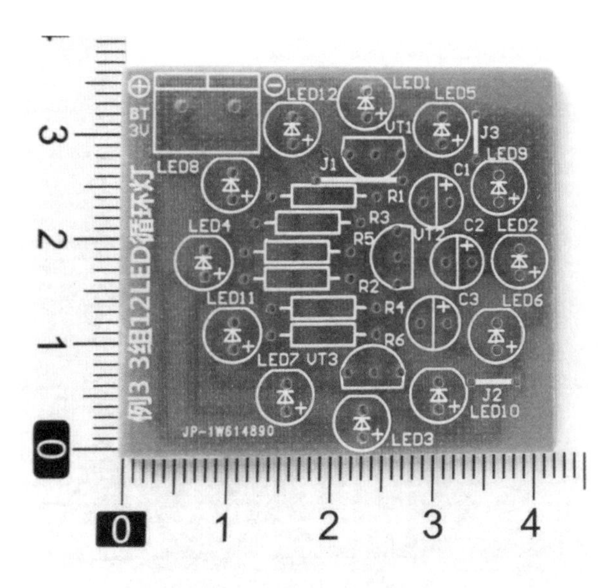

图 2-3-4　电路板外观及尺寸

焊装步骤 1：

先焊电阻，对照元件清单，将各电阻焊装在相应的位置，如图 2-3-5 所示。

图 **2-3-5**　焊接电阻

焊装步骤 **2**：

用剪下的多余电阻引脚作为跨接线焊接在板上，分别是 J1、J2、J3。如图 2-3-6 所示。

图 **2-3-6**　焊接跨接线

焊装步骤 3：

按照印板字符方向和极性，焊接 3 只电解电容和 3 只三极管。如图 2-3-7 所示。

图 2-3-7　焊接电解电容和三极管

焊装步骤 4：

焊装 12 只 LED。对照印板字符，LED 外圆有一段直线的一端是负极。新的 LED 短引脚的一极也表示为负极。每只 LED 焊接时可先焊好一个引脚，检查好高度是否合适、是否垂直于印板，不合适可及时修正。位置合适后再焊接另外一个引脚。建议先焊 LED1 ～ LED4，再焊 LED5 ～ LED8，最后焊 LED9 ～ LED2，这样可以均匀分布焊接，有助于元件整齐美观。最后将电源接线座焊好。如图 2-3-8 所示。

焊好全部元器件后，请再仔细检查一下，无误后，即可按照电源接线座两侧标注的极性，接上电池盒引线，装好 2 节 5 号电池后就能看到 12 只 LED 循环闪烁的效果了。

图 **2-3-8**　焊接 **LED** 和电源接线座

装好的电路板成品效果如图 2-3-9 所示。

图 **2-3-9**　成品效果演示

例 4　心形 18LED 循环灯

制作难度：★★★中等

原理简介：

这里介绍的是一款具有流动效果的LED循环灯电路。电路含有18只红色LED，分成3组，每组6只，交叉排列成一个心形的图案，并由三极管组成的振荡电路驱动，使红色的心形图案不断地按照顺时针方向旋转闪亮，特别是在晚间悬挂使用时，极富动感。电路原理图如图2-4-1所示。

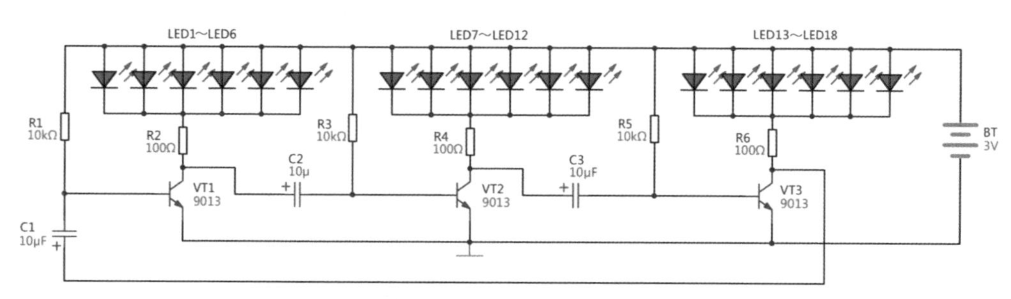

图 2-4-1　心形 18LED 循环灯原理图

从原理图上可以看出，18只LED被分成3组，分别是LED1～LED6、LED7～LED12、LED13～LED18。与例3的电路相似，每当电源接通时，3只三极管会争先导通，但由于元器件存在差异，只会有1只三极管最先导通。假设VT1最先导通，则LED1～LED6点亮。由于VT1导通，其集电极电压下降使得电容C2的左端下降，接近0V。由于电容两端的电压不能突变，因此这时VT2的基极也被拉到近似0V，VT2截止，故接在集电极的LED7～LED12熄灭。此时VT2的集电极高电平通过电容C3使VT3基极电压升高，VT3也将迅速导通，LED13～LED18点亮。因此在这段时间里，VT1、VT3的集电极均为低电平，LED1～LED6、LED13～LED18被点亮，LED7～LED12熄灭。但随着电源通过电阻R3对C2的充电，VT2的基极电压逐渐升高，当超过0.7V时，VT2由截止状态变为导通状态，集电极电压下降，LED7～LED12点亮。与此同时，VT2的集电极下降的电压通过电容C3使VT3的基极电压也降低，VT3由导通变为截止，其集电极电压升高，LED13～LED18熄灭。接下来，电路按照上面叙述的过程循环，3组18只LED便会被轮流点亮，同一时刻有2组共12只LED被点亮，另有1组6只LED处于熄灭状态。这些LED被交叉排列呈一个心形图案，不断按照顺时针方向循环闪烁发光，达到流动显示的效果。

电路板中间预留了电池盒固定孔，可另用螺丝将电池盒固定在电路板背面。

电路板上方中间还预留有悬挂孔，可以用细绳穿过孔将电路板悬挂起来使用。

表2-4-1是心形18LED循环灯电路的元件清单，图2-4-2是电路印板图，图2-4-3是所需元器件实物外观图，图2-4-4是电路板外观及尺寸图。扫描黄色二维码可以观看成品电路板的效果演示。

思考题

如果同时增加电阻R1、R3、R5的阻值，或者适当增大C1、C2、C3的电容容量，会有什么现象发生？参考解答可查阅本书附录。

表2-4-1　心形18LED循环灯元件清单

元件名称	编　号	参考数值	元件名称	编　号	参考数值
电阻	R1、R3、R5	10kΩ	发光二极管	LED1-LED12	红
电阻	R2、R4、R6	100Ω	三极管NPN	VT1、VT2、VT3	9013
电解电容	C1、C2、C3	10μF	电源接线座	BT 3V	2节5号电池

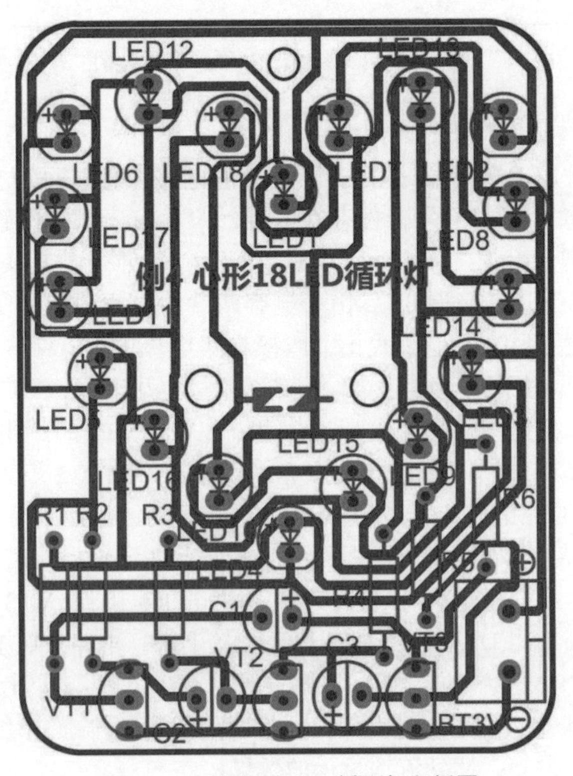

图2-4-2　心形18LED循环灯印板图

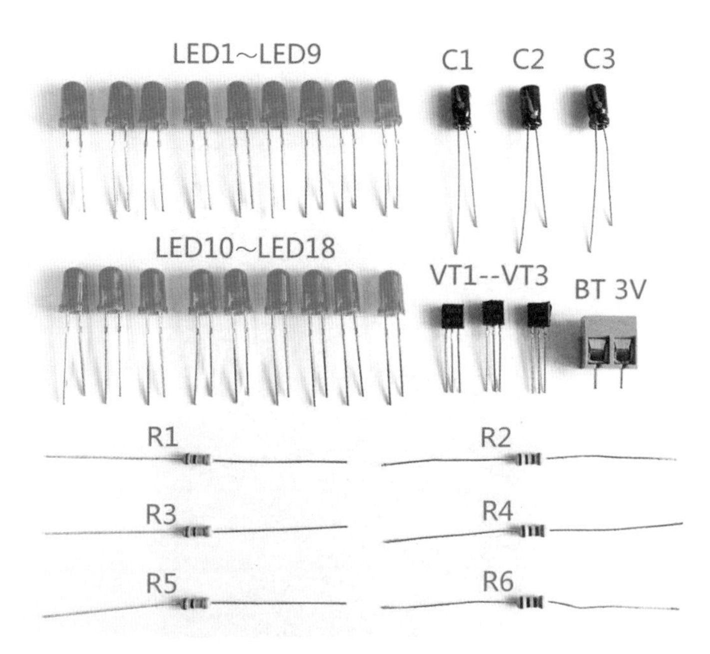

图 2-4-3　所需元器件

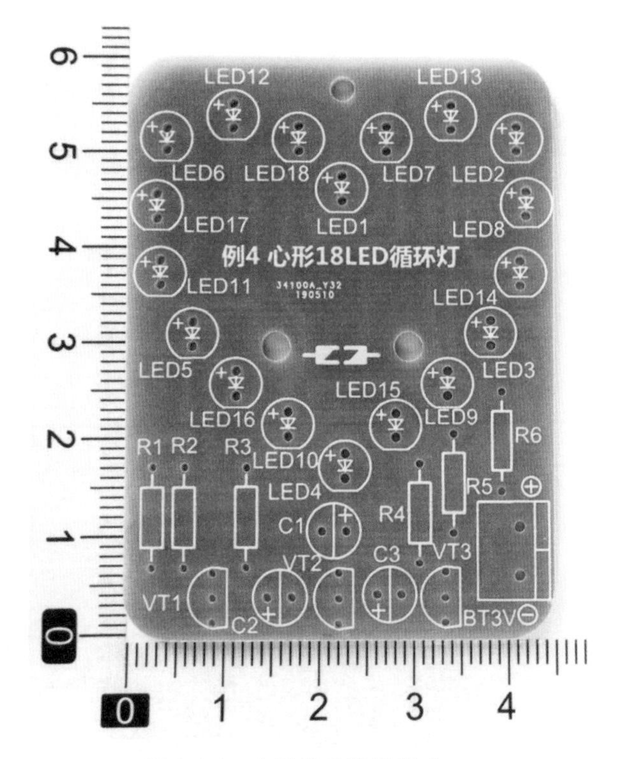

图 2-4-4　电路板外观及尺寸

焊装步骤 1：

先焊电阻，对照元件清单，将各电阻焊装在相应的位置，如图 2-4-5 所示。

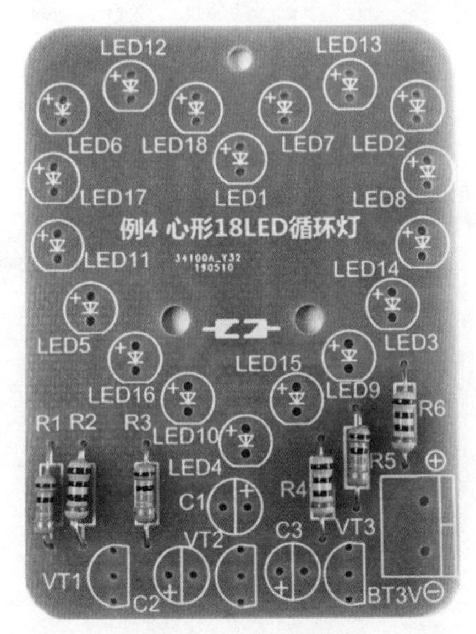

图 2-4-5　焊接电阻

焊装步骤 2：

选择位于边缘的几只 LED 先焊好，这样在没有专用电路板夹具的时候，焊接电路板背面焊点时，能保持电路板的平衡。焊接 LED 时可以先焊好一个引脚，观察 LED 位置是否合适，不合适的话还可以扶正，然后再焊另一个引脚。如图 2-4-6 所示。

图 2-4-6　焊接 LED

焊装步骤 **3**：

接下来将剩余的 LED 依次焊好。如图 2-4-7 所示。

图 **2-4-7**　焊接 **LED** 续

焊装步骤 **4**：

焊装 3 只电解电容、3 只三极管，以及电源接线座。如图 2-4-8 所示。

图 **2-4-8**　焊接电解电容、三极管和电源接线座

焊好全部元器件，仔细检查无误后，即可按照电源接线座两侧标注的极性，接上 2 节 5 号电池盒引线，装好电池后就能看到 18 只 LED 循环闪烁的效果了。

装好的电路板成品效果如图 2-4-9 所示。

图 2-4-9　成品效果演示

例 5　多彩跑马灯

制作难度：★★★中等

原理简介：

这个电路与例 4 的电路在原理上基本相同，不同之处的是所使用的发光二极管（LED）不一样，电路原理图如图 2-5-1 所示。

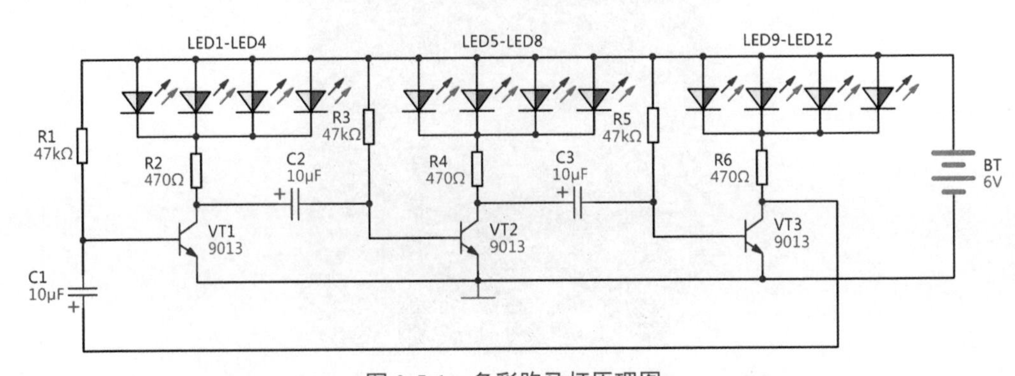

图 2-5-1　多彩跑马灯原理图

这个电路使用的是可以实现自动闪烁的 LED，在 LED 的内部集成了一个小集成电路，用于控制 LED 亮灭，可以实现红、蓝、绿等多种颜色及混合颜色的闪烁，在 VT1、VT2、VT3 的控制下，既有 3 组循环闪烁，又有 LED 自身的闪烁，从而实现五彩斑斓的闪烁效果。

电路中，R1、R2、R3 的取值要比例 4 中的偏大一些，目的是适当降低循环点亮的速度。有关电路原理分析可参看例 4。

表 2-5-1 是多彩跑马灯电路的元件清单。图 2-5-2 是电路印板图。图 2-5-3 是所需元器件实物外观图。图 2-5-4 是电路板外观及尺寸图。扫描黄色二维码可以观看成品电路板的效果演示。

表 2-5-1　多彩跑马灯元件清单

元件名称	编　号	参考数值	元件名称	编　号	参考数值
电阻	R1、R3、R5	47kΩ	发光二极管	LED1 ～ LED12	自闪烁 LED
电阻	R2、R4、R6	470Ω	三极管 NPN	VT1 ～ VT3	9013
电解电容	C1、C2、C3	10μF	电源接线座	BT 6V	4 节 5 号电池

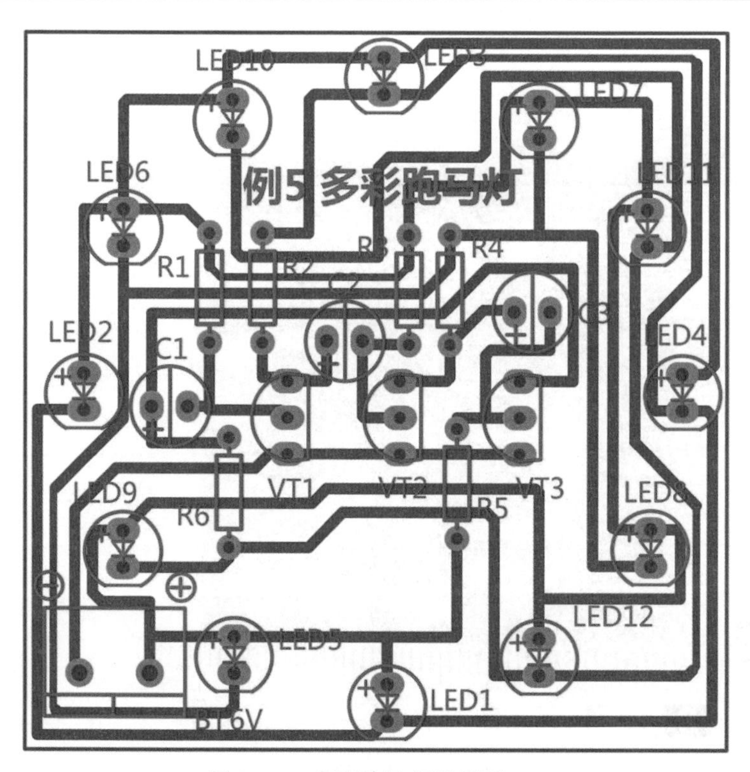

图 2-5-2　多彩跑马灯印板图

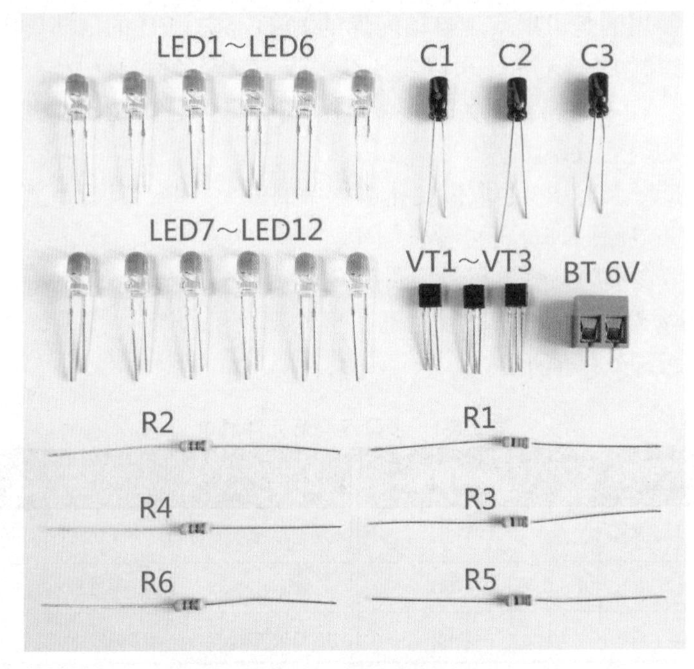

图 2-5-3　所需元器件

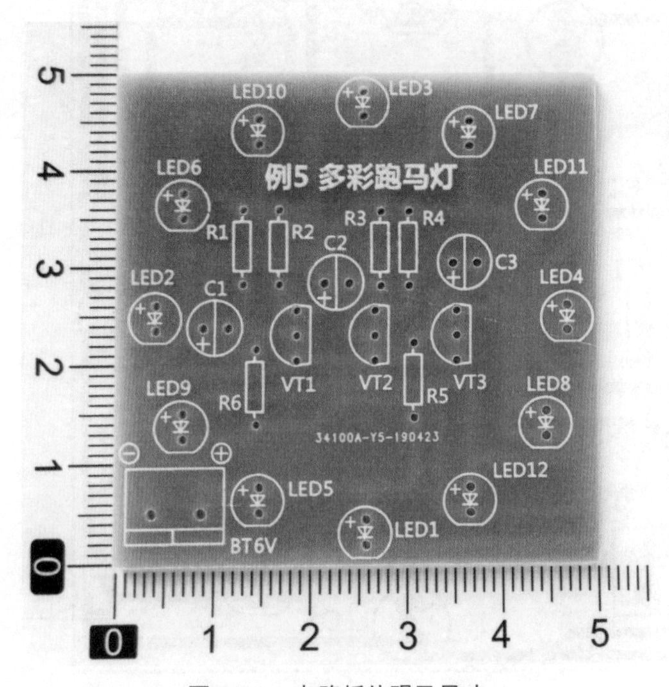

图 2-5-4　电路板外观及尺寸

焊装步骤 1：

先焊电阻，对照元件清单，将各电阻焊装在相应的位置上，如图 2-5-5 所示。

图 2-5-5　焊接电阻

焊装步骤 2：

先焊好位于 4 个顶点的多彩 LED，在没有专用电路板夹具的情况下，便于保持电路板的平衡。如图 2-5-6 所示。

图 2-5-6　焊接 4 个顶点多彩 LED

焊装步骤 3：

接下来将剩余的 LED 依次焊好。如图 2-5-7 所示。

图 2-5-7　焊接剩余多彩 LED

焊装步骤 4：

焊装 3 只电解电容、3 只三极管，均为 NPN 型的 9013 三极管，最后焊装电源接线座。如图 2-5-8 所示。

图 2-5-8　焊接电解电容、三极管和电源接线座

焊好全部元器件，仔细检查无误后，即可按照电源接线座两侧标注的极性，接上4节5号电池盒引线，装好电池后就能看到12只多彩LED循环闪烁的效果了。

装好的电路板成品效果如图2-5-9所示。

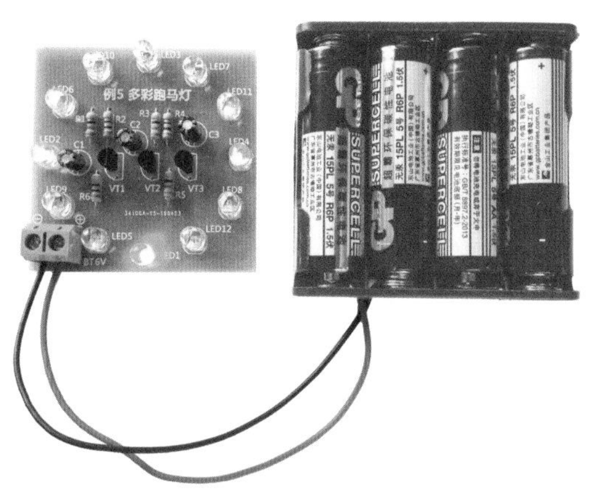

图 2-5-9 成品效果演示

门铃音响类电子制作 

例 6 光敏音响发声器

制作难度：★★比较简单

原理简介：

这是一个有趣的光敏音响电路，它能随着光线的明、暗变化发出各种高低变化的奇异响声，有时像鸟叫、有时像汽笛，新奇有趣。电路原理图如图2-6-1所示。

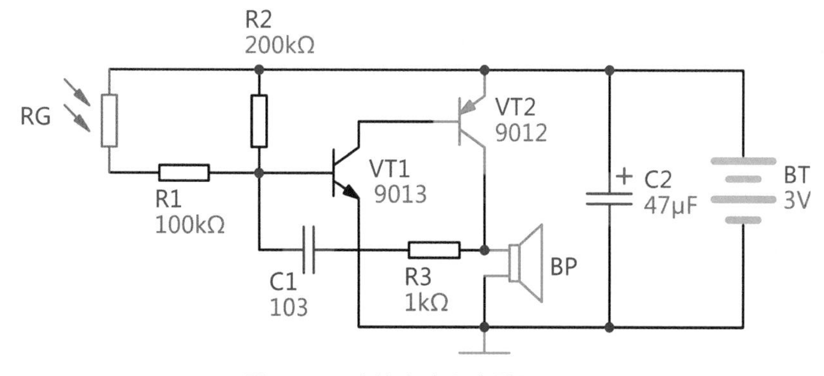

图 2-6-1 光敏音响发声器原理图

电路主要由互补型振荡电路与光敏电阻组合而成。三极管 VT1、VT2 组成互补型振荡器，振荡是靠电阻 R3 和电容 C1 反馈网络完成的。振荡频率与 RG+R1 和 R2 的并联电阻值有关，电阻值越大，振荡频率越低，扬声器 BP 发出声音的音调低沉；反之，电阻值越小，振荡频越率高，发出的音调高尖。

由于 RG+R1 和 R2 的存在，当电源刚接通时，VT1 的基极接有电容 C1，有一个充电过程，因此 VT1 基极的电压逐渐升高，当升高到 0.7V 时，VT1 开始导通，其集电极与 VT2 的基极相接，VT2 也开始导通，扬声器中有电流通过，发出声音。与此同时，VT2 的集电极高电压通过 R3 加载到 C1 的右端，使 VT1 的基极电压上升，从而使 VT1 进入饱和导通，这也将使 VT2 进入饱和导通，扬声器中流过的电流更大，从而使电路形成正反馈。

接下来，电容 C1 被充电，极性为左负右正，左端的负极性使 VT1 的基极电压逐渐降低，趋于截止，VT2 也随之截止，扬声器停止发声。之后电容 C1 开始放电，VT1 的基极电压逐渐回升，再次开始导通、饱和，形成一个新的振荡周期。C1 的取值比较小，因此电路的振荡频率相对较高。

RG 是光敏电阻器，电阻值会随照射在它上面的光线强弱变化而变化，所以将电路放在灯光或阳光下移动时，由于 RG 的电阻值发生变化，从而使电路振荡频率发生改变，扬声器发出高低不定、音响奇特的效果。

用户还可以尝试调整 R1 和 R2 的阻值，即可改变振荡器的频率范围，在同样光线亮度下，使扬声器发出音调更高或更低的音响。C2 是退耦电容，可提高电路的稳定性。

表 2-6-1 是光敏音响发生器电路的元件清单，图 2-6-2 是电路印板图，图 2-6-3 是所需元器件实物外观图，图 2-6-4 是电路板外观及尺寸图。扫描下页黄色二维码可以观看成品电路板的效果演示。

表 2-6-1　光敏音响发声器元件清单

元件名称	编号	参考数值	元件名称	编号	参考数值
电阻	R1	100kΩ	电解电容	C2	47μF
电阻	R2	200kΩ	扬声器	BP	8Ω
电阻	R3	1kΩ	三极管 NPN	VT1	9013
光敏电阻	RG	—	三极管 PNP	VT2	9012
瓷片电容	C1	103（0.01μF）	电源接线座	BT 3V	2 节 5 号电池

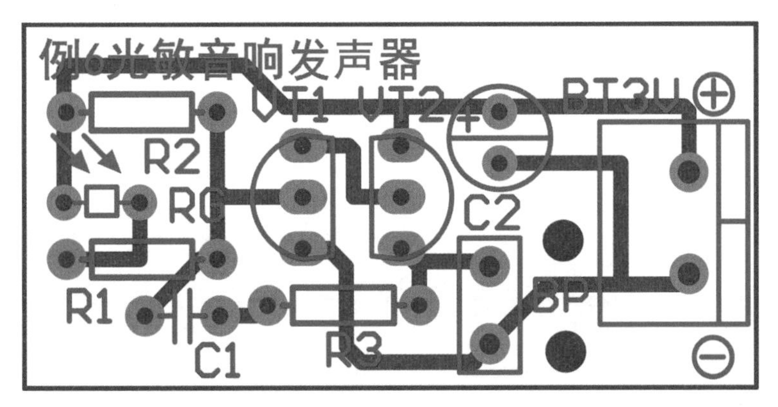

图 2-6-2　光敏音响发声器印板图

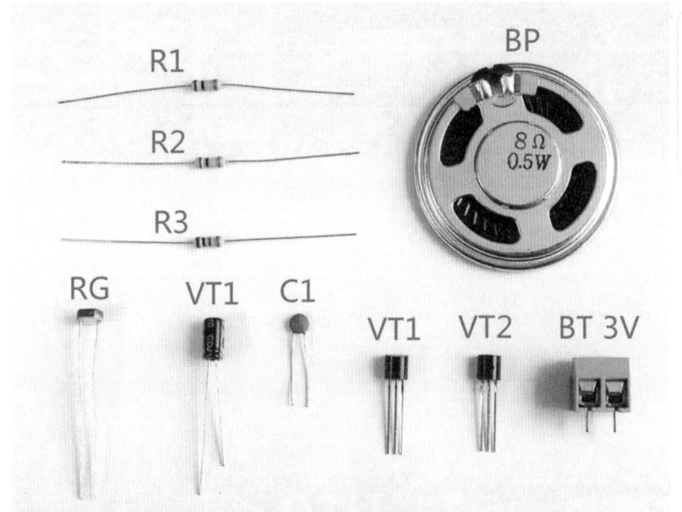

图 2-6-3　所需元器件

图 2-6-4　电路板外观及尺寸

焊装步骤 1：

先焊电阻，对照元件清单，将 3 个电阻焊装在相应的位置，如图 2-6-5 所示。

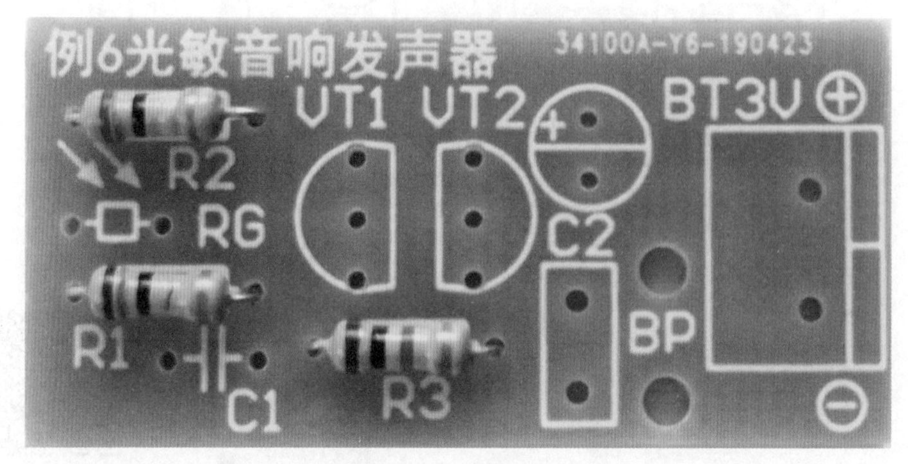

图 2-6-5　焊接电阻

焊装步骤 2：

焊接瓷片电容和电解电容以及光敏电阻，光敏电阻引脚不区分极性。如图 2-6-6 所示。

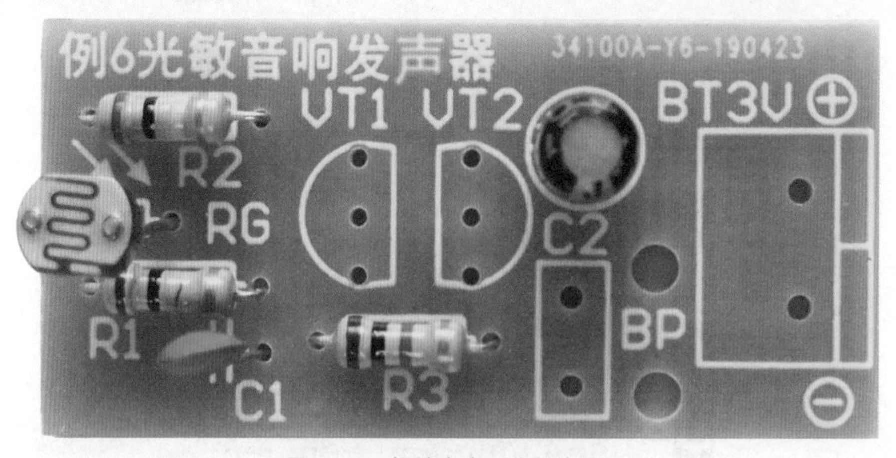

图 2-6-6　焊接电容和光敏电阻

焊装步骤 3：

接下来焊接 2 只三极管和电源接线座。如图 2-6-7 所示。

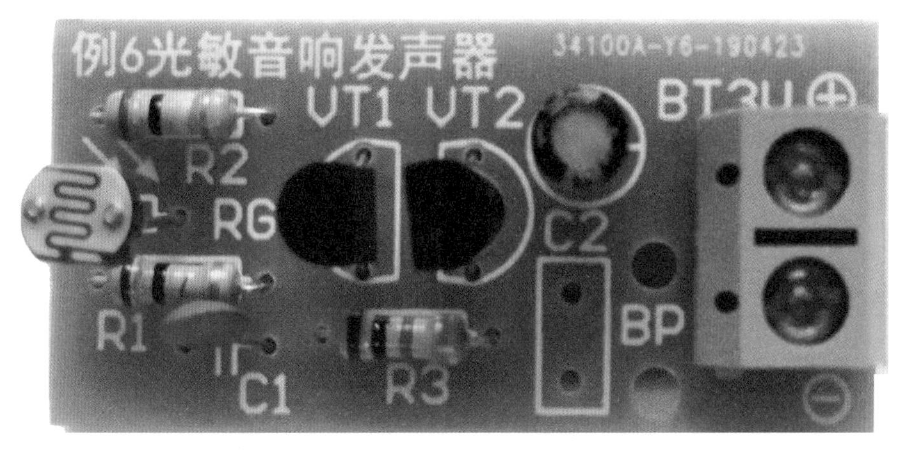

图 2-6-7　焊接三极管和电源接线座

焊装步骤 4：

焊接扬声器引线。先将引线从印板走线面穿过预留的 2 个通孔后，再焊接在印板的扬声器焊盘位，这样可以有效防止引线根部由于多次拖拽而折断。引线另一端焊接在扬声器的焊盘上。如图 2-6-8 所示。

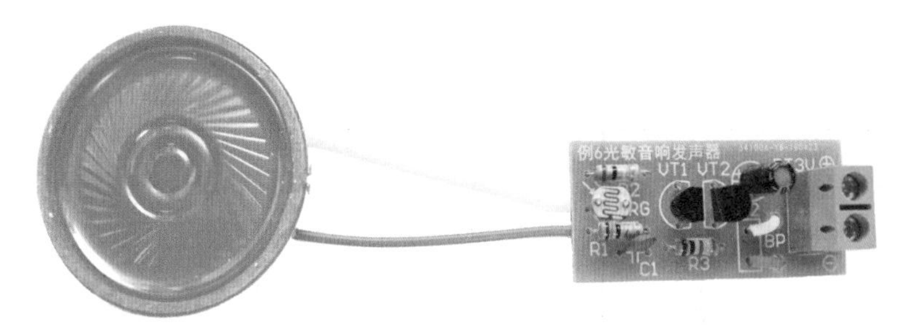

图 2-6-8　焊接扬声器引线

焊好全部元器件并仔细检查无误后，可在电源接线座上接 2 节 5 号电池盒引线，装好电池，扬声器就能发出一定频率的声响，此时用一个不透光的笔帽，来回反复遮盖在光敏电阻上，扬声器发出的声音就会随之发生变化。也可将电路置于光线较强的地方，给光敏电阻套上一个遮光筒，或裹上一层不透光的黑色胶布，使光敏电阻仅正面能接受光照，然后用手掌在光敏电阻器遮光筒的上方摆动，从而瞬间改变 RG 上的光照强度，也能使玩具发出变幻无穷的响声。还可将光敏电阻紧贴在电视屏幕上，随电视图像明、暗变化也能发出奇妙的响声，非常有趣。

装好的电路板成品效果如图 2-6-9 所示。

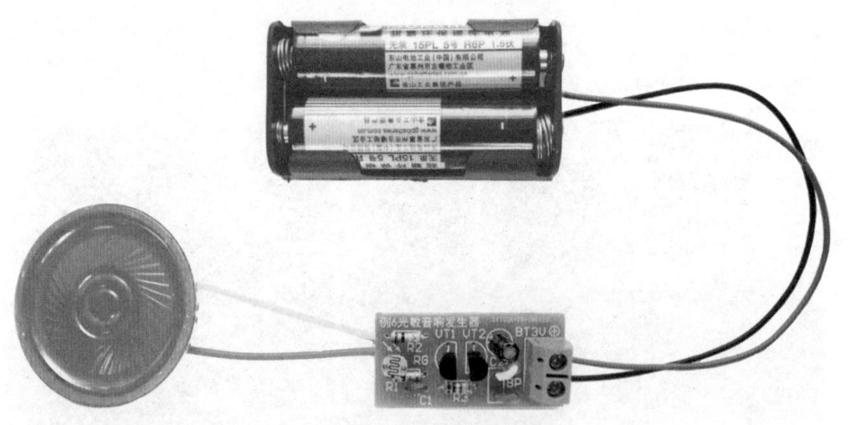

图 2-6-9　成品效果演示

例 7　双音电子门铃

制作难度：★★★中等

原理简介：

这是一个能发出高、低两种音色的门铃电路。电路原理图如图 2-7-1 所示。

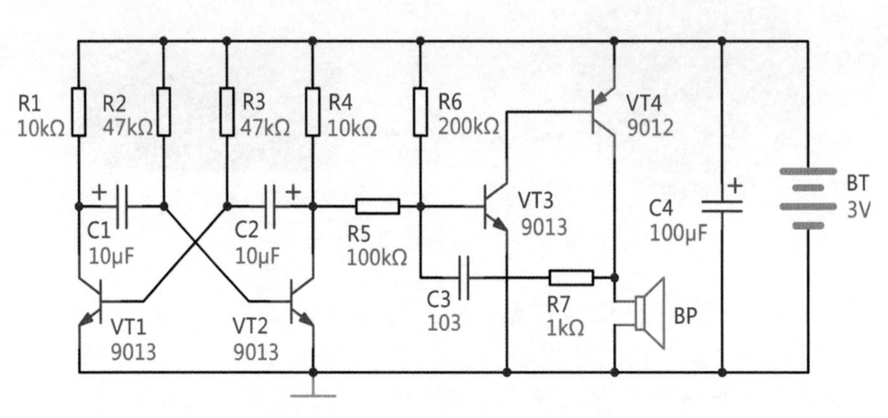

图 2-7-1　双音电子门铃原理图

三极管 VT1、VT2 及外围元件等组成无稳态自激多谐振荡器，工作原理与例 1 的电路相似。VT3、VT4 则构成互补型音频振荡器，工作原理与例 6 的电路相似。当接通电源时，两个振荡器同时通电工作，VT1 与 VT2 交替导通与截止，由于 R4 阻值相对较小，相当于把电阻 R5 的左端交替接到电源的正极与负极端。在 VT2 截止时，VT3 的基极偏置电阻为 R6 和 R4+R5 的并联值，它和电容 C3 的时间常数较小，所以由 VT3、VT4 构成的音频振荡器振荡频率较高，扬声器 BP 发出的声音调也随之较高；当 VT2 导通时，电阻 R4 和 R6 相当于接地，VT3 的上偏置电阻仅为 R6，这时 R5 充当 VT3 的下偏置电阻，此时音频振荡器的振荡频率较低，扬声器 BP 发出的声调随之较低。当 VT2 间隔导通与截止时，扬声器 BP 就会发出“叮咚、叮咚”双音声。C4 是并联在电源两端的退耦电容，用于提高电路的稳定性。

表 2-7-1 是双音电子门铃电路的元件清单，图 2-7-2 是电路印板图，图 2-7-3 是所需元器件实物外观图，图 2-7-4 是电路板外观尺寸图。扫描下页黄色二维码可以观看成品电路板的效果演示。

表 2-7-1　双音电子门铃元件清单

元件名称	编号	参考数值	元件名称	编号	参考数值
电阻	R1、R4	10kΩ	瓷片电容	C3	103（0.01μF）
电阻	R2、R3	47kΩ	电解电容	C4	100μF
电阻	R5	100kΩ	三极管 NPN	VT1 ~ VT3	9013
电阻	R6	200kΩ	三极管 PNP	VT4	9012
电阻	R7	1kΩ	扬声器	BP	8Ω
电解电容	C1、C2	10μF	电源接线座	BT 3V	2 节 5 号电池

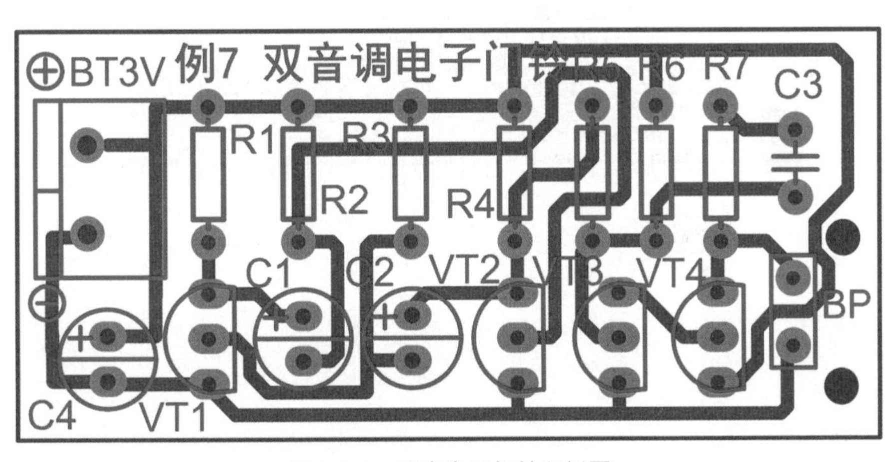

图 2-7-2　双音电子门铃印板图

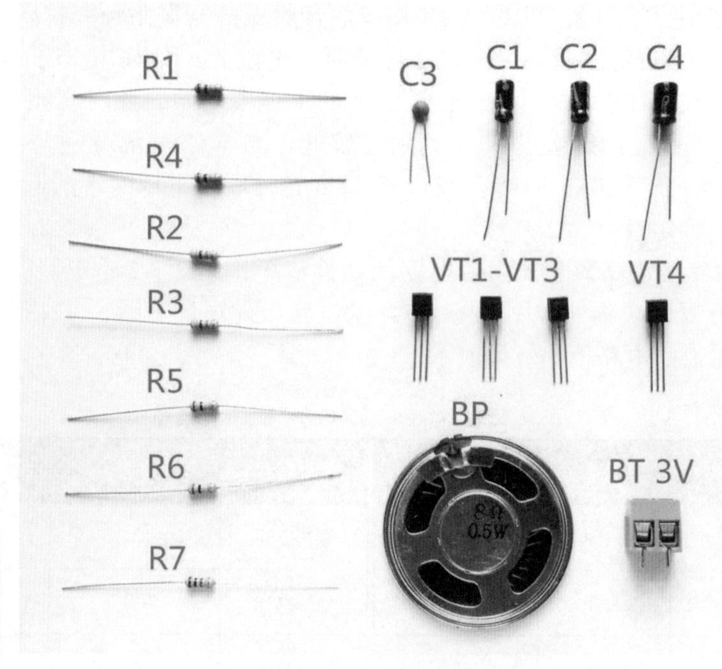

图 2-7-3　所需元器件

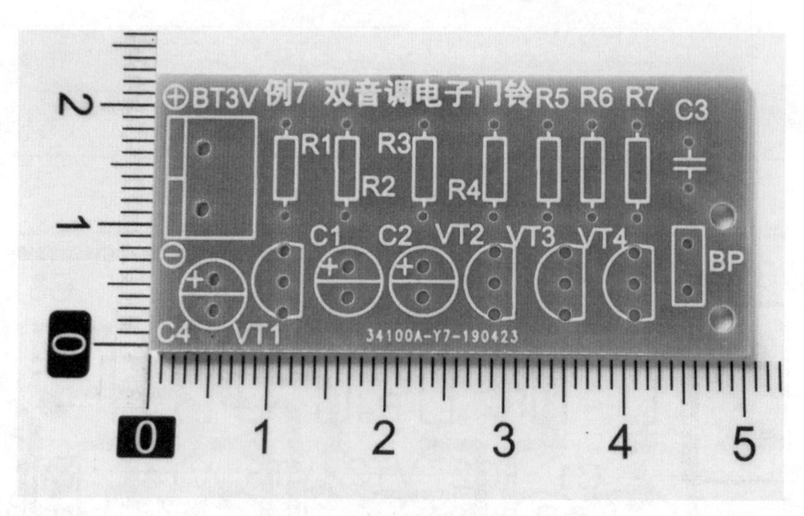

图 2-7-4　电路板外观及尺寸

焊装步骤 1：

先焊电阻，对照元件清单，将各电阻焊装在相应的位置，如图 2-7-5 所示。

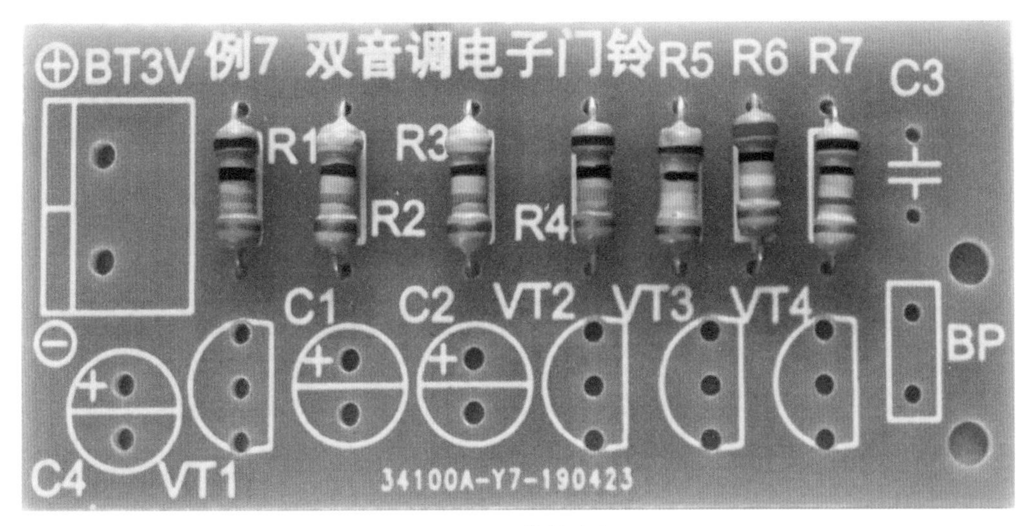

图 2-7-5　焊接电阻

焊装步骤 2：

焊接 1 只瓷片电容和 3 只电解电容。如图 2-7-6 所示。

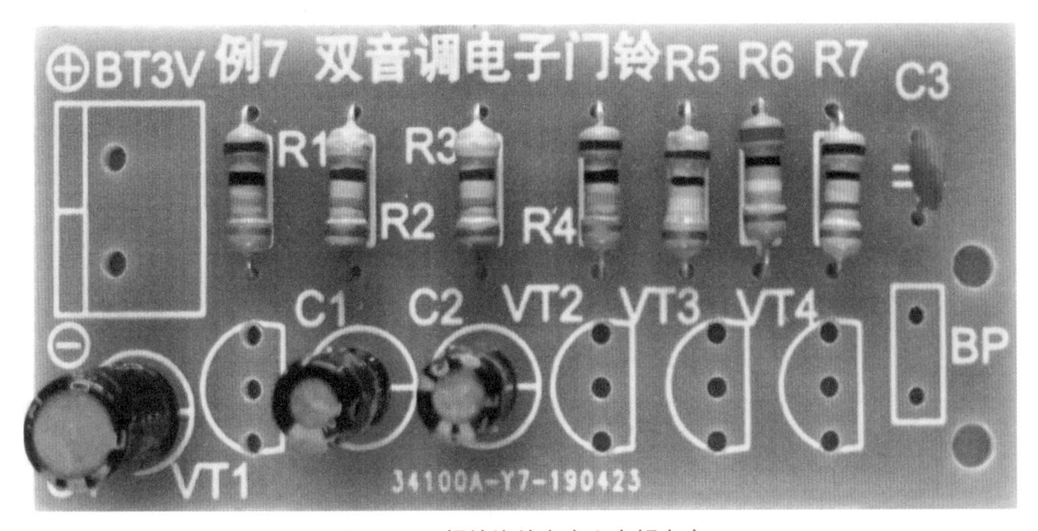

图 2-7-6　焊接瓷片电容和电解电容

焊装步骤 3：

接下来将 4 只三极管焊好，其中 VT1 ～ VT3 为 NPN 型的 9013 三极管，VT4 是 PNP 型的 9012 三极管。之后焊接电源接线座。如图 2-7-7 所示。

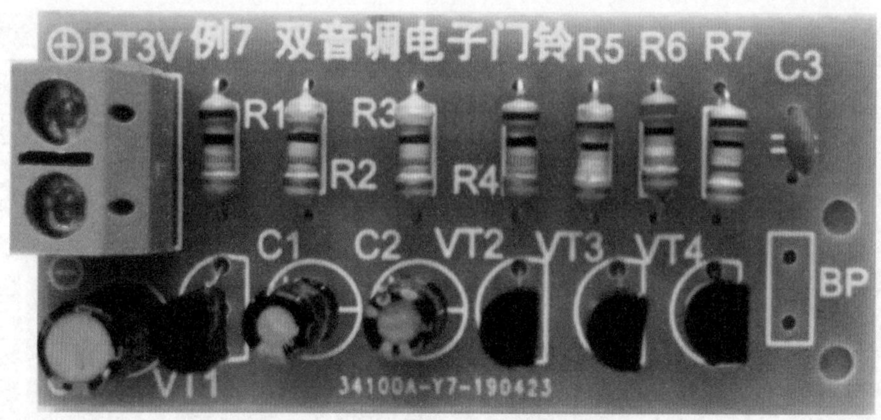

图 **2-7-7** 焊接三极管和电源接线座

焊装步骤 **4**：

和例 6 类似，将扬声器引线先穿入通孔后再焊接在印板上。如图 2-7-8 所示。

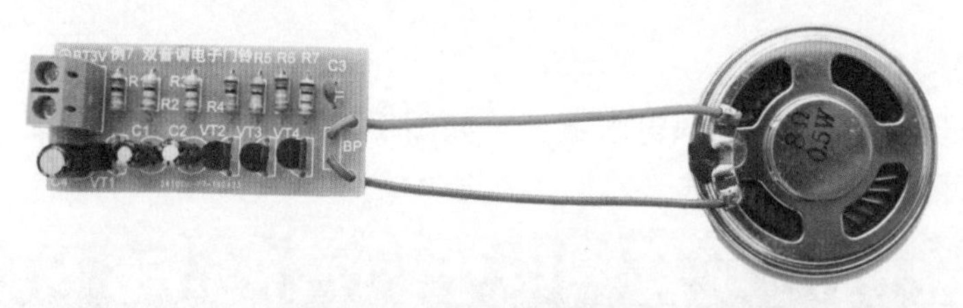

图 **2-7-8** 焊接扬声器引线

焊好全部元器件并仔细检查无误后，即可按照电源接线柱两侧标注的极性，接上 2 节 5 号电池盒引线，装好电池后，扬声器就能发出类似“叮咚”的高、低变换的音频振荡声音。

装好的电路板成品效果如图 2-7-9 所示。

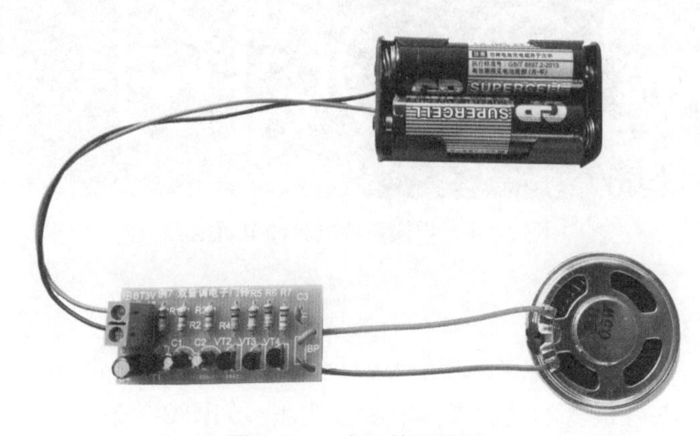

图 **2-7-9** 成品效果演示

例 8 警笛音响器

制作难度：★★★★较高

原理简介：

这是一款采用多谐振荡器发出模拟警笛声音的电路，电路原理图如图 2-8-1 所示。

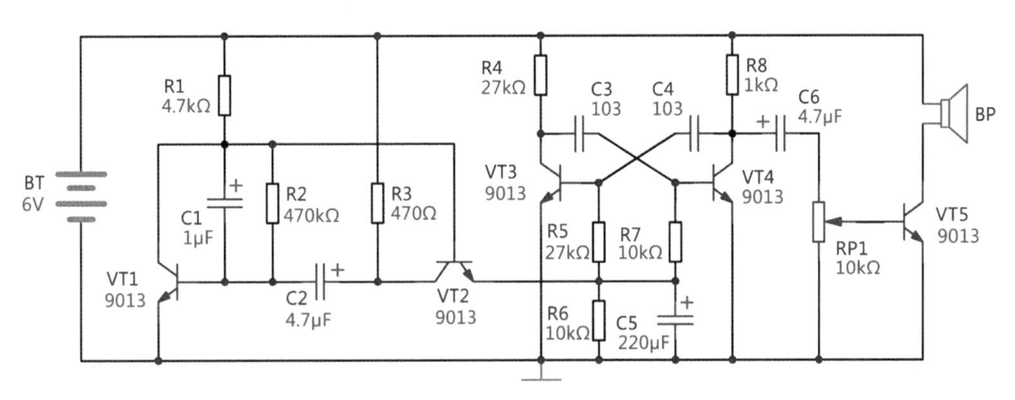

图 2-8-1 警笛音响器原理图

我们在日常生活中经常能够听到警车发出的警笛声响，稍加分析不难看出，一般的警笛声的声音强弱基本不变，只是振荡频率发生变化，也没有混合多种信号，音调是连续重复改变，音调的频率改变也是规律性的高低变化。如果我们用电路来模拟警笛声，就需要设计成三部分，分别为音调频率发生器、多谐振荡器和音频放大器。

在原理图中，VT1 和 VT2 是直接耦合的两级放大器。VT2 的集电极向 VT1 的基极通过电容 C2 施加正反馈，就形成了振荡电路，电路的振荡周期大约为 3s。振荡器通过 VT2 的发射极输出，在发射极还并联了 R6 和 C5，此电阻和电容构成了充、放电电路。在 VT2 导通时，C5 充电，在 VT2 截止时，C5 两端电压达到最高点，C5 通过 R6 放电，C5 两端电压开始下降，这样反复进行充、放电过程就形成了振荡。如果施加正反馈的电容 C2 容量增大，则振荡周期变长，减小 R2 的阻值，也将引起振荡周期变长，但 R2 的阻值过小，振荡电路可能会停止工作。

VT3 和 VT4 及其外围阻容元件构成多谐振荡器，两只三极管的集电极和集电极电阻对另一只三极管的基极耦合电容产生充、放电作用，改变加在另一只三极管的基极电压，使其导通或者截止。两只三极管构成了左、右相对称的振荡电路，它们的工作状态相反，一只管导通时，另一只管就处于截止状态。但在这里，VT3 和 VT4 的基极还连接有电阻 R5 和 R7，它们不是直接接地，而是共同经过充、放电电阻 R6 和电容 C5 后，再接到地上。这样，随着前级振荡电路的变化就改变了加在 VT3、VT4 基极的电压，也就改变了 VT3、VT4 集电极输出的脉冲周期，即多谐振荡器的重复频率发生改变，我们就能听到警笛声声调周期性地发生改变。

VT5 构成一级音频放大器，它是将 VT4 输出的脉冲信号进行放大，然后再去驱动扬声器 BP 发出声音。由于放大器处于零偏置状态，在没有信号输入时 VT5 基本上不流过电流，从而节约了电能的消耗。当 VT4 输出一定幅度的脉冲信号后，经过电容 C6 耦合，滤除直流成分后送入 RP1，调整可变电阻 RP1 的阻值，可调节扬声器的音量大小。

表 2-8-1 是警笛音响器电路的元件清单，图 2-8-2 是电路印板图，图 2-8-3 是所需元器件实物外观图，图 2-8-4 是电路板外观及尺寸图。扫描下页黄色二维码可以观看成品电路板的效果演示。

表 2-8-1　警笛音响器元件清单

元件名称	编　号	参考数值	元件名称	编　号	参考数值
电阻	R1	4.7kΩ	电解电容	C1	1μF
电阻	R2	470kΩ	电解电容	C2、C6	4.7μF
电阻	R3	470Ω	瓷片电容	C3、C4	103（0.01μF）
电阻	R4、R5	27kΩ	电解电容	C5	220μF
电阻	R6、R7	10kΩ	三极管 NPN	VT1 ～ VT5	9013
电阻	R8	1kΩ	扬声器	BP	8Ω
可变电阻	RP	10kΩ（103）	电源接线座	BT 6V	4 节 5 号电池

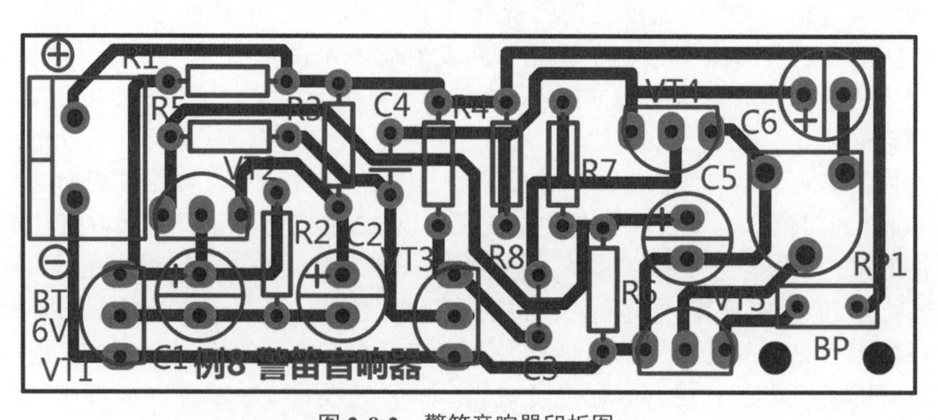

图 2-8-2　警笛音响器印板图

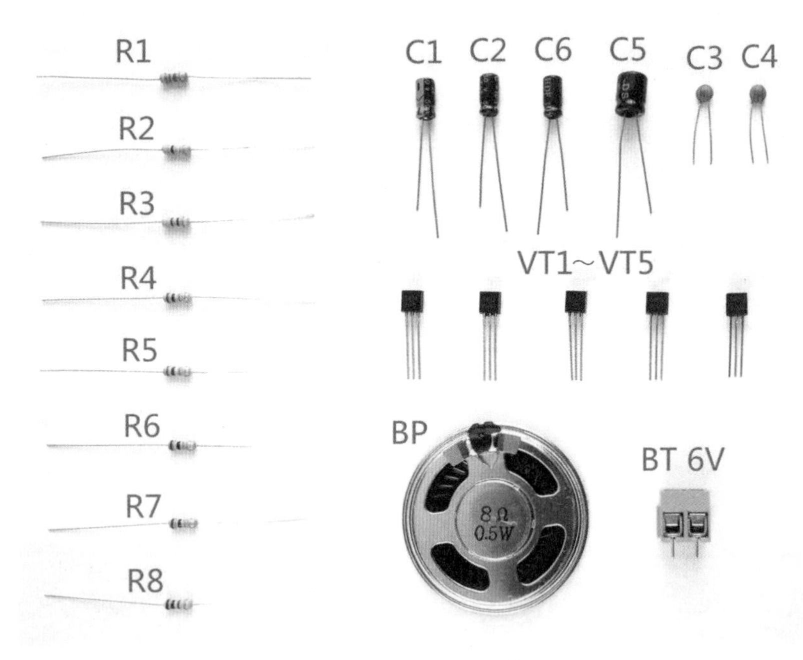

图 2-8-3　所需元器件

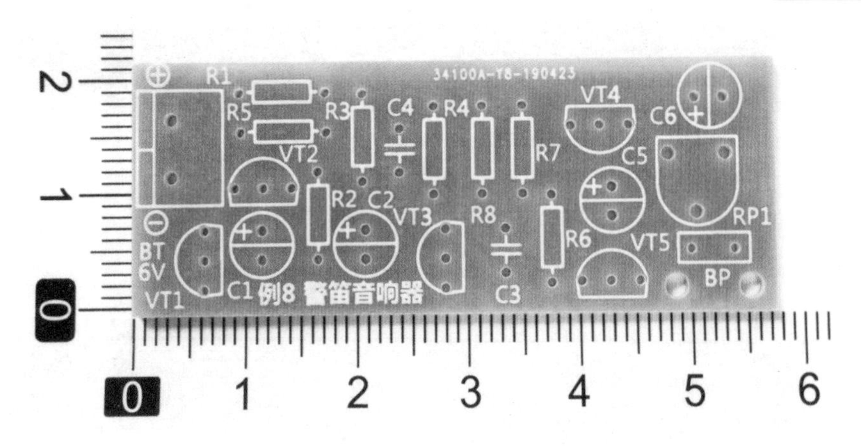

图 2-8-4　电路板外观及尺寸

焊装步骤 1：

先焊电阻，对照元件清单，将各电阻焊装在相应的位置，如图 2-8-5 所示。

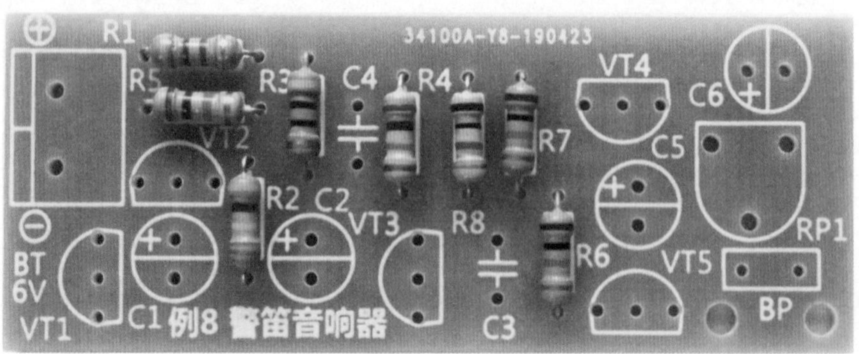

图 2-8-5　焊接 8 只电阻

焊装步骤 2：

焊接 2 只瓷片电容和 4 只电解电容。如图 2-8-6 所示。

图 2-8-6　焊接 2 只瓷片电容和 4 只电解电容

焊装步骤 3：

接下来将 5 只三极管焊好，均为 NPN 型 9013 三极管。之后将 10kΩ 可变电阻和电源接线座焊好。如图 2-8-7 所示。

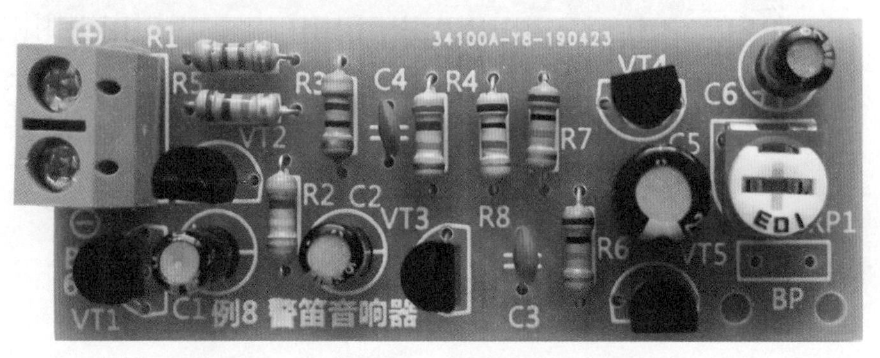

图 2-8-7　焊接三极管、可变电阻和电源接线座

焊装步骤 **4**：

和前面的例子一样，将扬声器引线先穿入通孔后再焊接在电路板上。如图 2-8-8 所示。

图 **2-8-8**　焊接扬声器引线

焊好全部元器件，仔细检查无误后，按照电源接线柱两侧标注的极性，接上 4 节 5 号电池盒引线，装好电池后扬声器就能发出高低变换的警笛声，调整可变电阻的阻值，可以改变警笛声的变换频率。

装好的电路板成品效果如图 2-8-9 所示。

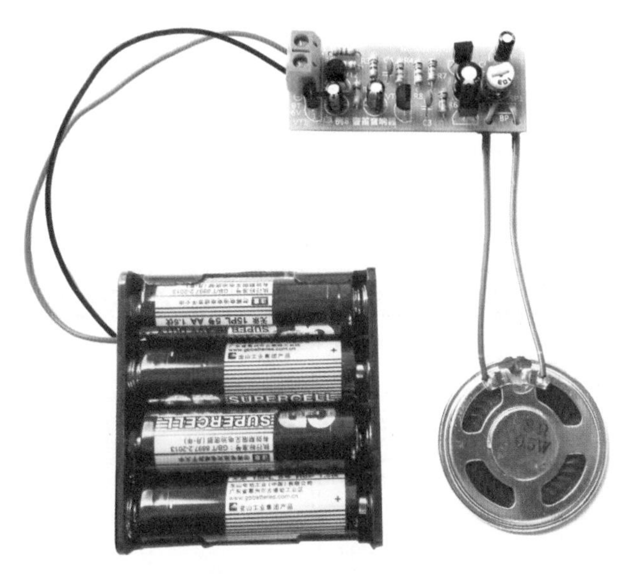

图 **2-8-9**　成品效果演示

例 9 机关枪声模拟器

制作难度：★★★中等

原理简介：

本例是一个能发出“哒、哒、哒……”类似机关枪声的电子线路，虽然不那么逼真，但作为了解振荡电路原理还是很有意义的。电路原理图如图 2-9-1 所示。

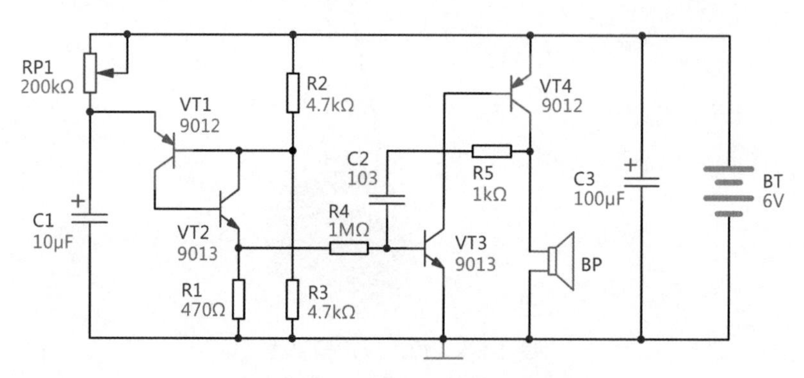

图 2-9-1 机关枪声模拟器原理图

电路中三极管 VT1、VT2 组成脉冲发生器，接通电源后 RP1 向 C1 充电，在电阻 R1 两端将输出正极性尖端脉冲。三极管 VT3、VT4 则组成互补型音频振荡器，当电阻 R1 上输出正脉冲时，VT3 基极获得正向偏置电流，振荡器工作，扬声器 BP 就发出“哒”的响声。R1 正脉冲过后，振荡器停振，扬声器 BP 无声。当 R1 间断输出正脉冲时，扬声器就发出连续不断的“哒、哒、哒……”声音，类似机关枪声。

表 2-9-1 是机关枪声模拟器电路的元件清单，图 2-9-2 是电路印板图，图 2-9-3 是所需元器件实物外观图，图 2-9-4 是电路板外观及尺寸图。扫描下页黄色二维码可以观看成品电路板的效果演示。

表 2-9-1 机关枪声模拟器元件清单

元件名称	编号	参考数值	元件名称	编号	参考数值
电阻	R1	470Ω	瓷片电容	C2	103（0.01μF）
电阻	R2、R3	4.7kΩ	电解电容	C3	100μF
电阻	R4	1MΩ	三极管 PNP	VT1、VT4	9012
电阻	R5	1kΩ	三极管 NPN	VT2、VT3	9013
可变电阻	RP1	200kΩ（204）	扬声器	BP	8Ω
电解电容	C1	10μF	电源接线座	BT 6V	4 节 5 号电池

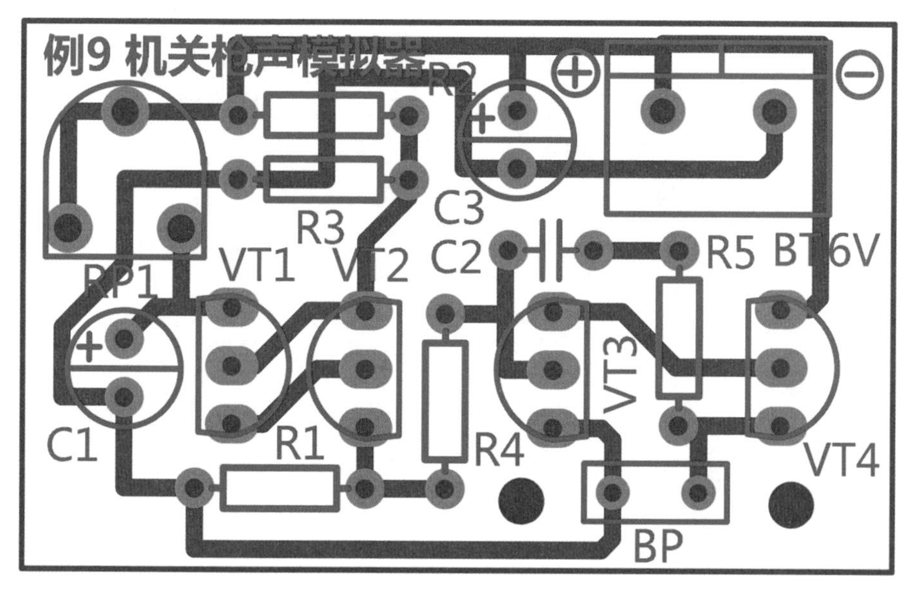

图 2-9-2　机关枪声模拟器印板图

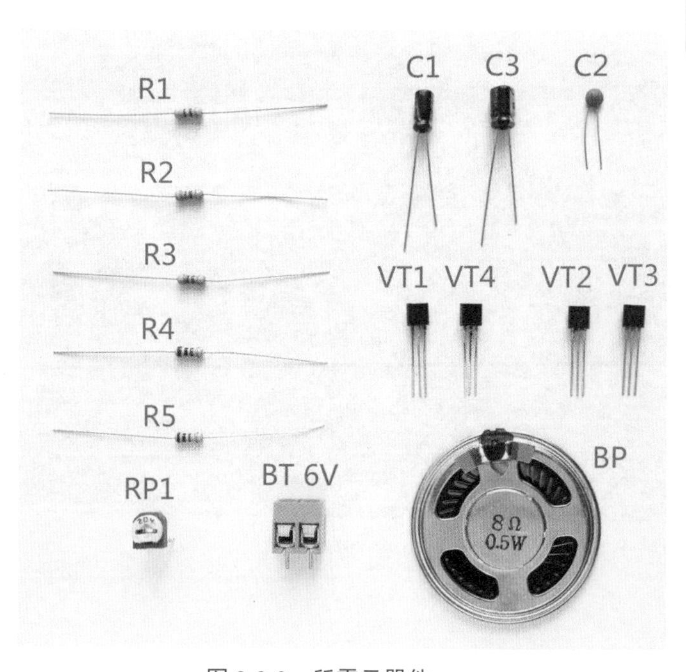

图 2-9-3　所需元器件

图 2-9-4　电路板外观及尺寸

焊装步骤 1：

对照元件清单，将 5 只电阻焊装在相应的位置，如图 2-9-5 所示。

图 2-9-5　焊接电阻

焊装步骤 2：

焊接 1 只瓷片电容和 2 只电解电容。如图 2-9-6 所示。

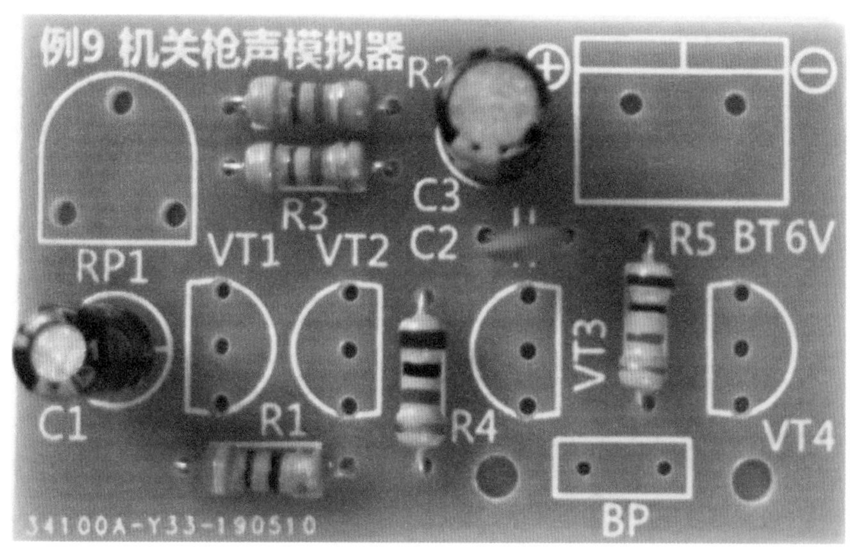

图 2-9-6　焊接电容

焊装步骤 3：

接下来将 4 只三极管焊好，其中 VT2、VT3 为 NPN 型的 9013 三极管，VT1、VT4 是 PNP 型的 9012 三极管。如图 2-9-7 所示。

图 2-9-7　焊接三极管

焊装步骤 4：

焊接可变电阻和电源接线座。如图 2-9-8 所示。

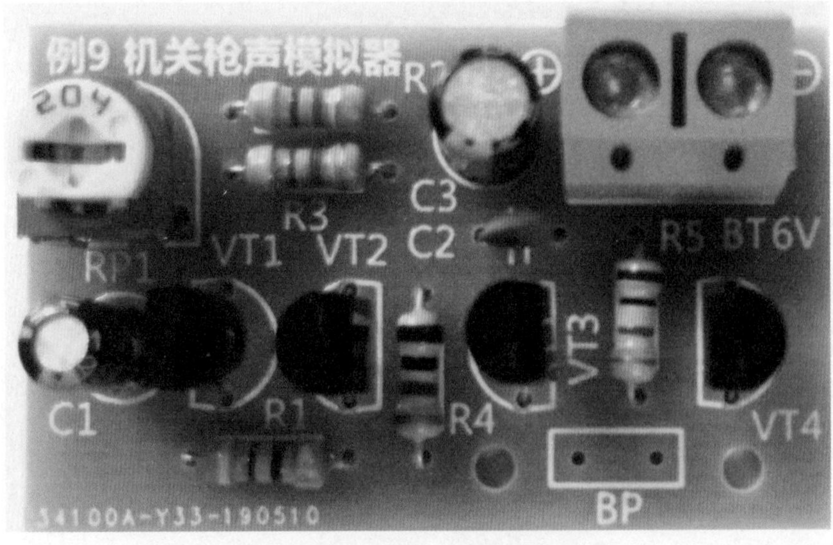

图 2-9-8　焊接可变电阻和电源接线座

焊装步骤 5：

参照前例的方式，焊接好扬声器引线，如图 2-9-9 所示。

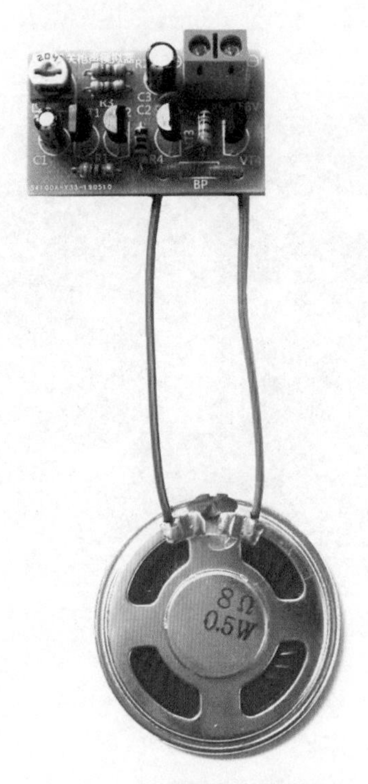

图 2-9-9　焊接扬声器引线

仔细检查无误后，在电源接线座上接好4节5号电池盒引线，装好电池后，扬声器就能发出“哒、哒、哒……”的类似机关枪的音频振荡声音。调试时可通过调整可变电阻器RP1的值，来改变脉冲发生器的输出频率，即改变了机枪“哒、哒”声的重复频率。调试时应注意，“哒、哒”声不能调得太高，否则会造成脉冲振荡器停振。如果觉得不够逼真，还可以适当改变电容C2的容量，直至满意为止。

装好的电路板成品效果如图2-9-10所示。

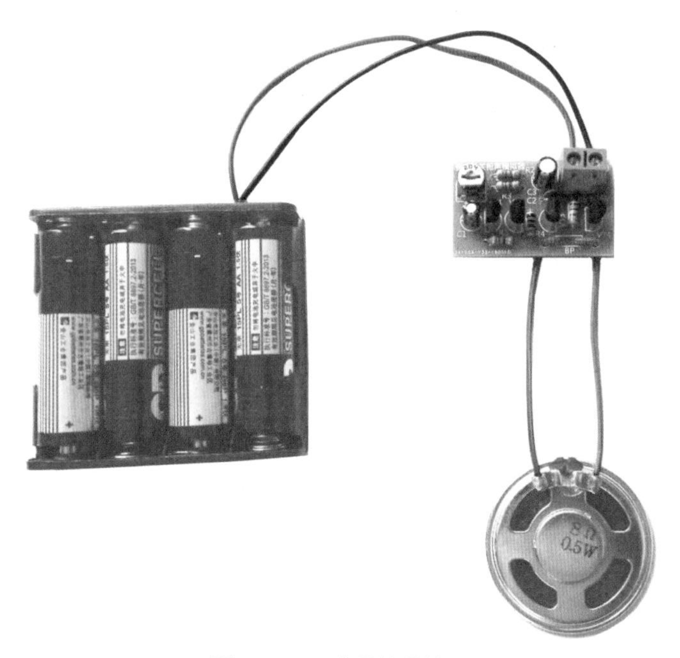

图2-9-10　成品效果演示

例10　双色闪光音响电路

制作难度：★★★中等

原理简介：

这是一个由两组多谐振荡器组成的发光音响电路。电路原理图如图2-10-1所示。

VT1、VT2、C1、C2等组成第一级多谐振荡器，其振荡过程与例1的电路相似，所不同之处在于这个电路的三极管采用的是PNP型，而例1电路所采用的是NPN型三极管，极性不同，但工作原理是一样的。这一级电路的作用一是驱动2只LED交替闪烁，二是利用VT2集电极输出的方波信号去控制第二级多谐振荡器，间断发声。

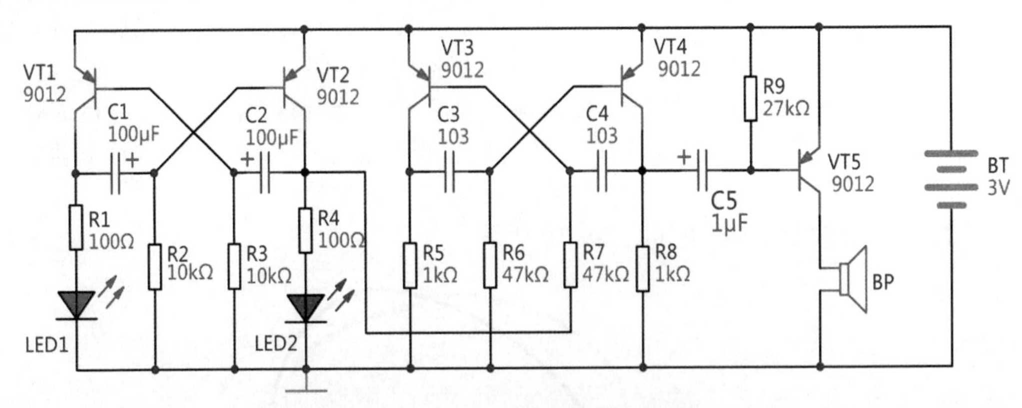

图 2-10-1　双色闪光音响电路原理图

VT3、VT4、C3、C4 等组成第二级多谐振荡器，其中 VT3 的基极受控于 VT2 的发射极，每当 VT2 导通时，VT2 的集电极呈现高电平，绿色的 LED2 点亮，该高电平通过 R7 加载到 VT3 的基极，第二级多谐振荡器停振，C5、VT5 等组成的驱动电路不工作，扬声器 BP 不发声。当 VT2 截止时，它的集电极呈现低电平，LED2 熄灭，该低电平通过 R7 加载到 VT3 的基极，第二级多谐振荡器起振，振荡信号通过 C5 加载到 VT5 的基极，经 VT5 放大后推动扬声器 BP 发出音频振荡声音。因此电路就会随着 LED 的闪烁，扬声器间断发出鸣叫声。调整 C1、C2 或 R2、R3 的参数，可以改变 LED 闪烁频率，也就是改变扬声器鸣叫的间隔。同理，调整 C3、C4 或 R6、R7 的参数，可以改变扬声器发声的音调高低。

表 2-10-1 是双色闪光音响电路的元件清单，图 2-10-2 是电路印板图，图 2-10-3 是所需元器件实物外观图，图 2-10-4 是电路板外观及尺寸图。扫描下页黄色二维码可以观看成品电路板的效果演示。

表 2-10-1　双色闪光音响电路元件清单

元件名称	编号	参考数值	元件名称	编号	参考数值
电阻	R1、R4	100Ω	瓷片电容	C3、C4	103（0.01μF）
			电解电容	C5	1μF
电阻	R2、R3	10kΩ	发光二极管	LED1	红
电阻	R5、R8	1kΩ	发光二极管	LED2	绿
电阻	R6、R7	47kΩ	三极管 PNP	VT1 ～ VT5	9012
电阻	R9	27kΩ	扬声器	BP	8Ω
电解电容	C1、C2	100μF	电源接线座	BT 3V	2 节 5 号电池

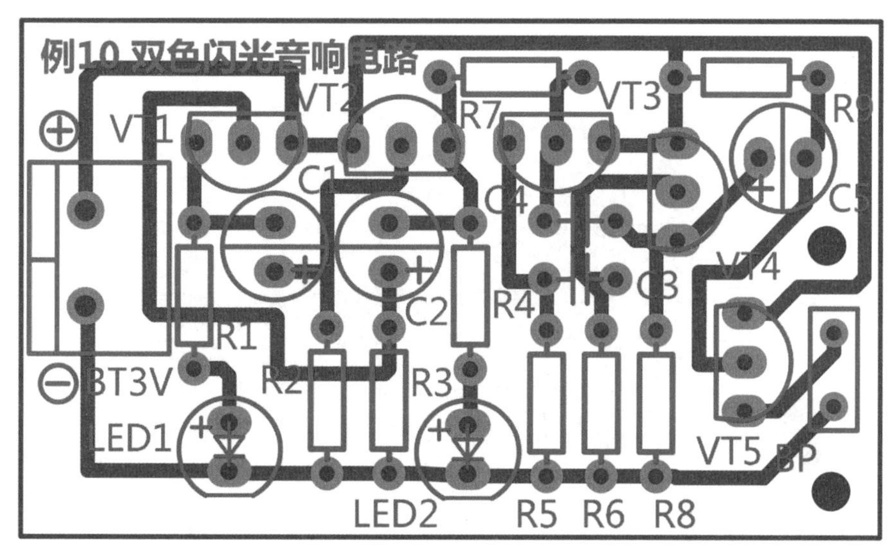

图 2-10-2　双色闪光音响电路印板图

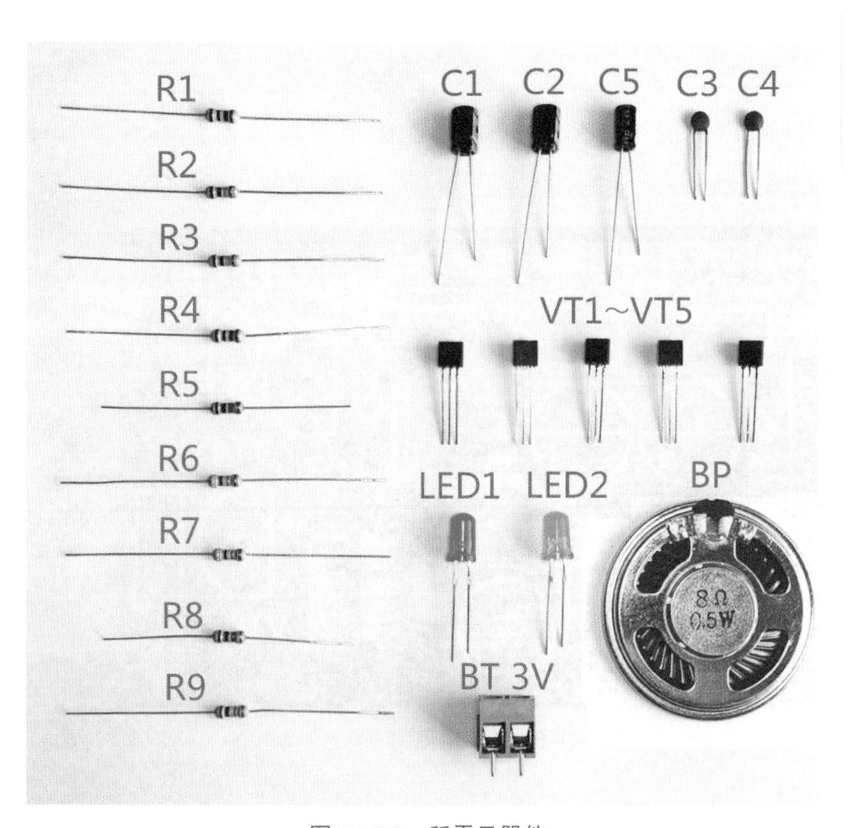

图 2-10-3　所需元器件

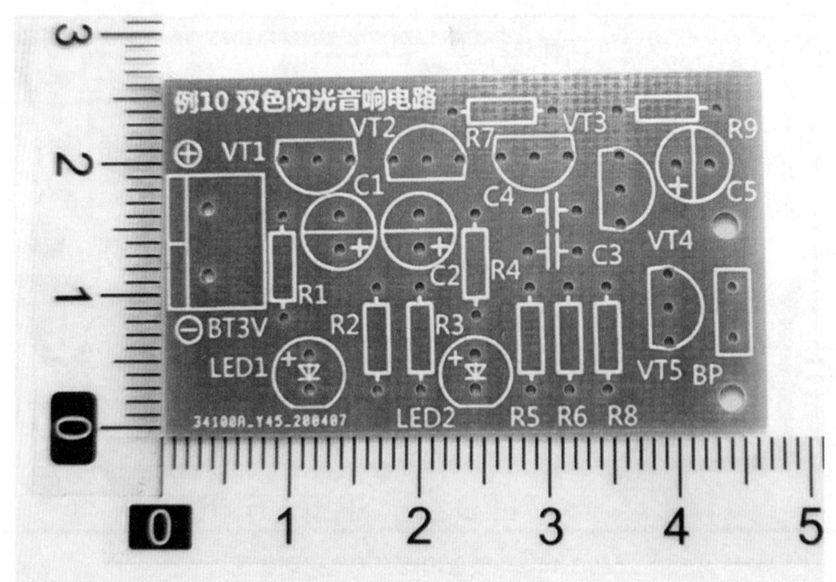

图 2-10-4　电路板外观及尺寸

焊装步骤 1：

先焊电阻，对照元件清单，将各电阻焊装在相应的位置，如图 2-10-5 所示。

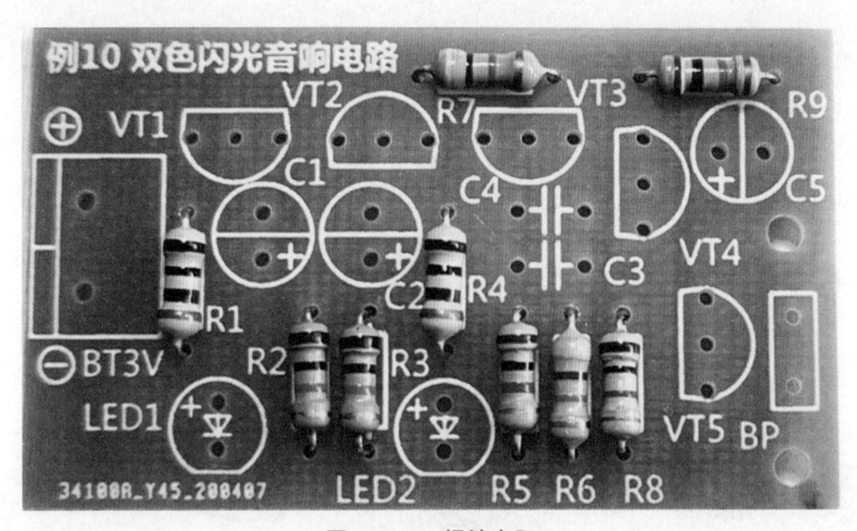

图 2-10-5　焊接电阻

焊装步骤 2：

焊接 2 只瓷片电容和 2 只电解电容。如图 2-10-6 所示。

图 2-10-6　焊接瓷片电容和电解电容

焊装步骤 3：

接下来将 5 只三极管焊好，均为 PNP 型的 9012 三极管。如图 2-10-7 所示。

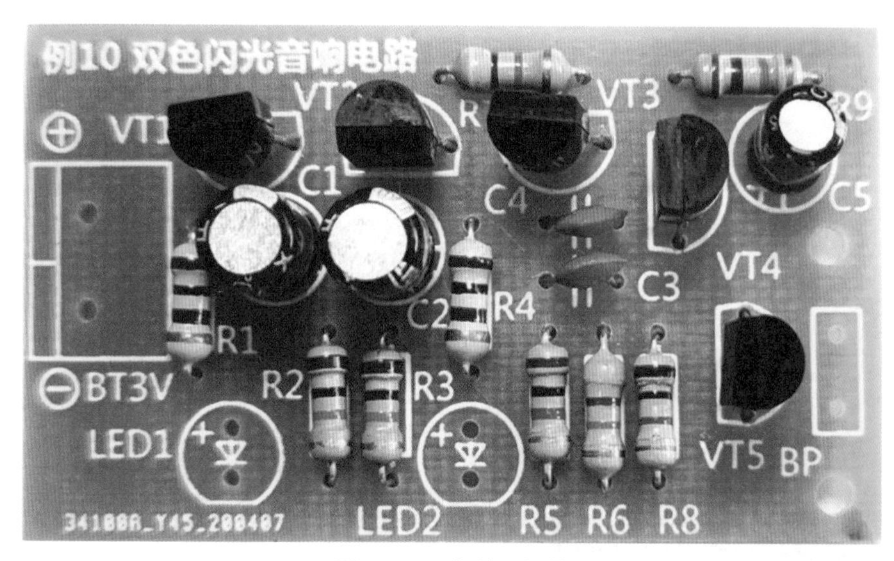

图 2-10-7　焊接三极管

焊装步骤 4：

焊接 2 只 LED，建议 LED1 装红色，LED2 装绿色，然后焊装电源接线座，如图 2-10-8 所示。

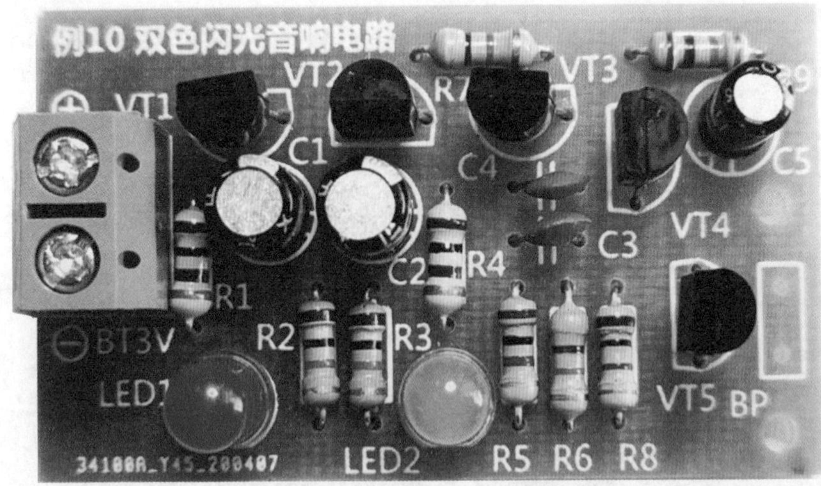

图 2-10-8　焊接 2 只 LED 和电源接线座

最后将扬声器引线焊好。全部元器件焊装完毕并仔细检查无误后，即可按照电源接线座两侧标注的极性，接上 2 节 5 号电池盒引线，电路开始工作，两只 LED 交替闪烁，扬声器发出间断的鸣叫声。

装好的电路板成品效果如图 2-10-9 所示。

图 2-10-9　成品效果演示

例 11　触摸叮咚门铃 *

制作难度：★★比较简单

原理简介：

这是一个能发出“叮咚”音色的门铃电路，其音色效果要比例 7 的电路好很多。电路原理图如图 2-11-1 所示。

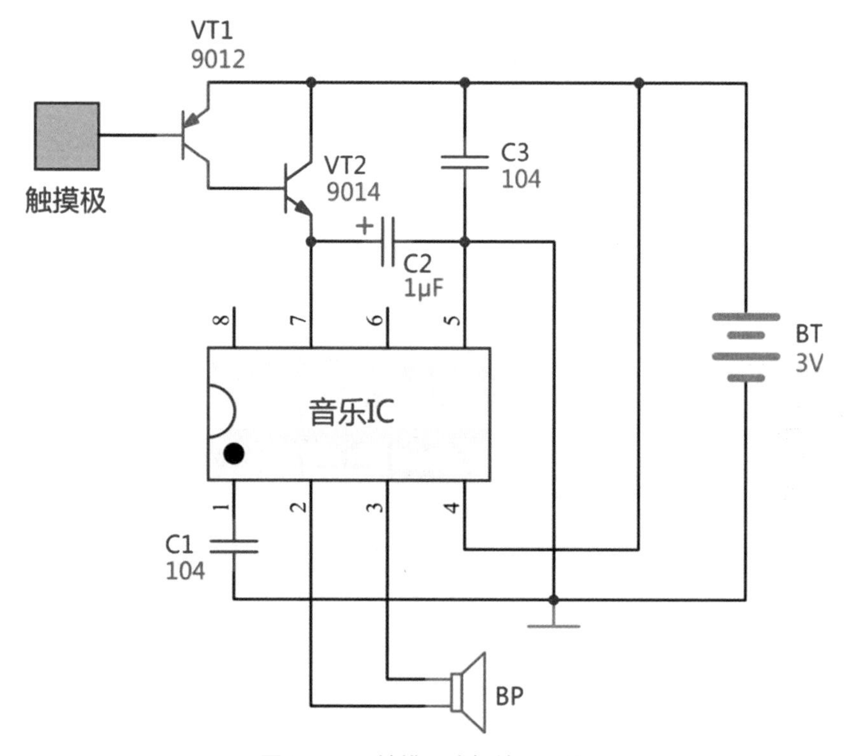

图 2-11-1　触摸叮咚门铃原理图

音乐 IC 是一款内置有“叮咚”音色的音响专用集成电路，其第 7 脚为控制端，该引脚为高电平时，将会输出“叮咚”声并直接驱动扬声器发声。VT1 的基极平时处于悬空状态，VT1 截止，VT2 也同时截止。当用手触摸 VT1 基极时，由于人体存在感应电，VT1 基极处于低电平时，VT1 导通，其发射极呈现高电平，该高电平与 VT2 基极相接，VT2 导通，则 VT2 发射极变为高电平，音乐 IC 的第 7 脚得到触发信号，驱动扬声器发出“叮咚”音响。

电路中 VT2 选用的三极管是 NPN 型的 9014，它具有更大的放大倍数和更低的噪声，有利于电路的稳定。C2 的作用是保证触发信号平稳，减少抖动。C3 的作用是滤除高频杂散信号的干扰。

需要说明一点的是，此种触摸电路，对环境有一定要求，太过潮湿的环境下，人体感应电量会小很多，可能会导致 VT1 不能导通，从而使得触摸电路不工作。在相对干燥环境下，电路工作会更可靠一些。

表 2-11-1 是触摸叮咚门铃电路的元件清单，图 2-11-2 是电路印板图，图 2-11-3 是所需元器件实物外观图，图 2-11-4 是电路板外观及尺寸图。扫描下页蓝色二维码可以观看本电路的详细制作过程。

表 2-11-1　触摸叮咚门铃 元件清单

元件名称	编号	参考数值	元件名称	编号	参考数值
瓷片电容	C1、C3	104（0.1μF）	IC 插座	—	8P
电解电容	C2	1μF	扬声器	BP	8Ω
三极管 PNP	VT1	9012	触摸极	—	可用导线代
三极管 NPN	VT2	9014	电源接线座	BT 3V	2 节 5 号电池
音乐 IC	—	内置叮咚音响			

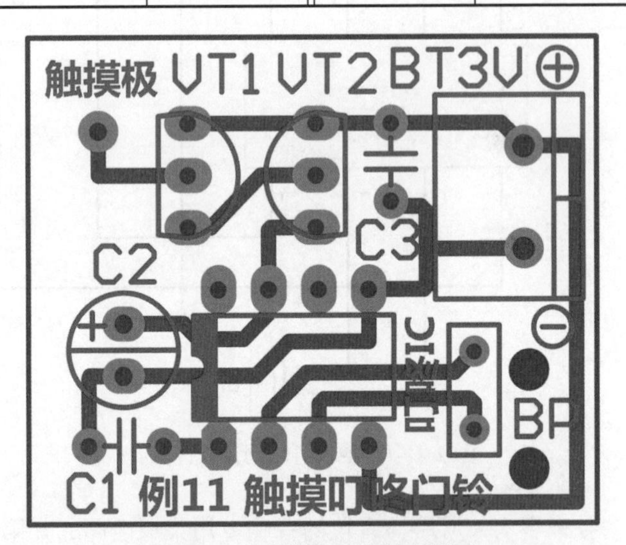

图 2-11-2　触摸叮咚门铃印板图

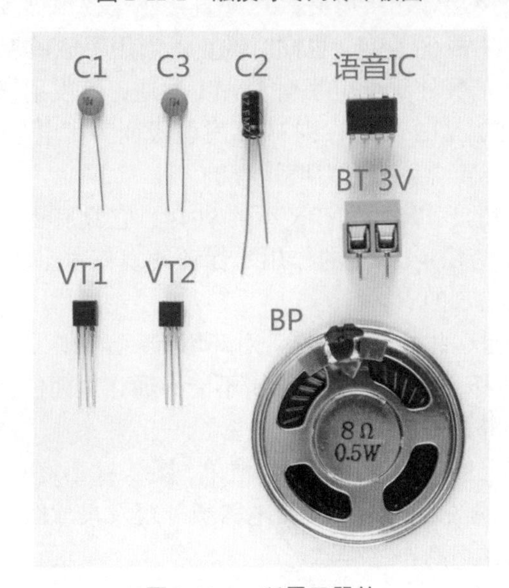

图 2-11-3　所需元器件

图 2-11-4　电路板外观及尺寸

焊装步骤 1：

先焊接集成电路插座，注意，插座左边有半圆形缺口，与印板字符中的半圆形缺口相对应，用于定位插座方向。如图 2-11-5 所示。

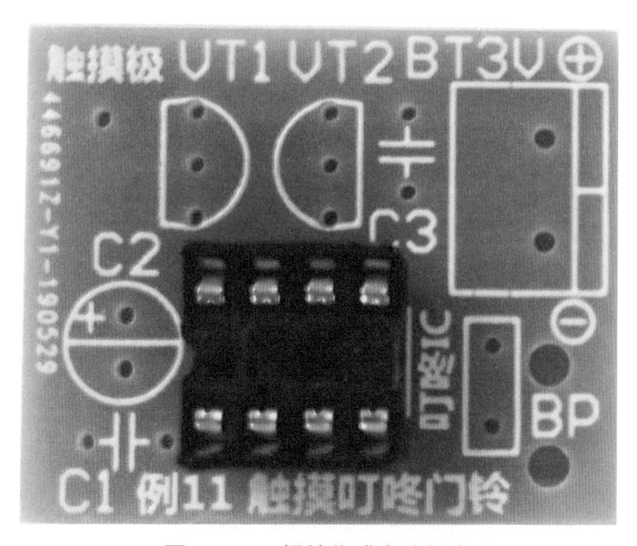

图 2-11-5　焊接集成电路插座

焊装步骤 2：

焊接 2 只瓷片电容和 1 只电解电容。如图 2-11-6 所示。

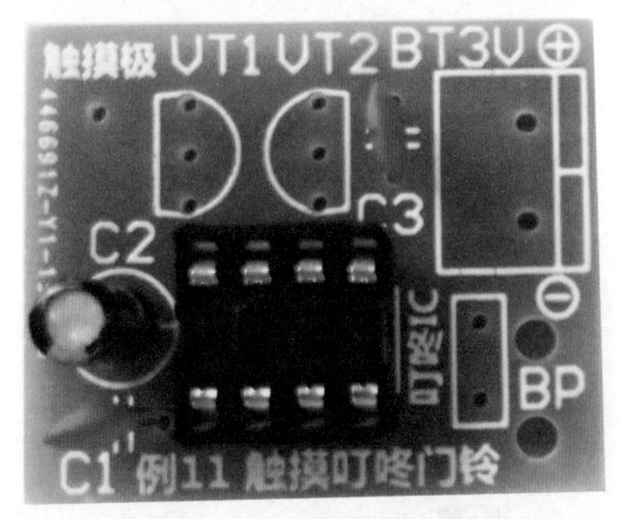

图 2-11-6 焊接瓷片电容和电解电容

焊装步骤 3：

接下来将 2 只三极管焊好，其中 VT1 为 PNP 型的 9012 三极管，VT2 是 NPN 型的 9014 三极管。然后按印板字符的极性方向，焊好电源接线座。如图 2-11-7 所示。

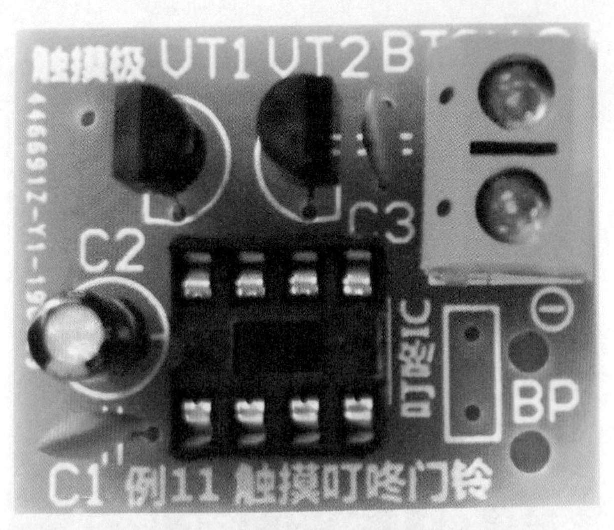

图 2-11-7 焊接三极管和电源接线座

焊装步骤 4：

在印板触摸极的位置上焊接一根导线，头部剥出 1cm 线头作为触摸极。然后把扬声器引线焊好，并将音乐 IC 插在插座上，同样是左边半圆“缺口对缺口”。

最后将电池盒引线按照印板字符标注的极性接在电源接线座上，装好电池，用两根手指捏一下触摸极的金属导线头，扬声器就能发出一次"叮咚"的声音，音色效果较好。

装好的电路板成品效果如图 2-11-8 所示。

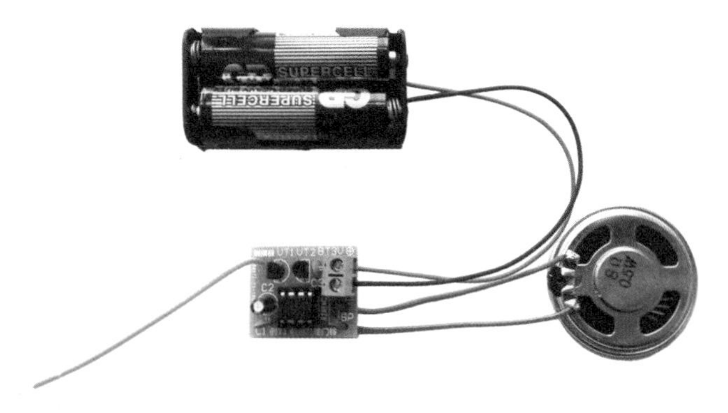

图 2-11-8 成品效果演示

例 12 光控音乐播放器

制作难度：★★★中等

原理简介：

这是一个可以在每天天亮时分就能自动演奏一首乐曲的光控音乐播放器。电路原理图如图 2-12-1 所示。

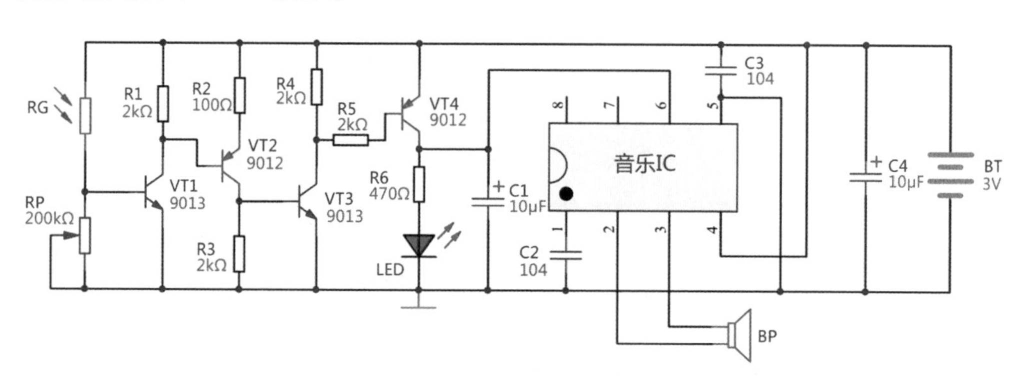

图 2-12-1 光控音乐播放器原理图

VT1 ～ VT4 依次组成多级放大和整形电路。光敏电阻 RG 和可调电阻 RP 组成分压电路，调整 RP 的阻值可以根据光线亮度情况，设置 VT1 的导通点。当光线亮度较高时，VT1 的基极电压升高，当达到 0.7V 以上电压时，VT1 导通，它的发射极和VT2的基极均变为低电平，VT2也导通，VT2的发射极和VT3的基极均呈现高电平，VT3导通，VT3的集电极变为低电平，则VT4的基极也变为低电平，VT4导通，它的集电极呈现高电平，该高电平一方面通过R6点亮LED，一方面接在音乐IC的第6脚触发端，音乐IC驱动扬声器演奏乐曲。

由以上分析可以看出，当光线强度较高时，VT1～VT4依次导通，并最终触发音乐IC。

表2-12-1是光控音乐播放器电路的元件清单，图2-12-2是电路印板图，图2-12-3是所需元器件实物外观图，图2-12-4是电路板外观及尺寸图。扫描黄色二维码可以观看成品电路板的效果演示。

思考题

电路中电容C1的作用是什么？参考解答可查阅本书附录。

表2-12-1　光控音乐播放器电路元件清单

元件名称	编号	参考数值	元件名称	编号	参考数值
电阻	R1、R3、R4、R5	2kΩ	发光二极管	LED	红
电阻	R2	100Ω	三极管NPN	VT1、VT3	9013
电阻	R6	470Ω	三极管PNP	VT2、VT4	9012
光敏电阻	RG	—	音乐IC	—	内置乐曲1首
可变电阻	RP	200kΩ（204）	IC插座	—	8P
电解电容	C1、C4	10μF	扬声器	BP	8Ω
瓷片电容	C2、C3	104（0.1μF）	电源接线座	BT 3V	2节5号电池

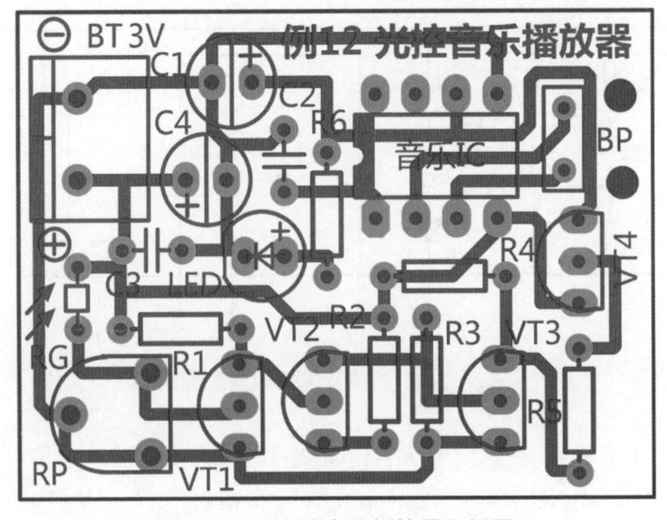

图2-12-2　光控音乐播放器印板图

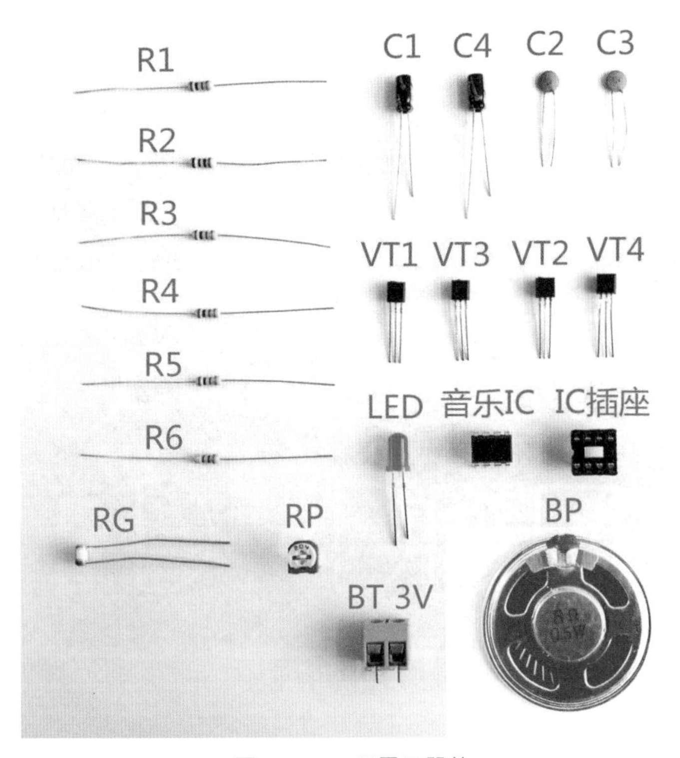

图 2-12-3　所需元器件

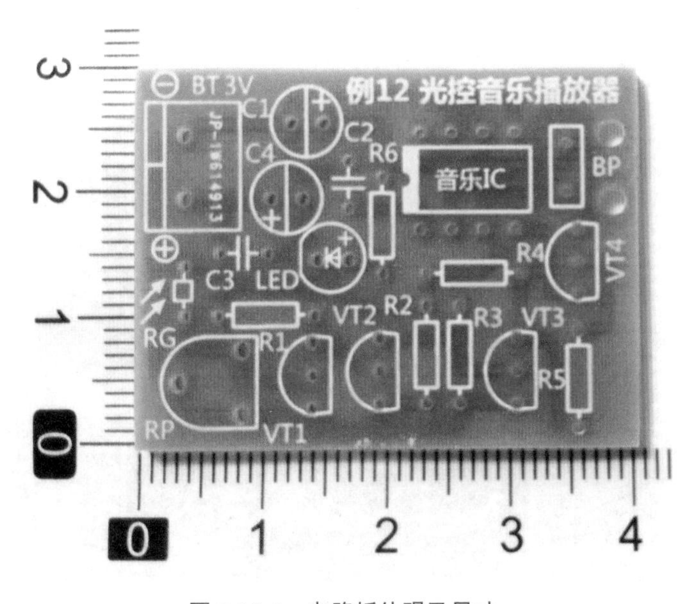

图 2-12-4　电路板外观及尺寸

焊装步骤 1：

先焊电阻，对照元件清单，将各电阻焊装在相应的位置，如图 2-12-5 所示。

图 2-12-5　焊接电阻

焊装步骤 2：

焊接 2 只瓷片电容和 2 只电解电容。如图 2-12-6 所示。

图 2-12-6　焊接瓷片电容和电解电容

焊装步骤 3：

接下来将 4 只三极管焊好，VT1、VT3 为 NPN 型的 9013 三极管，VT2、VT4 为 PNP 型的 9012 三极管。然后分别焊接可变电阻、LED 和光敏电阻。光敏电阻的引脚适当留长一点，便于稍后进行的电路调试。如图 2-12-7 所示。

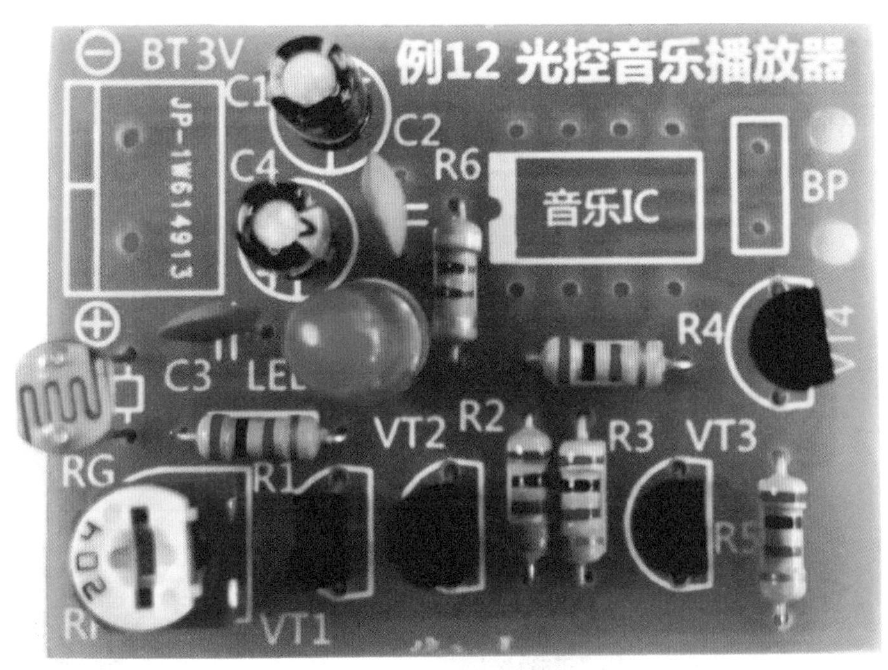

图 2-12-7　焊接三极管、光敏电阻等

焊装步骤 4：

焊接 IC 插座，注意 IC 插座左边的半圆形缺口要与印板字符中的半圆缺口方向一致。最后焊接好扬声器引线和电源接线座，如图 2-12-8 所示。

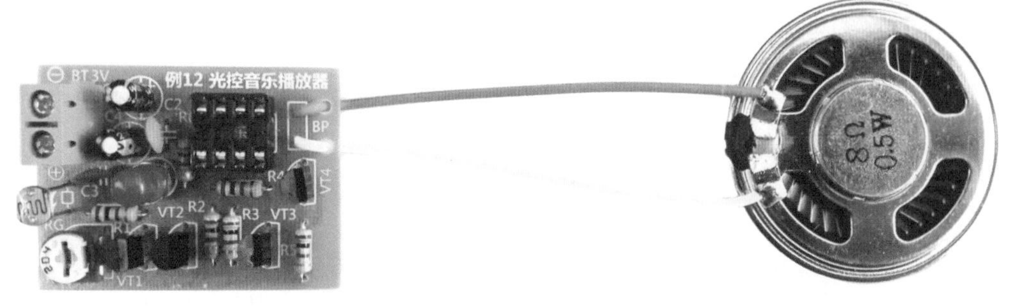

图 2-12-8　焊接 IC 插座、扬声器引线和电源接线座

元器件焊装完毕并仔细检查无误后，可先不安装音乐IC，按照印板上的电源极性字符标识，在电源接线座上接上2节5号电池盒引线，注意极性是“上负、下正”。用一字改锥调整可变电阻，使LED恰好刚刚点亮。然后断电，将音乐IC插好，注意方向，同样是“缺口对缺口”，然后取一个黑色不透光的笔帽，套在光敏电阻上，用于模拟黑天。此时接通电源，扬声器应该不发声，然后将笔帽移开，模拟天亮，此时LED点亮，同时扬声器开始演奏乐器，实现光控音乐演奏。至于演奏一曲之后就停止，还是反复循环演奏，则取决于语音IC触发方式，详见第一章第五节的音乐IC设置。

装好的电路板成品效果如图2-12-9所示。

图2-12-9　成品效果演示

开关控制类电子制作 

例13　声、光双控延时开关 *

制作难度：★★★中等

原理简介：

本例介绍的声、光双控延时开关，在白天的时候，光照较强，开关不动作。在夜晚光线较暗时，通过声音，如拍手、跺脚、开门等声音，开关将会动作，自动延时一段时间后，开关断开，恢复原状。这类开关广泛应用于居民楼道、农村庭院等处作为夜间照明，避免长明灯带来的电能浪费，因此有着较好的节能效果。

电路原理图如图 2-13-1 所示。

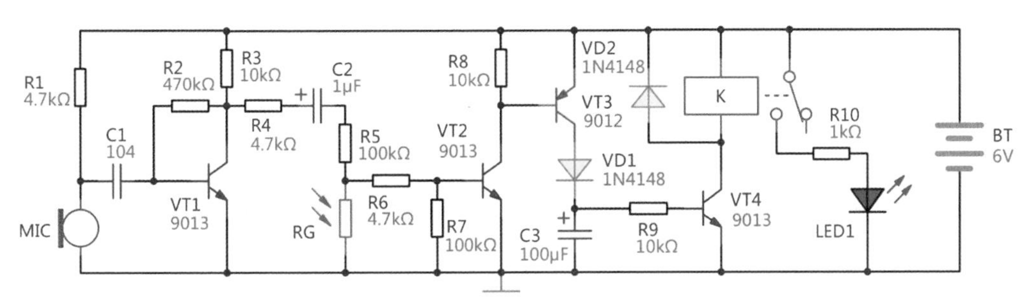

图 2-13-1　声、光双控延时开关原理图

电路由声音拾取放大、光控电路、延时控制等三部分组成。MIC、VT1、R1、R2、R3、C1 等组成话音放大电路，RG、R6、R7、R8、VT2 等组成光控电路，VT3、VT4、VD1、C3、R9、K 等组成延时开关控制电路。白天时，光敏电阻 RG 受到较强光照，呈低阻状态，VT2 的基极为低电平，由于 VT2 是 NPN 型三极管，故 VT2 截止。电源正极经过 R8 送入 VT3 的基极，VT3 是 PNP 管，故当 VT3 基极处于高电平时，VT3 也截止。而 VT4 是 NPN 管，其基极为低电平，故 VT4 也处于截止状态，继电器 K 不动作，常开触点所接的 LED1 熄灭。

在晚间，由于光线较暗，RG 呈现较高电阻，此时，如果有拍手等声音发出，话筒 MIC 就会接收到声音，并将其转换为电信号，该信号经过 C1 送入由 VT1 组成的放大器，放大后的信号经过 R4、C2、R5、R6 送入 VT2 的基极，VT2、VT3 均开始导通，从 VT3 的集电极输出的电信号经 VD1 对 C3 充电，这个充电过程很快，因此 VT4 的基极也很快呈现高电平，VT4 导通，继电器 K 吸合，常开触点闭合，LED1 点亮。当拍手的声音消失后，VT2、VT3 截止，但由于 C3 上还存有电荷，通过 R9 向 VT4 放电，VT4 维持导通，继电器 K 也继续处于吸合状态。随着放电的进行，C3 储存的电荷逐渐减少，VT4 的基极电位逐渐降低，直至截止，继电器 K 线圈失电，常开触点断开，LED1 熄灭，完成一次延时控制过程。

增加 C3 的电容值，可以延长 LED1 的点亮时间。R1 是驻极话筒的偏置电阻，调整阻值可适当改变话筒灵敏度。VD2 是续流二极管，用于在继电器 K 松开时，将线圈内储存的电荷迅速释放，以防止对 VT4 的冲击。

表 2-13-1 是声、光双控延时开关电路的元件清单，图 2-13-2 是电路印板图，图 2-13-3 是所需元器件实物外观图，图 2-13-4 是电路板外观及尺寸图。扫描下页蓝色二维码可以观看本电路的详细制作过程。

思考题

在电路测试时，有时会发现，在模拟黑天的时候，继电器会在延时结束时，常开触点断开后又立即吸合，LED1熄灭后又立即点亮，周而复始，没能实现延时后自动关断LED1。这是什么原因呢？参考解答可查阅本书附录。

表 2-13-1　声、光双控延时开关电路元件清单

元件名称	编号	参考数值	元件名称	编号	参考数值
电阻	R1、R4、R6	4.7kΩ	电解电容	C3	100μF
电阻	R2	470kΩ	发光二极管	LED1	红
电阻	R3、R8、R9	10kΩ	开关二极管	VD1、VD2	1N4148
电阻	R5、R7	100kΩ	三极管 NPN	VT1、VT2、VT4	9013
电阻	R10	1kΩ	三极管 PNP	VT3	9012
光敏电阻	RG	—	驻极话筒	MIC	—
瓷片电容	C1	104（0.1μF）	继电器	K	4100，线圈电压 5V
电解电容	C2	1μF	电源接线座	BT 6V	4节5号电池

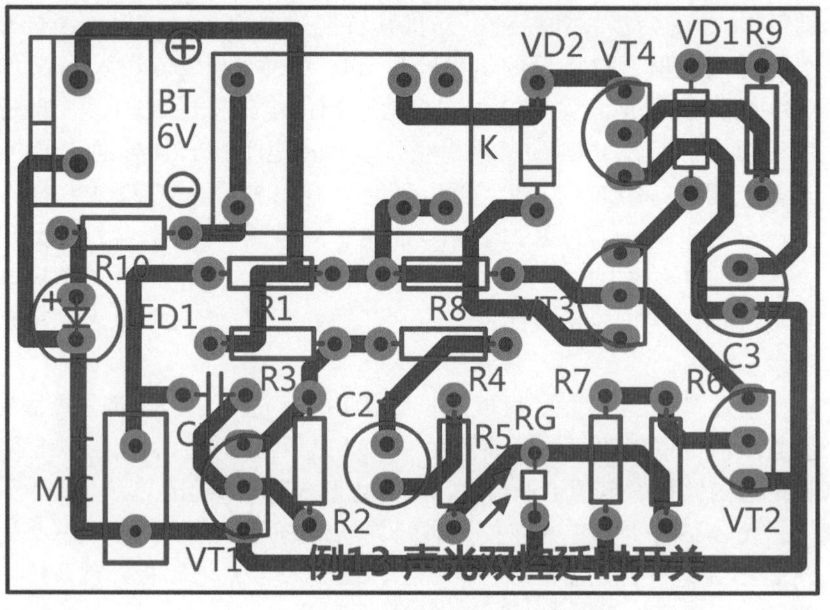

图 2-13-2　声、光双控延时开关印板图

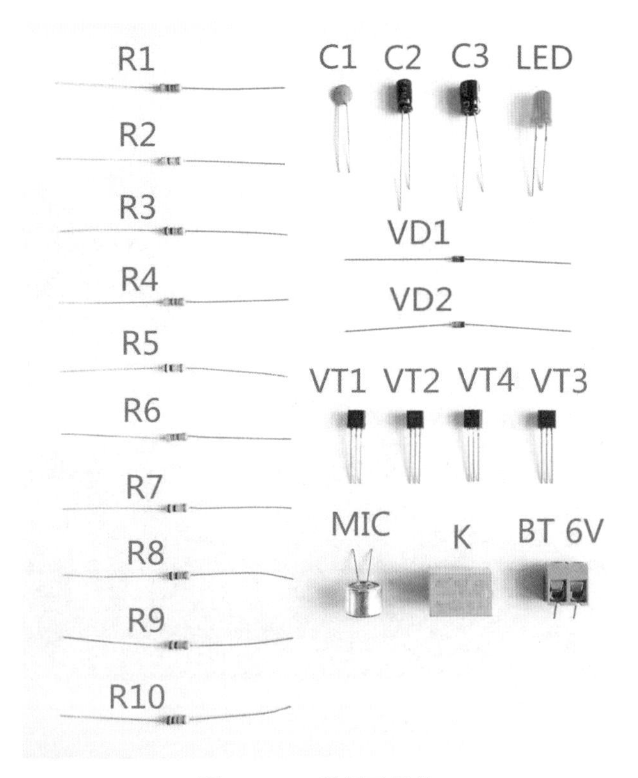

图 2-13-3　所需元器件

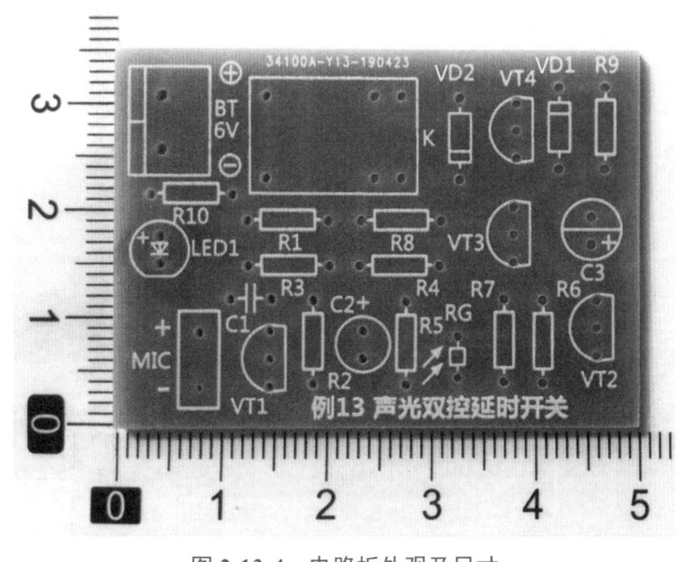

图 2-13-4　电路板外观及尺寸

焊装步骤 1：

先焊电阻，对照元件清单，将各电阻焊装在相应的位置，然后焊接两只二极管，如图 2-13-5 所示。

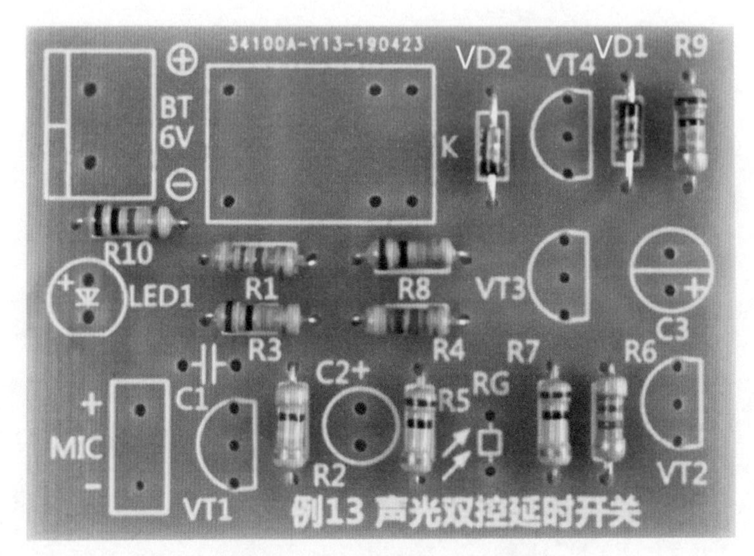

图 2-13-5　焊接电阻和二极管

焊装步骤 2：

焊接 1 只瓷片电容和 2 只电解电容。如图 2-13-6 所示。

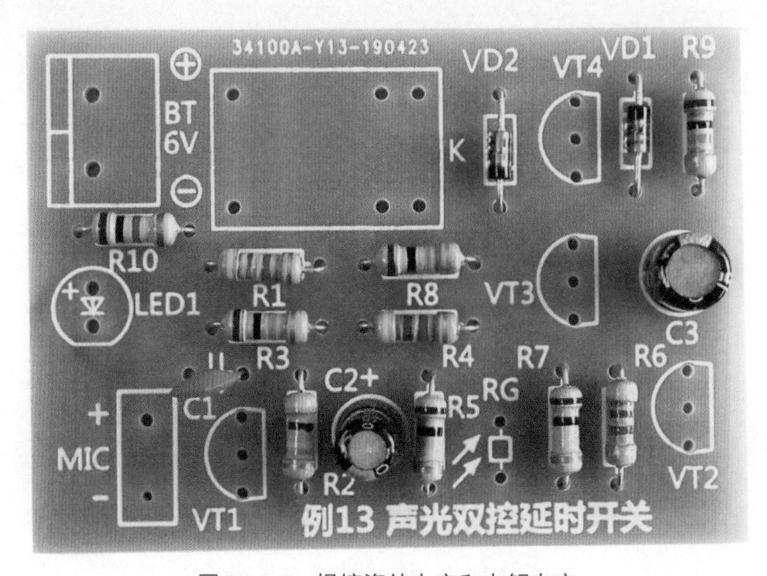

图 2-13-6　焊接瓷片电容和电解电容

焊装步骤 3：

接下来将 4 只三极管焊好，其中 VT3 为 PNP 型的 9012 三极管，其余为 NPN 型 9013 三极管。然后焊装 LED 和光敏电阻，光敏电阻也可以先不装，在电路测试后再焊装也可以。如图 2-13-7 所示。

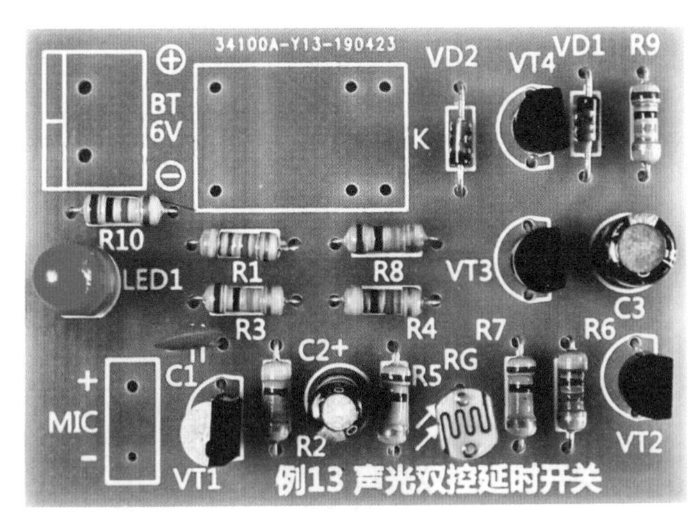

图 2-13-7　焊接 LED、三极管和光敏电阻

焊装步骤 4：

焊接继电器、驻极话筒和电源接线座，驻极话筒引脚要区分极性，与外壳相接的一脚是负极，最后焊装好电源接线座。如图 2-13-8 所示。

图 2-13-8　焊接继电器、驻极话筒和电源接线座

检查无误后，即可接通电源，如果已经焊装了光敏电阻，则在光敏电阻上套上一个黑色不透光的笔帽，用于模拟黑天，如果没有装光敏电阻，则可以省略这步。此时轻敲桌面或拍手，继电器 K 常开触点吸合，LED1 点亮，延时几秒后继电器断开，LED1 熄灭。再次拍手，电路重复上述工作过程。移开笔帽，模拟白天，再次敲击桌面或拍手，继电器均不动作，LED1 也不点亮。证明电路工作正常。如果之前没有装光敏电阻的话，此时可断电，焊装好光敏电阻，重复上述测试。

装好的电路板成品效果如图 2-13-9 所示。

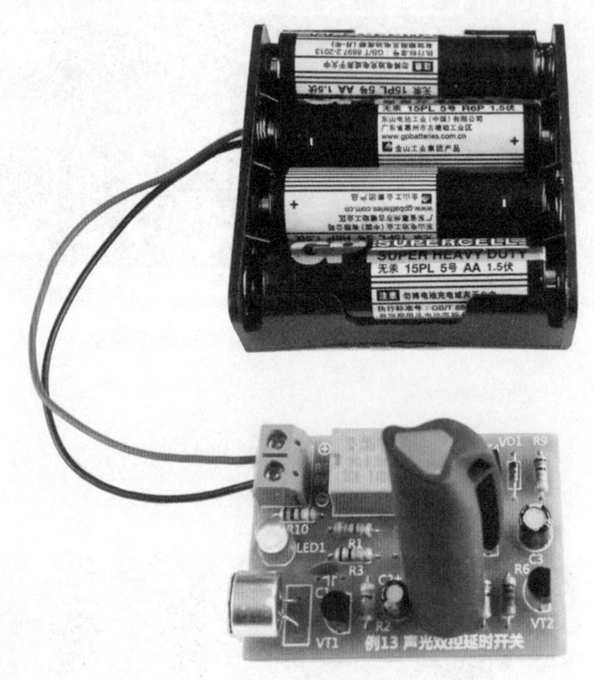

图 2-13-9　成品效果演示

例 14　声控拍手开关

制作难度：★★★★★高

原理简介：

这是一个可以通过拍手声音让两只 LED 交替点亮的声控电路。电路原理图如图 2-14-1 所示。

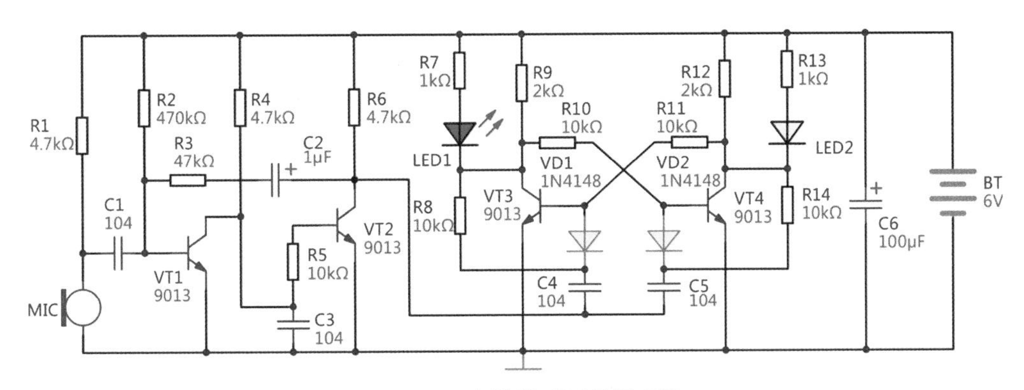

图 **2-14-1**　声控拍手开关原理图

电路中 VT1 和 VT2 组成音频放大级，话筒 MIC 将收集到的声音通过 C1 送到 VT1 基极，经 VT1 放大后，通过 R5 送到 VT2 基极，每当 VT2 导通时，VT2 的集电极上将呈现低电平，该低电平将触发后续的双稳态电路。R3、C2 组成负反馈电路，可以使音频放大电路工作更加稳定。R1 是驻极话筒的偏置电阻，改变其阻值，可调整驻极话筒的灵敏度。

VT3、VT4 及其外围电路组成双稳态电路，其电路形式与例 1 的电路比较相似，但在 VT1 和 VT2 的基极控制部分有所不同。当电源刚接通时，我们假设 VT3 率先导通，VT4 截止，则此时 LED1 点亮，LED2 熄灭。此时，我们对着话筒拍手，话筒将这个声音信号经过 VT1 和 VT2 放大后，在 VT2 的集电极上呈现低电平，该低电平经 C4、VD1 后，使得 VT3 的基极变为低电平，VT3 迅速截止，双稳态电路翻转，LED1 熄灭，VT4 导通，LED2 开始点亮。如果再次拍手，则新的低电平信号经 C5、VD2 送到 VT4 基极，使得 VT4 截止，LED2 熄灭，VT3 开始导通，LED1 重新点亮。VD1 和 VD2 的作用是在 VT2 集电极送来低电平时，单向将 VT3 或 VT4 的基极钳位在低电平。

表 2-14-1 是声控拍手开关电路的元件清单，图 2-14-2 是电路印板图，图 2-14-3 是所需元器件实物外观图，图 2-14-4 是电路板外观及尺寸图。扫描下页黄色二维码可以观看成品电路板的效果演示。

表 **2-14-1**　声控拍手开关电路元件清单

元件名称	编号	参考数值	元件名称	编号	参考数值
电阻	R1、R4、R6	4.7kΩ	电阻	R7、R13	1kΩ
电阻	R2	470kΩ	电阻	R9、R12	2kΩ
电阻	R3	47kΩ	瓷片电容	C1、C3、C4、C5	104（0.1μF）
电阻	R5、R8、R10、R11、R14	10kΩ	电解电容	C2	1μF

续表

元件名称	编号	参考数值	元件名称	编号	参考数值
电解电容	C6	100μF	三极管 NPN	VT1 ~ VT4	9013
发光二极管	LED1	红	驻极话筒	MIC	—
发光二极管	LED2	黄	电源接线座	BT 6V	4 节 5 号电池
开关二极管	VD1、VD2	1N4148			

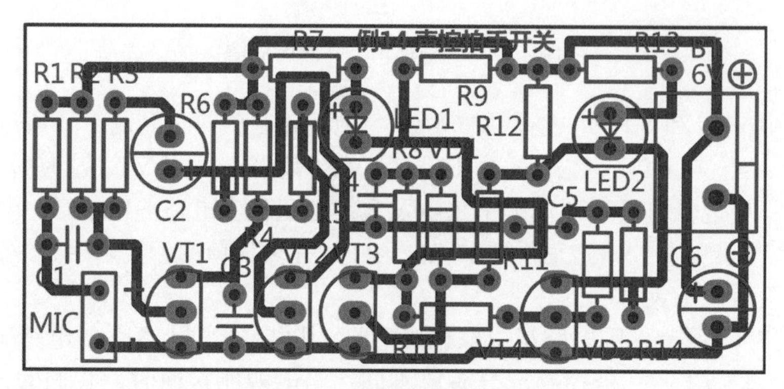

图 2-14-2　声控拍手开关印板图

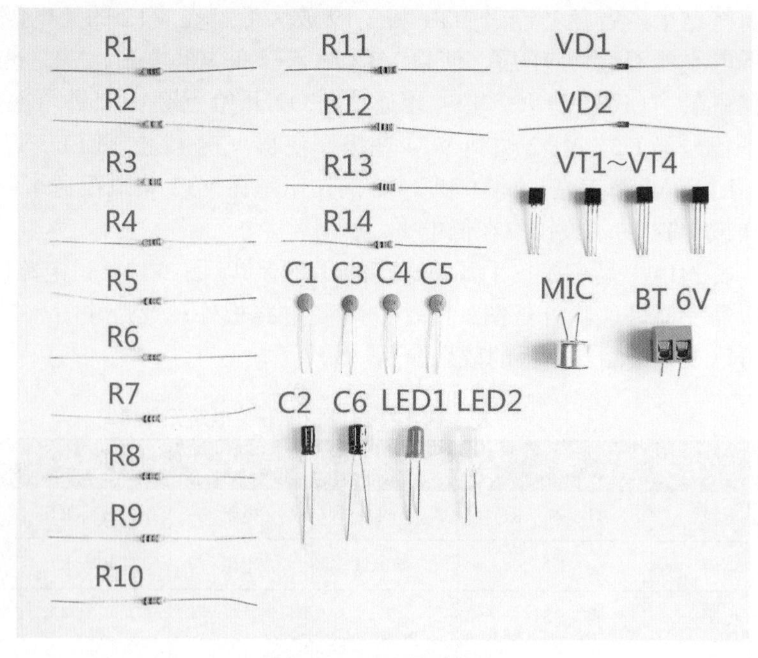

图 2-14-3　所需元器件

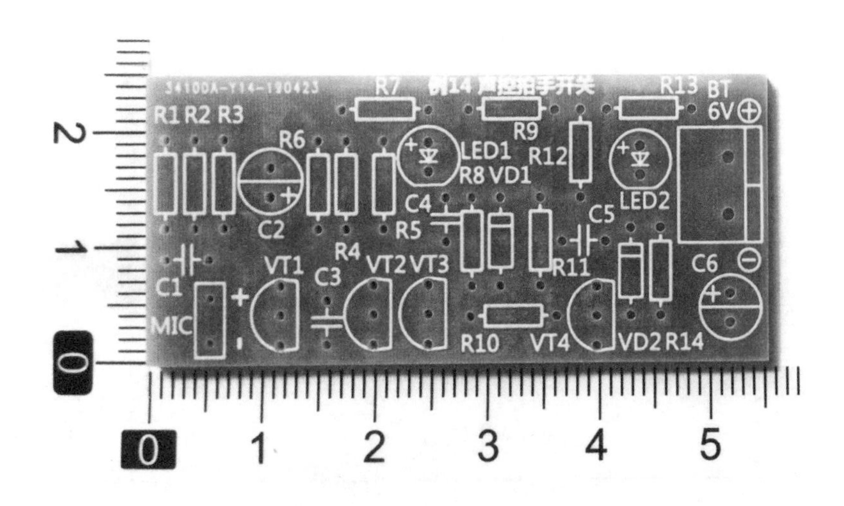

图 2-14-4　电路板外观及尺寸

焊装步骤 1：

先焊电阻，对照元件清单，将各电阻焊装在相应的位置，然后焊装 2 只二极管，如图 2-14-5 所示。

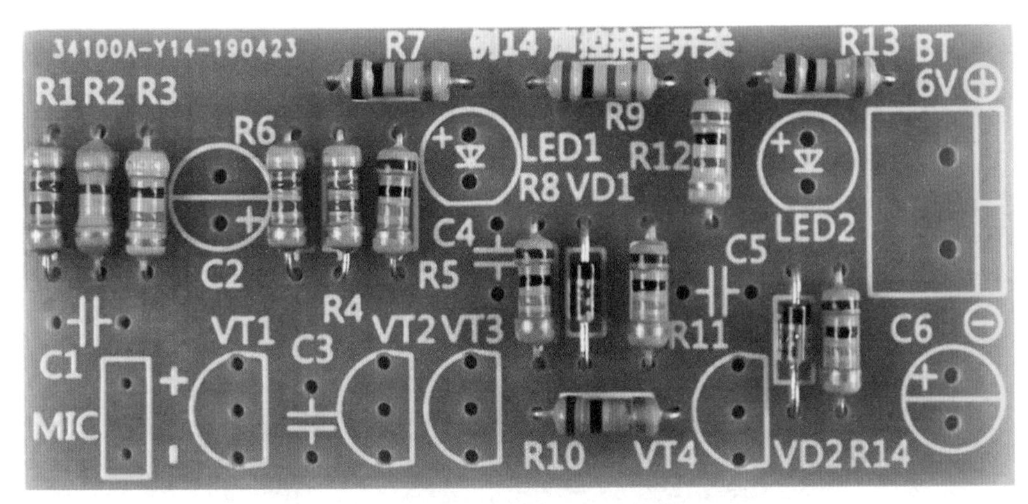

图 2-14-5　焊接电阻和二极管

焊装步骤 2：

焊接 4 只瓷片电容和 2 只电解电容。如图 2-14-6 所示。

图 2-14-6　焊接瓷片电容和电解电容

焊装步骤 3：

接下来将 4 只三极管焊好，均为 NPN 型的 9013 三极管，然后焊装 2 只 LED。如图 2-14-7 所示。

图 2-14-7　焊接三极管和 LED

焊装步骤 4：

最后将驻极话筒和电源接线座焊好，如图 2-14-8 所示。

图 **2-14-8**　焊接驻极话筒和电源接线座

全部元器件焊装完毕并仔细检查无误后，即可接通电源。对着话筒拍手，每拍一下，两只 LED 就会交替点亮一次。如果话筒灵敏度较高，且周边环境有噪声，则电路会有误动作的情形发生，此时可通过调整 R1 阻值，适当降低话筒灵敏度，以减少电路误动作。同时还可以参考例 13 中思考题的解决办法，减少电路误动作。

装配好的电路板成品效果如图 2-14-9 所示。

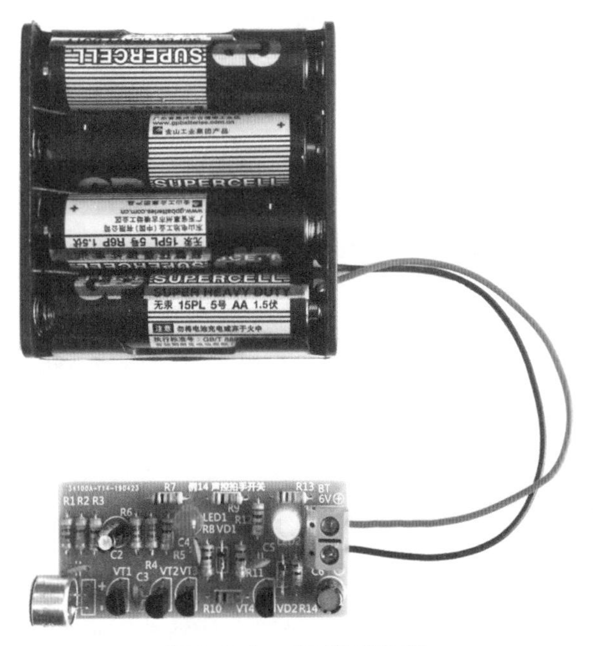

图 **2-14-9**　成品效果演示

例 15 触摸式电子开关

制作难度：★★★中等

原理简介：

这是一个可以用手触摸电极就能控制继电器闭合或断开的电路。电路原理图如图 2-15-1 所示。

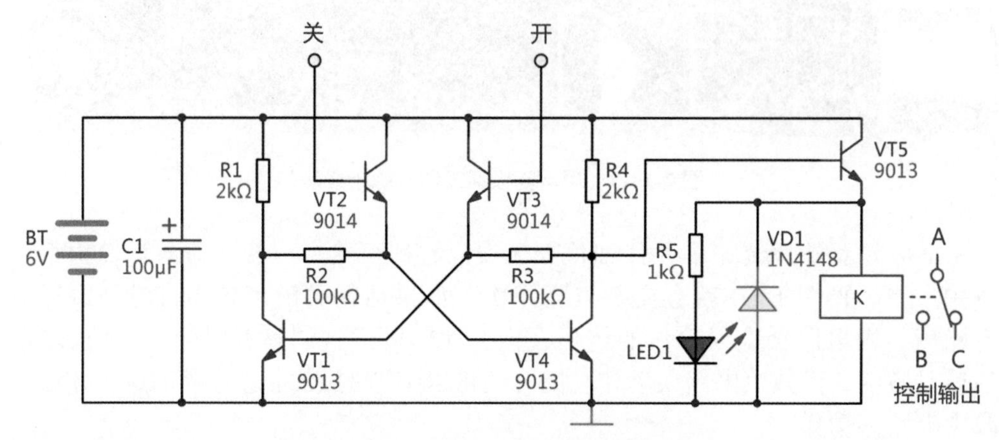

图 2-15-1 触摸式电子开关原理图

本电路主要由触发控制电路和控制执行电路两部组成，VT1 ～ V4 和 R1 ～ R4 等组成触摸控制电路，当用手触摸电极“开”时，人体的感应信号经过 VT3 放大后，使 VT1 导通，VT1 集电极为低电平，VT4 的基极也为低电平，故 VT4 截止，其集电极为高电平，VT5 的基极也为高电平，因此 VT5 导通，继电器 K 吸合，常开触点闭合，同时并接在继电器 K 线圈两端上的 LED1 也被点亮，指示开关处于接通状态。

当用手触摸电极“关”时，人体感应信号经过 VT2 放大，使 VT4 导通，VT4 集电极为低电平，故 VT5 基极也处于低电平，VT5 将处于截止状态，继电器 K 线圈将失电，常开触点转变为断开状态，LED1 也将熄灭，指示开关处于断开状态。重复触摸“开”和“关”，电路将重复上述工作过程。电路板上预留有控制输出端口，可用于控制外部设备的开关。其中 A、C 两端接继电器常闭触点，A、B 两端接继电器常开触点。

电路中 VT2 和 VT3 选用的是 NPN 型 9014 三极管，它具有更大的放大倍数和较低的噪声，有助于电路稳定可靠工作。实验时触摸电极可以用剥头导线代用。

表 2-15-1 是触摸式电子开关的元件清单，图 2-15-2 是电路印板图，图 2-15-3 是所需元器件实物外观图，图 2-15-4 是电路板外观及尺寸图。扫描下页黄色二维码可以观看成品电路板的效果演示。

表 2-15-1　触摸式电子开关 元件清单

元件名称	编号	参考数值	元件名称	编号	参考数值
电阻	R1、R4	2kΩ	三极管 NPN	VT2、VT3	9014
电阻	R2、R3	100kΩ	三极管 NPN	VT1、VT4、VT5	9013
电阻	R5	1kΩ	继电器	K	线圈电压 5V
电解电容	C1	100μF	触摸极	—	用导线代
发光二极管	LED1	红	电源接线座	BT 6V	4 节 5 号电池
开关二极管	VD1	1N4148			

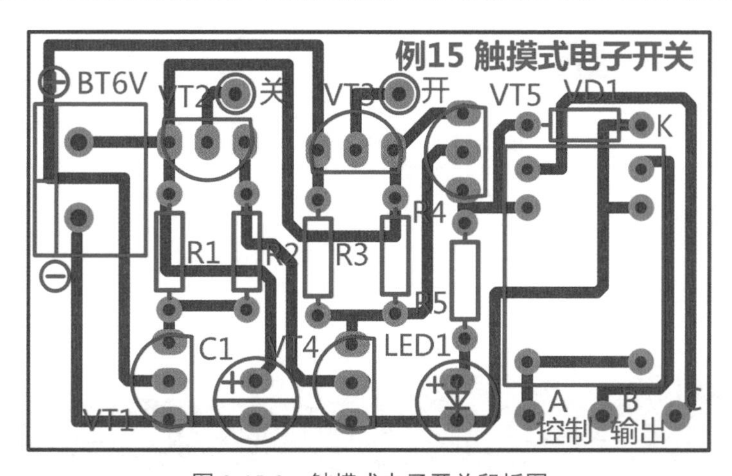

图 2-15-2　触摸式电子开关印板图

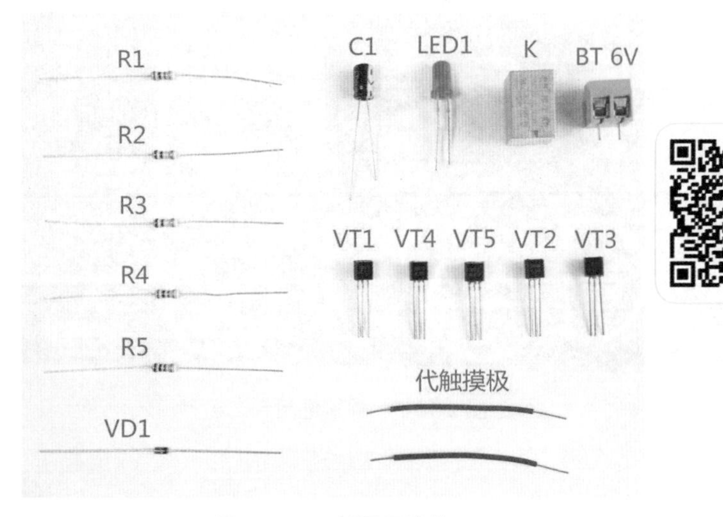

图 2-15-3　所需元器件

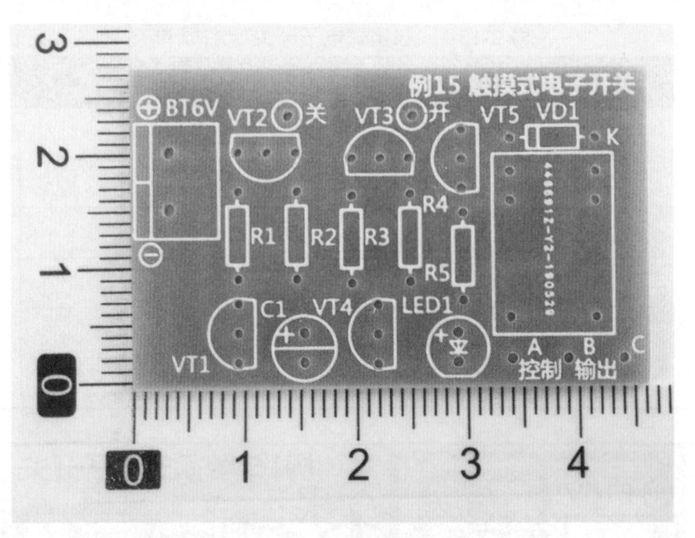

图 2-15-4　电路板外观及尺寸

焊装步骤 1：

先焊电阻，对照元件清单，将各电阻焊装在相应的位置，然后焊装二极管，如图 2-15-5 所示。

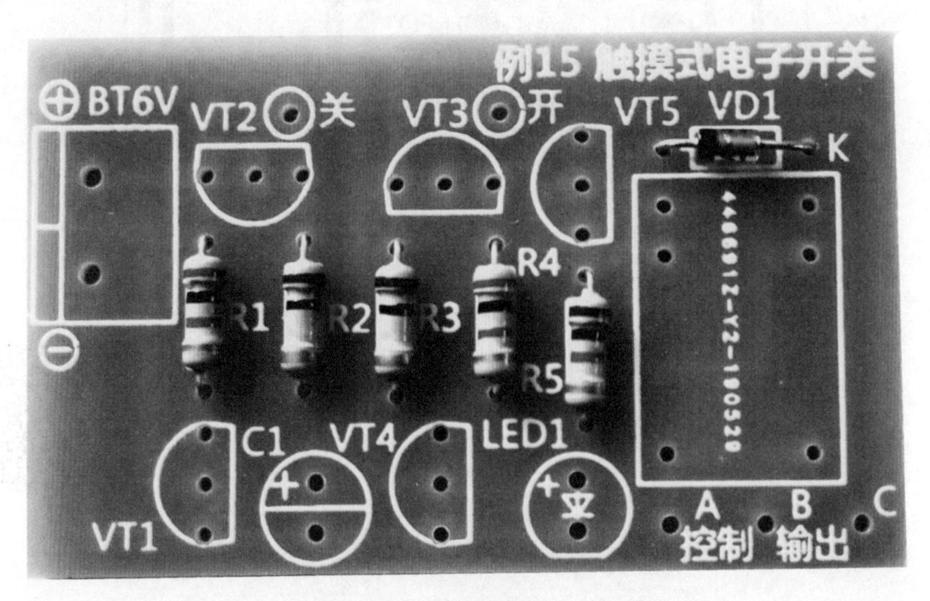

图 2-15-5　焊接电阻和二极管

焊装步骤 2：

焊接 1 只电解电容和发光二极管。如图 2-15-6 所示。

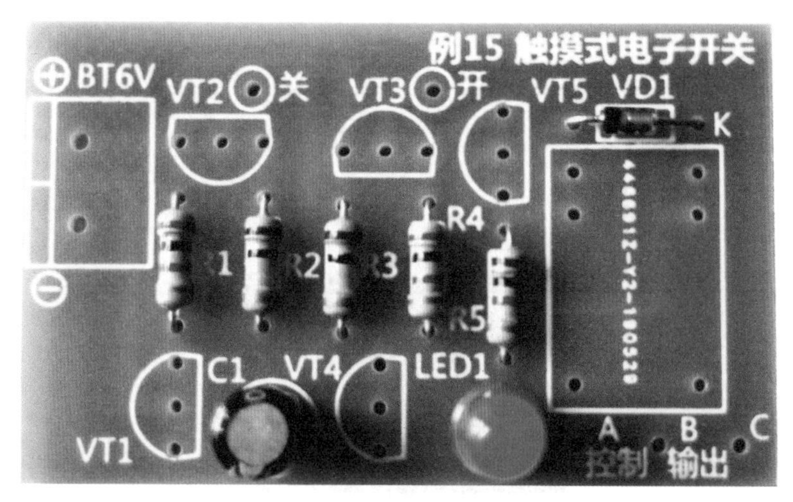

图 2-15-6　焊接电解电容和发光二极管

焊装步骤 3：

接下来将 5 只三极管焊好，VT2 和 VT3 是 NPN 型 9014 三极管，其余为 NPN 型的 9013 三极管。如图 2-15-7 所示。

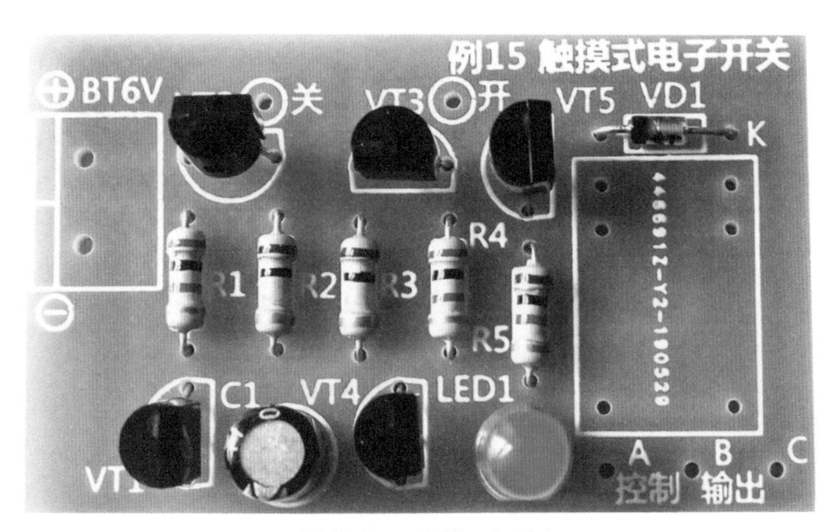

图 2-15-7　焊接三极管

焊装步骤 4：

最后将继电器和电源接线座焊好。将两根引线分别焊在“开”和“关”的位置上，剥出约 1cm 长线头代触摸极。如图 2-15-8 所示。

检查无误后可接通电源，用手指捏一下“开”引线的金属线头部分，则继电器吸合，LED1 点亮，再捏一下“关”的线头，继电器断开，LED1 熄灭。则说明电路工作正常。

图 2-15-8　焊接继电器和电源接线座

需要说明的是，触摸开关的动作主要是依靠人体的感应电，而环境的湿度对人体的感应电量存在一定的影响。如果环境湿度过高，则人体感应的电量会有所下降，电路可能会不动作，或者动作不太灵敏、不太可靠。此时为调试验证电路，可以一手摸自来水管，另一手来捏“开”或“关”电极，由此来增大感应电量，或者一手靠近 220V 市电电线外皮，也能适当增大感应电量。当然这只是为了方便调试电路的一种权宜之计，正常情况下是不需要这么做的。

装配好的电路板成品效果如图 2-15-9 所示。

图 2-15-9　成品效果演示

例 16　光控点动开关

制作难度：★★比较简单

原理简介：

这是一个能依靠光照实现“点动”开关的电路，用手电照射一下光敏电阻RG，就可实现“开机”，再照射一下就可以实现“关机”。电路原理图如图2-16-1所示。

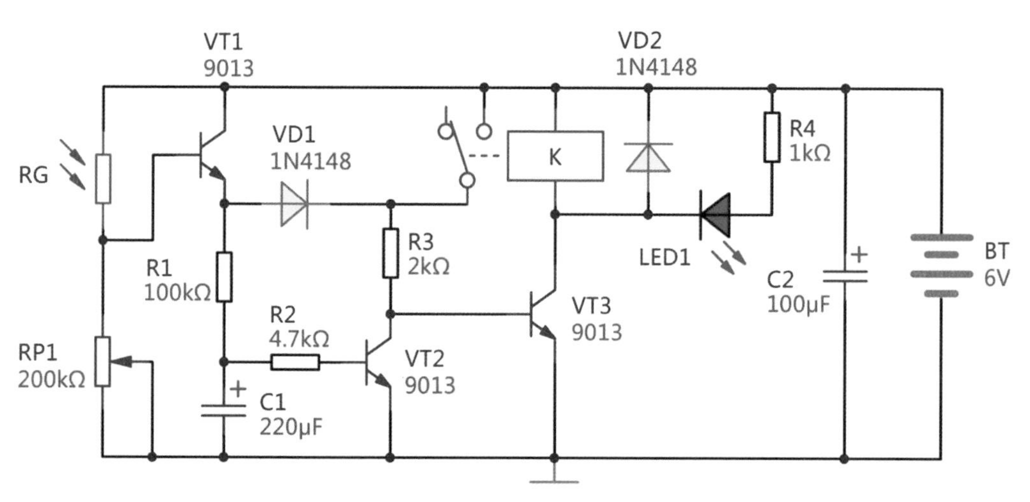

图 2-16-1　光控点动开关原理图

电路工作过程是，假设光敏电阻RG处于较黑暗状态，当它受到手电的短时间光照时，VT1导通，其中的一路电流经过VT1、VD1、R3注入VT3的基极，VT3迅速导通，继电器K吸合，其常开触点闭合，电源正极经过继电器常开触点、R3后，维持VT3导通，对电路自锁，K继续处于吸合状态。同时，经过R4电阻限流，点亮LED1，以用来指示继电器处于吸合状态。

电流另一路经R1向C1充电，使C1两端的电位上升。由于光敏电阻RG受光照时间较短，故不足以使C1的两端电位上升至VT2的导通电平，即对当前电路状态无影响。需要关闭被控设备时，只需用手电再照射RG时间稍长一些，使C1两端电压上升至0.7V左右时，VT2导通，VT3基极电位被下拉，导致VT3截止，继电器K释放断开，LED1也同时熄灭。

本实验电路所配继电器K是单组触点的，且触点用于电路自锁，故仅供用于学习电路工作原理之用。要实现对其他设备的控制，则继电器K应换成双组触点的，一组用于本电路的自锁，另一组来实现对被控设备的控制。

表 2-16-1 是光控点动开关电路的元件清单，图 2-16-2 是电路印板图，图 2-16-3 是所需元器件实物外观图，图 2-16-4 是电路板外观及尺寸图。扫描下页黄色二维码可以观看成品电路板的效果演示。

表 2-16-1　光控点动开关元件清单

元件名称	编号	参考数值	元件名称	编号	参考数值
电阻	R1	100kΩ	电解电容	C2	100μF
电阻	R2	4.7kΩ	发光二极管	LED1	红
电阻	R3	2kΩ	开关二极管	VD1、VD2	1N4148
电阻	R4	1kΩ	三极管 NPN	VT1 ～ VT3	9013
可变电阻	RP1	200kΩ（204）	继电器	K	线圈电压 5V
光敏电阻	RG	—	电源接线座	BT 6V	4 节 5 号电池
电解电容	C1	220μF			

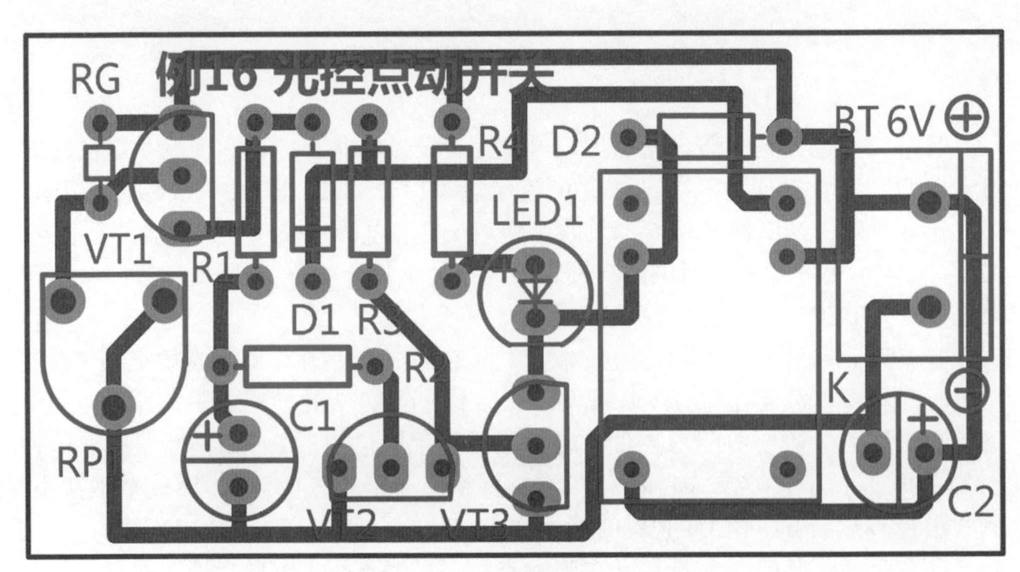

图 2-16-2　光控点动开关印板图

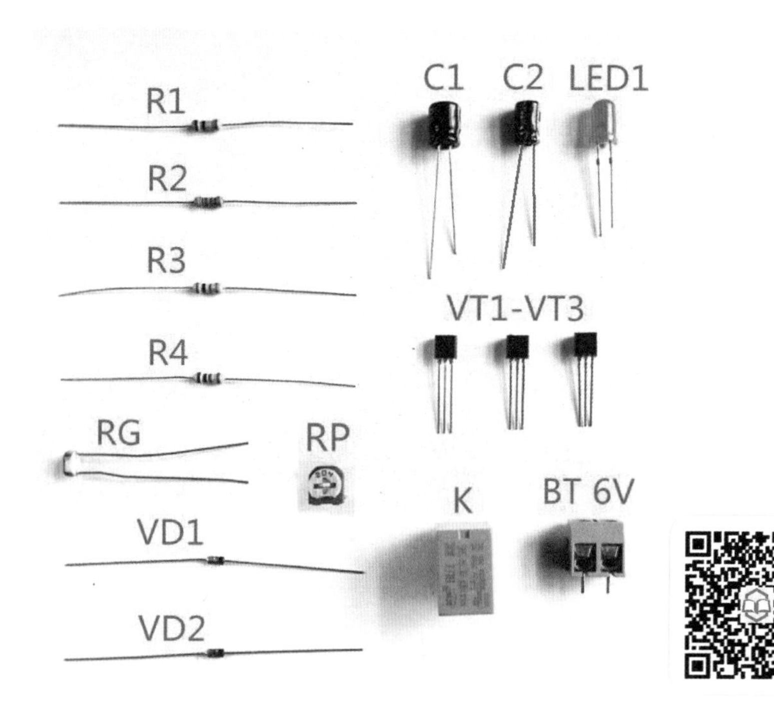

图 2-16-3　所需元器件

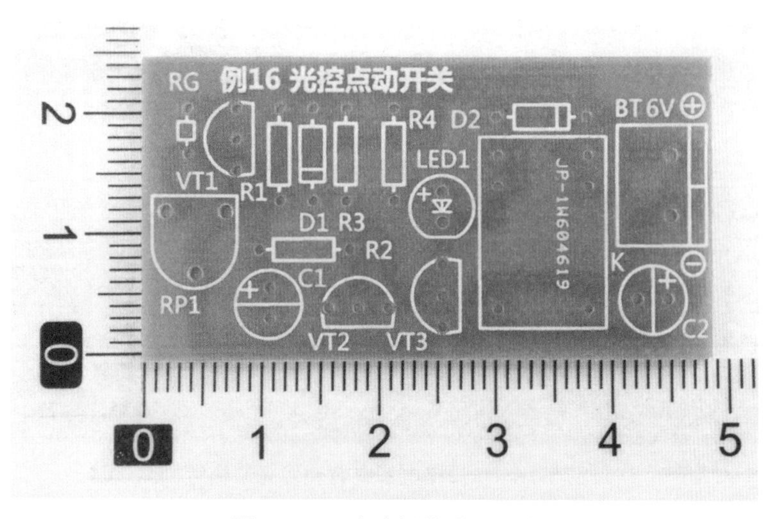

图 2-16-4　电路板外观及尺寸

焊装步骤 1：

对照元件清单，将 4 只电阻焊装在相应的位置，然后焊装 2 只二极管，如图 2-16-5 所示。

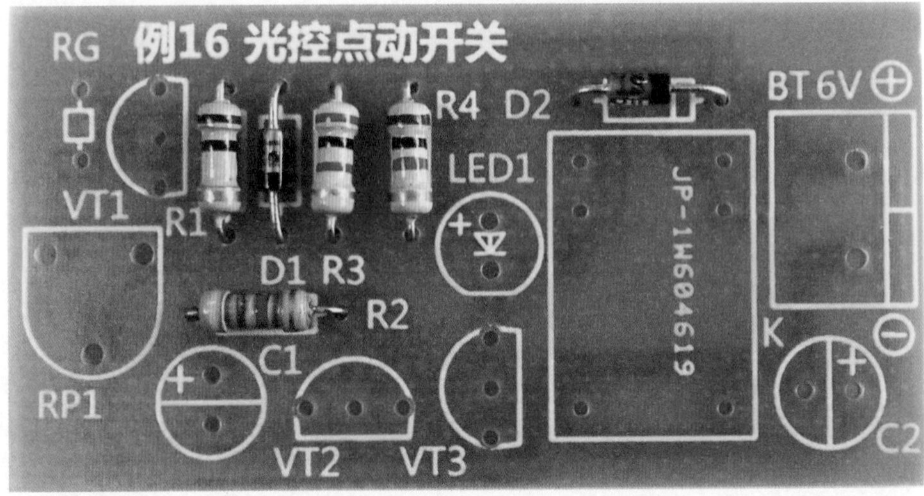

图 2-16-5　焊接电阻和 2 只二极管

焊装步骤 2：

焊接 2 只电解电容和 1 只发光二极管。如图 2-16-6 所示。

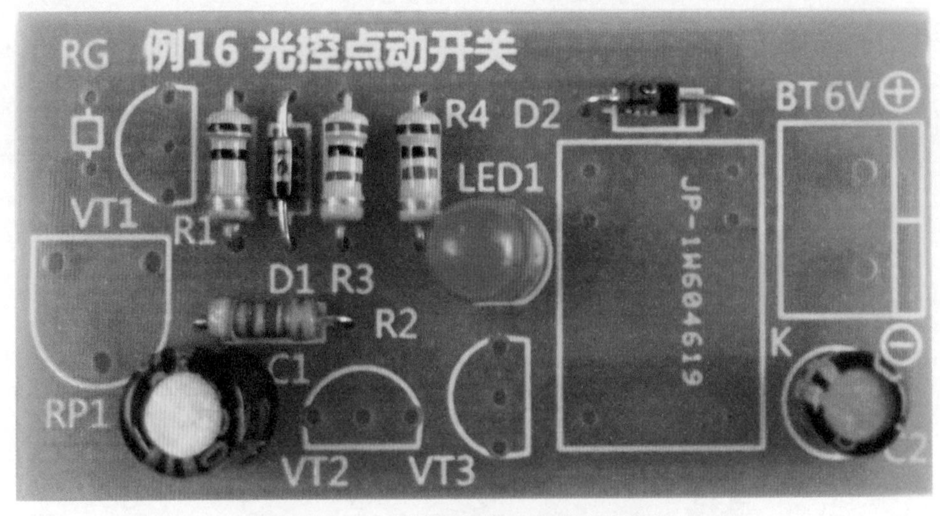

图 2-16-6　焊接电解电容和发光二极管

焊装步骤 3：

接下来将 3 只三极管焊好，均为 NPN 型的 9013 三极管，然后焊装可变电阻和光敏电阻。其中光敏电阻引脚可适当留长一点，方便后面的调试。如图 2-16-7 所示。

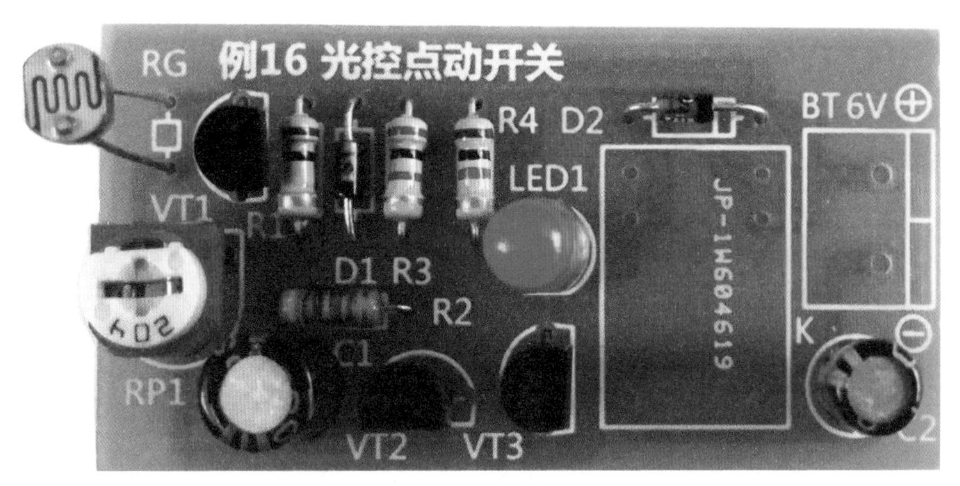

图 2-16-7　焊接三极管、可变电阻、光敏电阻

焊装步骤 4：

最后将继电器和电源接线座焊好，如图 2-16-8 所示。

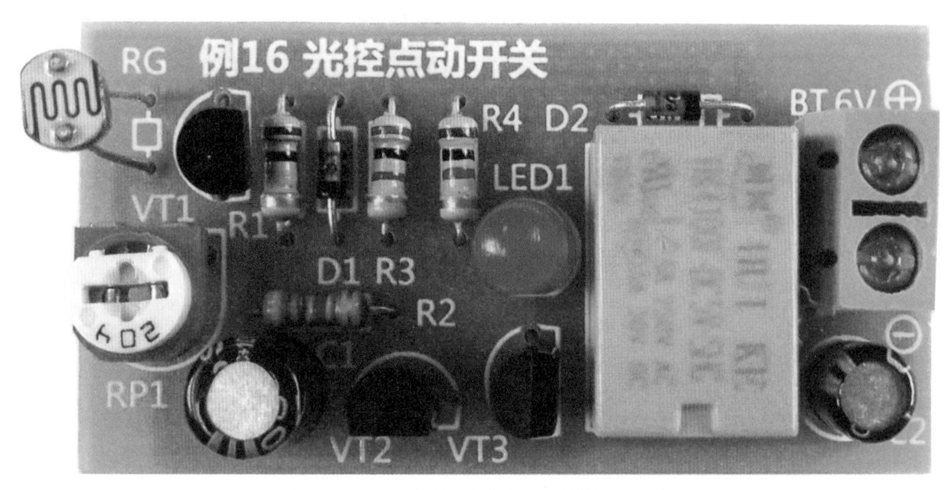

图 2-16-8　焊接继电器和电源接线座

全部元器件焊装完毕并仔细检查无误后，即可接通电源进行测试。先用一个黑色不透光的笔帽完全套在光敏电阻上，此时继电器不动作，LED1 熄灭。然后将笔帽迅速移开，此时继电器吸合，LED1 点亮，再将笔帽立即套回光敏电阻上，此时继电器将维持吸合状态，LED1 始终点亮，实现“点照”开机。之后再将笔帽移开，略延迟一会，继电器将会断开，LED1 熄灭，实现“点照”关机。由此可验证电路工作正常。

实际使用时可以在光敏电阻上套一节黑色热缩管或黑色不透光的胶布，顶端留 1cm 左右长度，并留口，底部尽量封严，避免漏光，使用手电来照射光敏电阻，“开”时照射时间要短，“关”时照射时间稍长一点即可。调整 RP1 可根据照射光线强度大小来调整光控的动作灵敏度。

装配好的电路板成品效果如图 2-16-9 所示。

图 2-16-9　成品效果演示

例 17　红外线遮挡开关

制作难度：★★★中等

原理简介：

这是一个利用物体遮挡来实现开关的电路。电路原理图如图 2-17-1 所示。

R1 和 VD1 组成一个红外发射电路，VD2 用于接收 VD1 发出的红外信号。VD2 工作在反向偏压状态，当 VD2 接收到红外信号时，趋于导通，两端电压降减小，VT1 的基极电压升高，大于 0.7V 时，NPN 型的三极管 VT1 导通，其集电极电压变为低电平，VT2 的基极也同时变为低电平，PNP 型的三极管 VT2 导通，电源经 VD3 向 C2 充电，C2 很快充满电，则此时 VT3 的基极也呈现高电平，NPN 型的三极管 VT3 导通，继电器 K 吸合，它的常开触点闭合，LED 点亮。

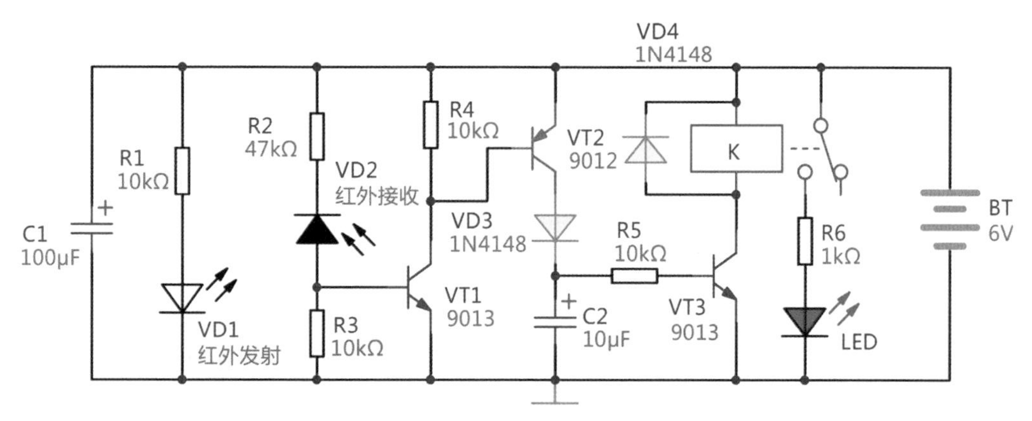

图 2-17-1 红外线遮挡开关原理图

当用不透光的物体遮挡在 VD1 与 VD2 之间时，VD2 将无法收到 VD1 发出的红外信号，趋于截止，两端电压升高，导致 VT1 基极电压降低，VT1 截止，同时 VT2 也截止，此时由于 C2 存有一定的电荷，并通过 R5 向 VT3 基极放电，能继续维持 VT3 导通。随着 C2 放电，当 VT3 的基极低于 0.7V 时，VT3 也截止，继电器 K 断开，LED 熄灭，从而完成一次遮挡关闭的动作。C2 在电路中起到延时关闭的作用，目的是为了防止杂波干扰，避免继电器抖动。当移开遮挡物时，电路重复上述工作过程，继电器 K 再次吸合，LED 重新点亮。

表 2-17-1 是红外线遮挡开关的元件清单，图 2-17-2 是电路印板图，图 2-17-3 是所需元器件实物外观图，图 2-17-4 是电路板外观及尺寸图。扫描下页黄色二维码可以观看成品电路板的效果演示。

思考题

电路中 R1 的取值较大，这会导致红外发射管发出的信号较弱，这是为什么？参考解答请查阅本书附录。

表 2-17-1 红外线遮挡开关元件清单

元件名称	编号	参考数值	元件名称	编号	参考数值
电阻	R1、R3、R4、R5	10kΩ	电解电容	C2	10μF
电阻	R2	47kΩ	发光二极管	LED	红
电阻	R6	1kΩ	红外发射二极管	VD1	—
电解电容	C1	100μF	红外接收二极管	VD2	—

续表

元件名称	编号	参考数值	元件名称	编号	参考数值
开关二极管	VD3、VD4	1N4148	继电器	K	线圈电压 5V
三极管 NPN	VT1、VT3	9013	电源接线座	BT 6V	4 节 5 号电池
三极管 PNP	VT2	9012			

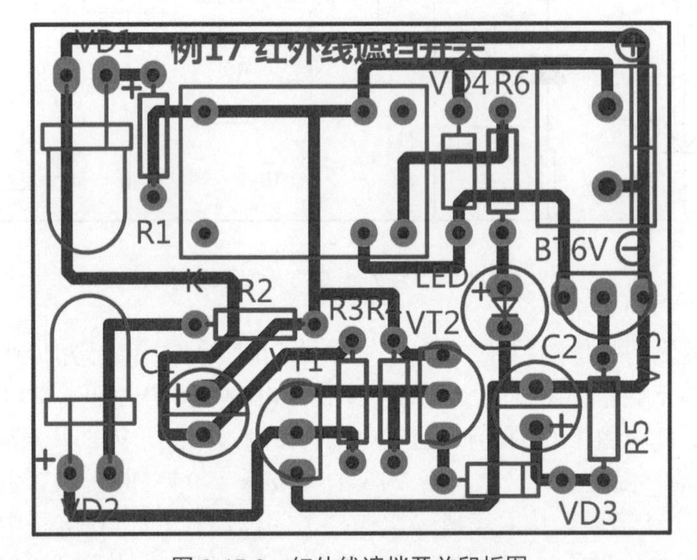

图 2-17-2 红外线遮挡开关印板图

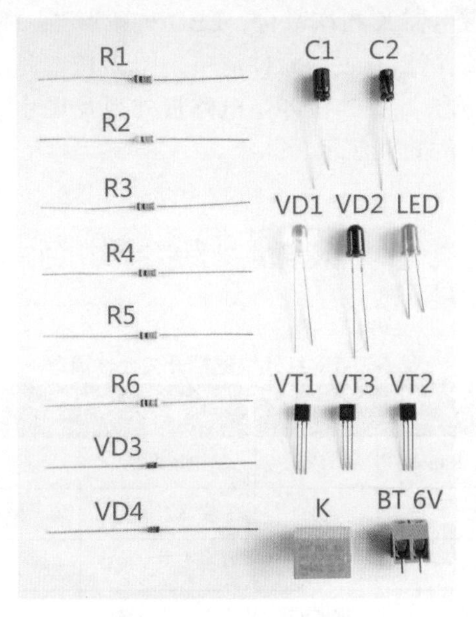

图 2-17-3 所需元器件

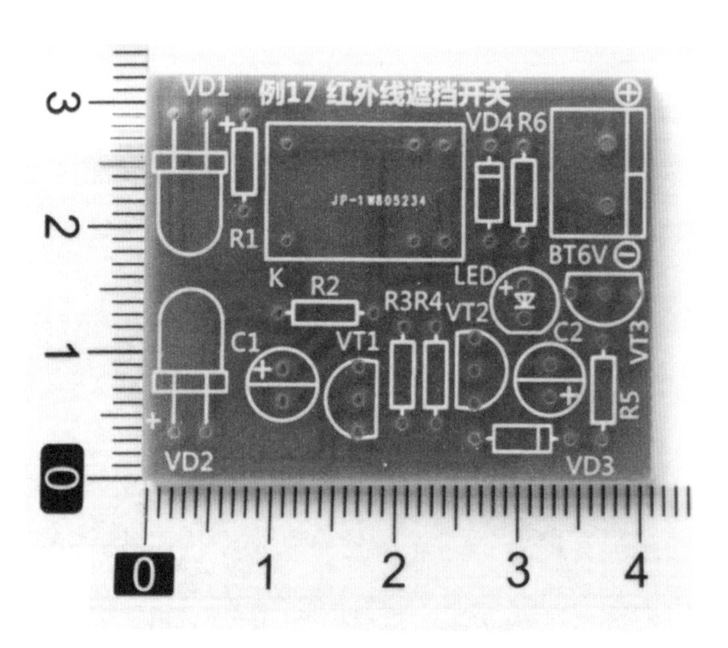

图 2-17-4　电路板外观及尺寸

焊装步骤 1：

对照元件清单，将 6 只电阻焊装在相应的位置，然后焊装 2 只二极管，如图 2-17-5 所示。

图 2-17-5　焊接电阻和二极管

焊装步骤 2：

焊接 2 只电解电容和 1 只发光二极管。如图 2-17-6 所示。

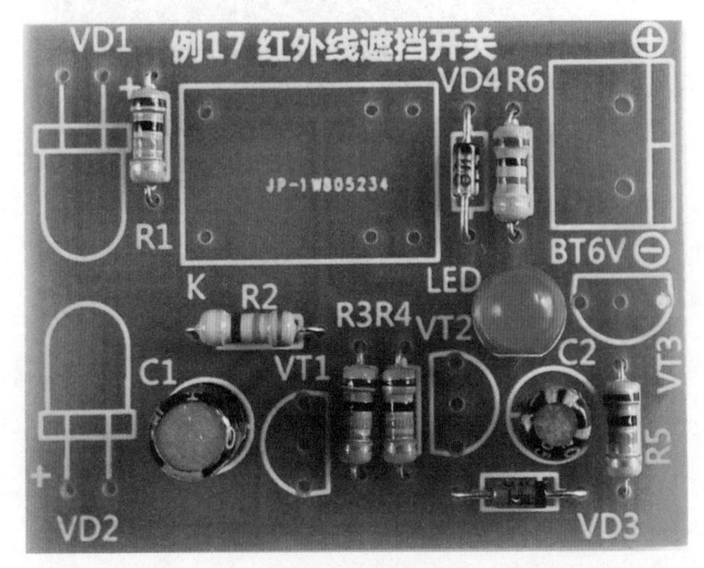

图 2-17-6　焊接电解电容和发光二极管

焊装步骤 3：

将 3 只三极管焊好，VT1、VT3 为 NPN 型的 9013 三极管，VT2 为 PNP 型的 9012 三极管。如图 2-17-7 所示。

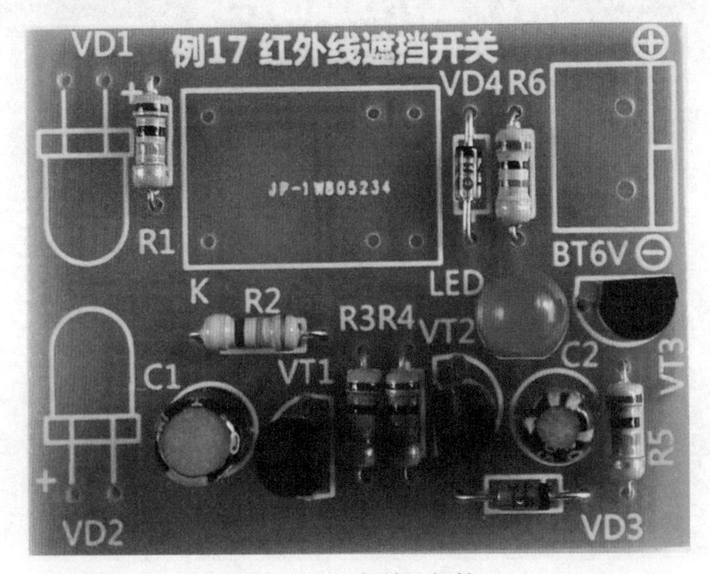

图 2-17-7　焊接三极管

焊装步骤 **4**：

按照印板字符的极性标注方向，先将红外发射管和接收管的引脚弯成 90º，再焊装在印板上。注意长引脚是正极，两个管子之间距离大约为 5mm，如图 2-17-8 所示。

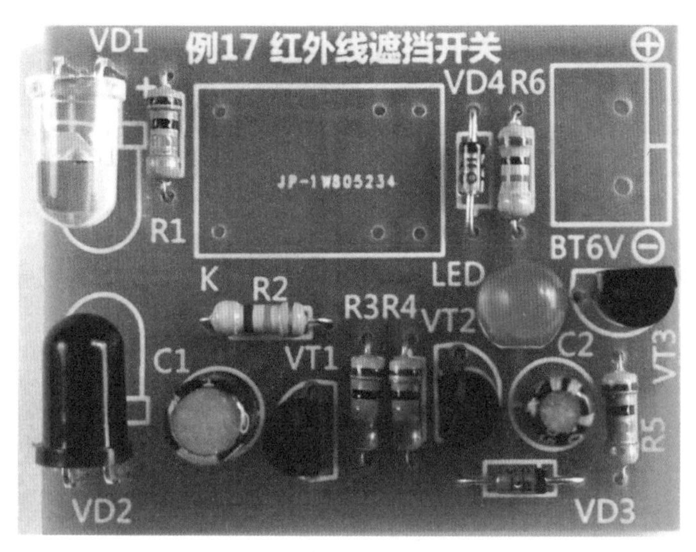

图 **2-17-8**　焊接红外发射管和接收管

焊装步骤 **5**：

最后焊接继电器和电源接线座，如图 2-17-9 所示。

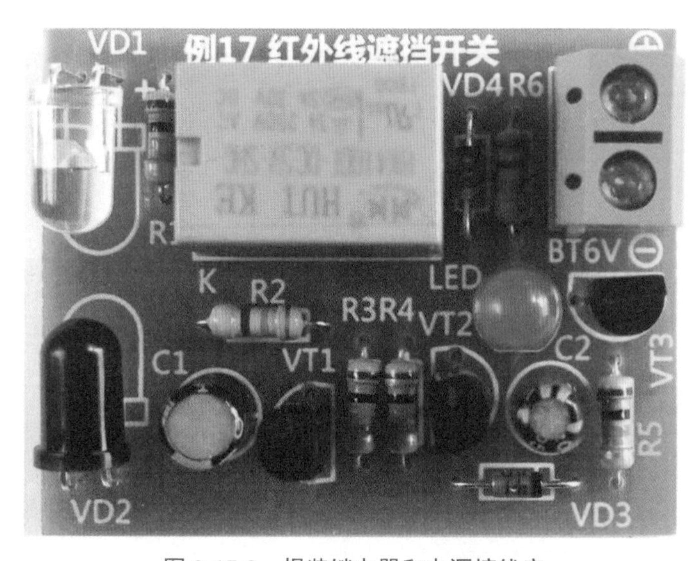

图 **2-17-9**　焊装继电器和电源接线座

为避免外界阳光对红外接收二极管造成干扰，最好用黑色胶布将红外接收二极管的管身包上，仅保留前端开口，用于接收红外发射管的信号。即便这样，也还是要尽量避免在阳光充足的环境中调试。

仔细检查无误后，即可通电。刚接通电源时，红外接收管可以直接受到发射管发出的信号，继电器吸合，红色 LED 点亮，如图 2-17-10 所示。

图 2-17-10　成品效果演示 1

使用完全不透光的遮挡物，放在发射和接收管之间，可以看到，继电器将会断开，LED 熄灭，如图 2-17-11 所示。移开遮挡物，继电器会重新吸合。如果发现电路不能可靠关断，首先要考虑周边阳光的光线影响，尽量远离外界光线，且遮挡物必须使用完全不透光的物品，本例实验中就选用了 1mm 厚的黑色胶皮垫作为遮挡物。普通纸张等会因透光而导致电路工作不正常。

图 2-17-11　成品效果演示 2

例 18　时间继电器

制作难度：★★比较简单

原理简介：

这是一个可以实现延时关断的开关电路。电路原理图如图 2-18-1 所示。

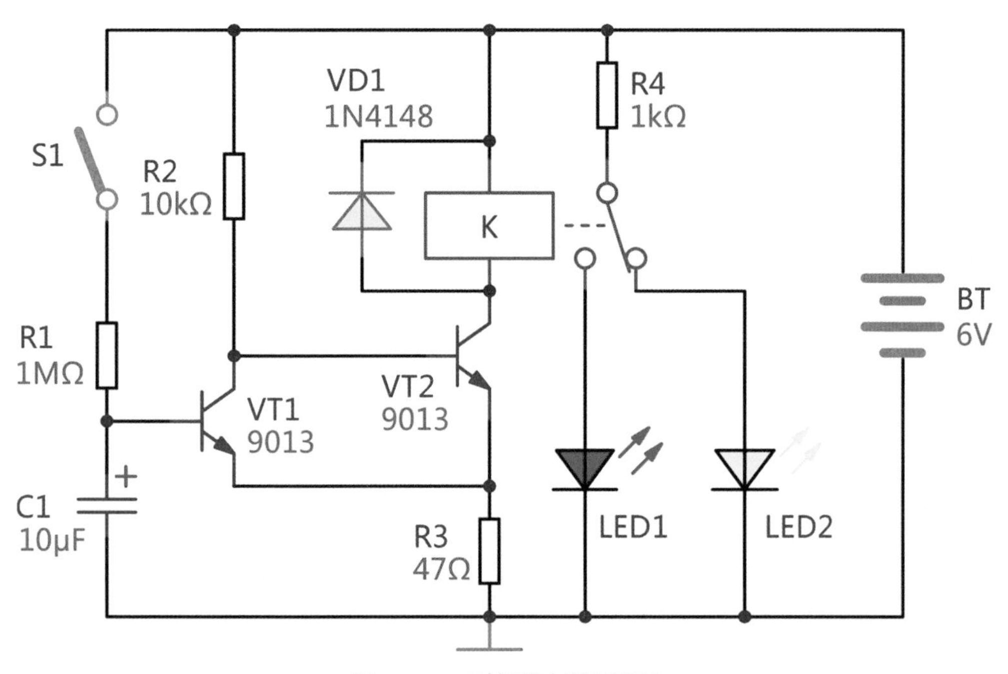

图 2-18-1　时间继电器原理图

电路中 VT1、VT2 及 R1、C1 等组成延时关机电路。刚接通电源时，R2 为 VT2 基极提供了高电平，VT2 导通，继电器 K 吸合，红色的 LED1 点亮，黄色 LED2 熄灭。当开关 S1 闭合时，电源通过 R1 向 C1 充电，随着时间推移，C1 两端电压逐渐升高，也就是 VT1 基极电压逐渐升高，一段时间后，VT1 开始导通，VT1 的集电极变为低电平，VT2 的基极也变为低电平，VT2 截止，继电器断开，红色 LED1 熄灭，黄色 LED2 点亮，完成一次延时关机过程。R3 是 VT1 和 VT2 共用的发射极电阻，在电路中起到正反馈的作用，有助于 VT2 的迅速关断。电路再次工作时，需断电，再重新上电，重复上述操作过程。如需增、减延时时间，可调整 R1 或 C1 的参数值，增加 R1 阻值或 C1 电容值，可增加延迟时间，反之则缩短延迟时间。

表 2-18-1 是时间继电器电路的元件清单，图 2-18-2 是电路印板图，图 2-18-3

是所需元器件实物外观图，图 2-18-4 是电路板外观及尺寸图。扫描下页黄色二维码可以观看成品电路板的效果演示。

表 2-18-1　时间继电器元件清单

元件名称	编号	参考数值	元件名称	编号	参考数值
电阻	R1	1MΩ	发光二极管	LED2	黄
电阻	R2	10kΩ	开关二极管	VD1	1N4148
电阻	R3	47Ω	三极管 NPN	VT1、VT2	9013
电阻	R4	1kΩ	拨动开关	S1	—
电解电容	C1	10μF	继电器	K	线圈电压 5V
发光二极管	LED1	红	电源接线座	BT 6V	4 节 5 号电池

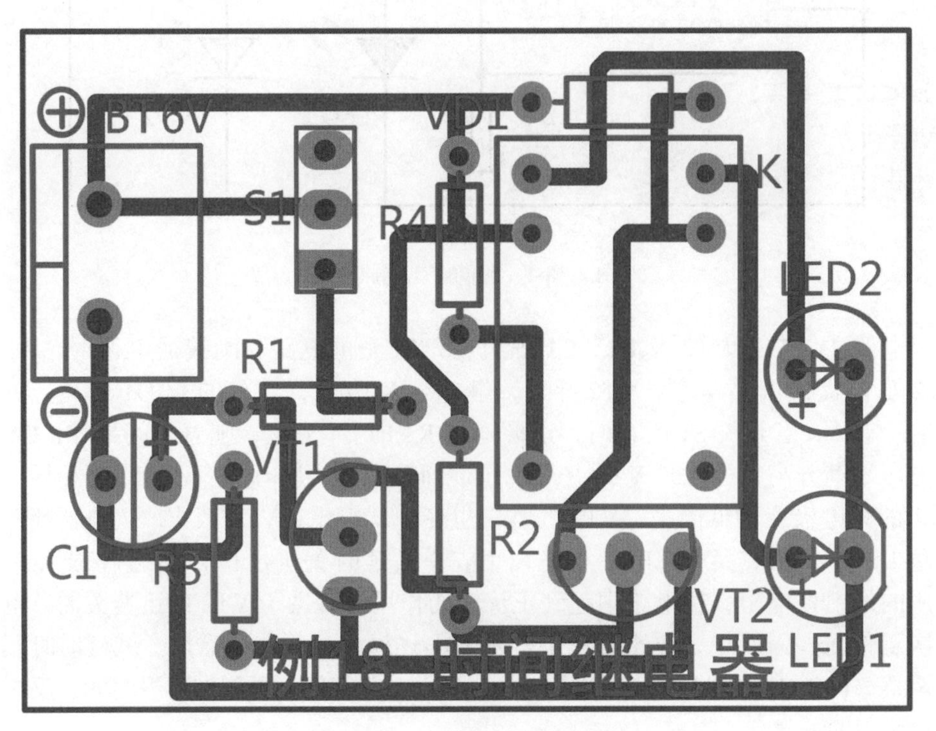

图 2-18-2　时间继电器印板图

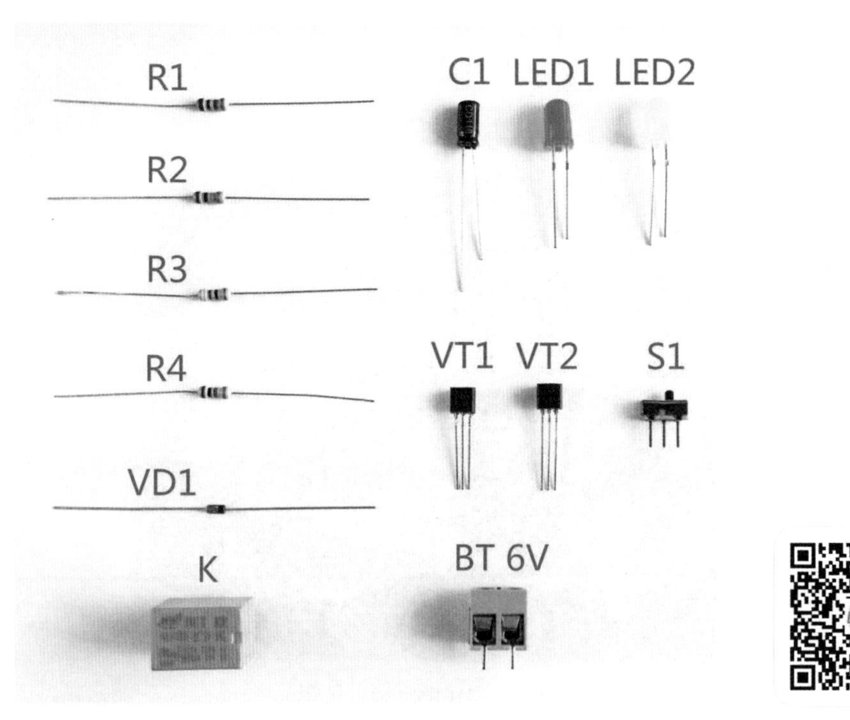

图 2-18-3　所需元器件

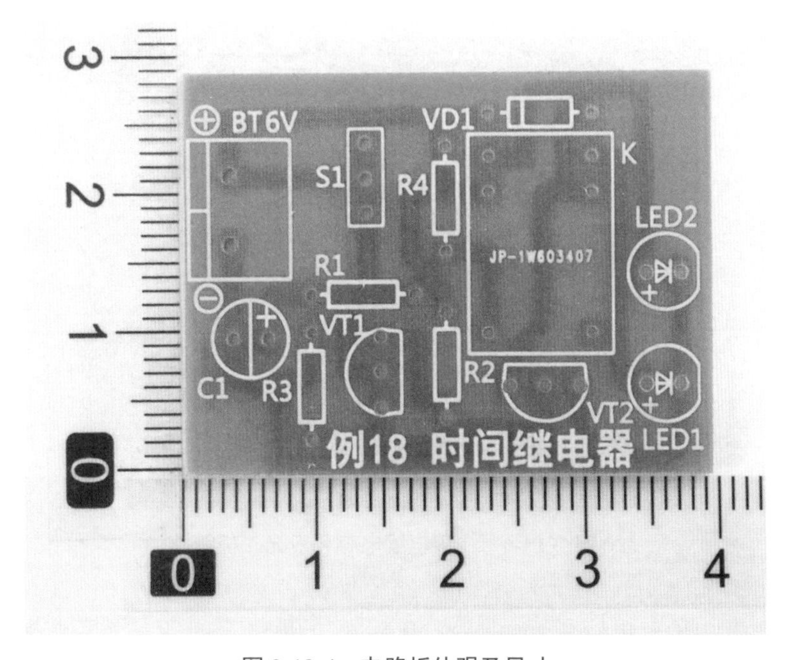

图 2-18-4　电路板外观及尺寸

焊装步骤 1：

对照元件清单，将 4 只电阻焊装在相应的位置，然后焊装 1 只二极管，如图 2-18-5 所示。

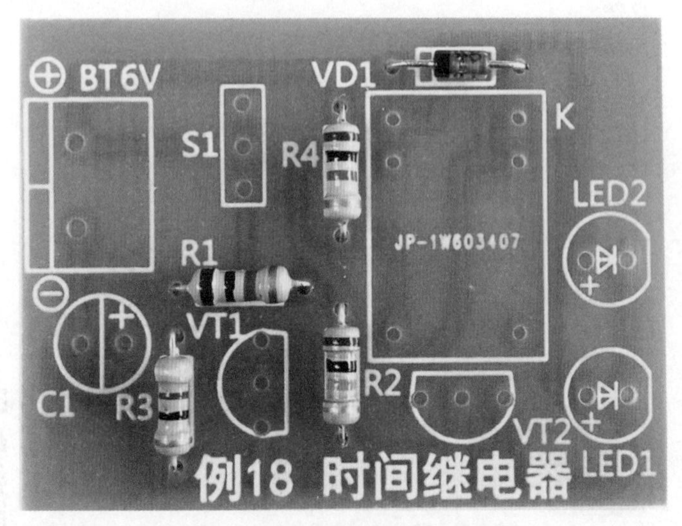

图 2-18-5　焊接电阻和二极管

焊装步骤 2：

焊接 1 只电解电容和 2 只发光二极管。如图 2-18-6 所示。

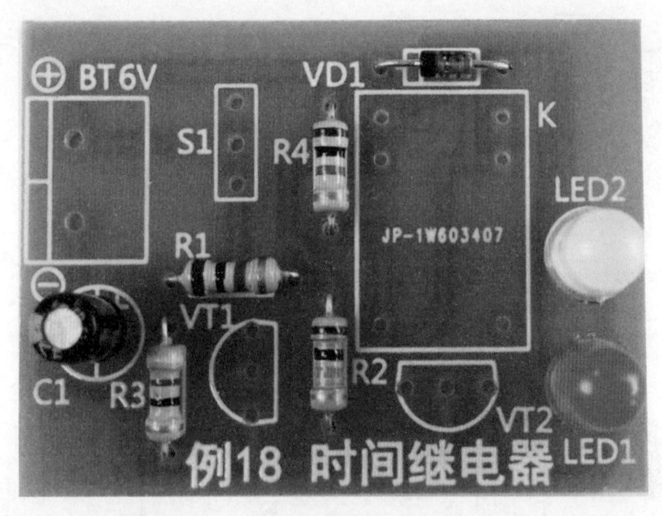

图 2-18-6　焊接电解电容和发光二极管

焊装步骤 3：

接下来将 2 只三极管焊好，均为 NPN 型的 9013 三极管，然后焊装继电器、拨动开关和电源接线座。如图 2-18-7 所示。

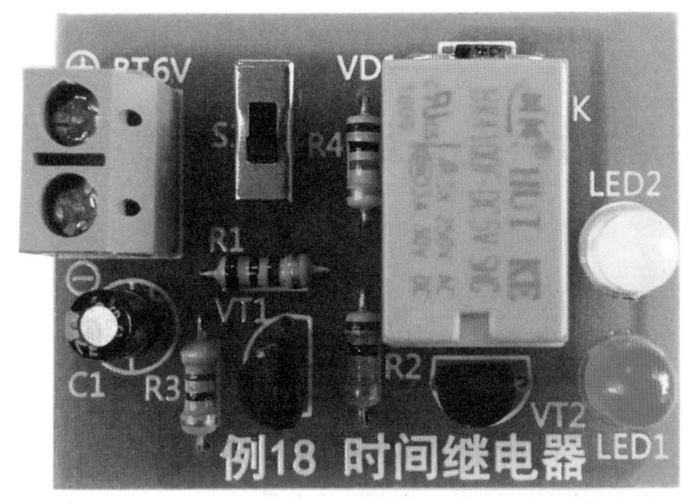

图 2-18-7　焊接三极管、继电器、拨动开关和电源接线座

仔细检查无误后，先将 S1 拨动开关拨至上方，即断开状态，然后接通电源，此时继电器吸合，红色 LED1 点亮，黄色 LED2 熄灭。将 S1 拨至下方，即接通状态，延迟几秒后，继电器断开，红色 LED1 熄灭，黄色 LED2 点亮，完成一次延时关机过程。再次使用时，需断电，即卸下一节电池，然后重新上电，再次重复上述操作。

装配好的电路板成品效果如图 2-18-8 所示。

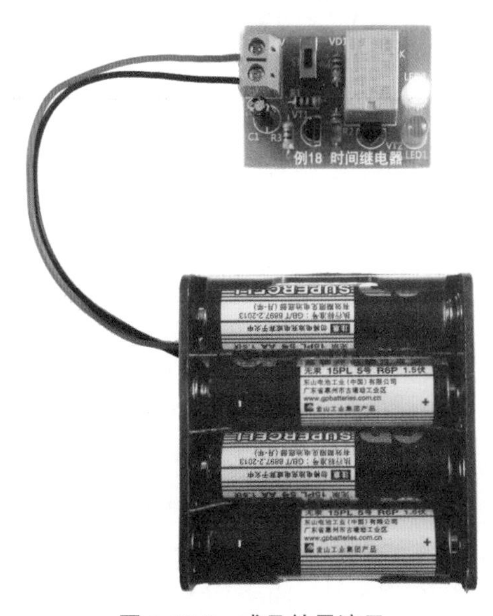

图 2-18-8　成品效果演示

无线发射接收类电子制作

例 19 简易红外遥控器发射器 *

制作难度：★★比较简单

原理简介：

这是一款简易的红外发射器，电路原理图如图 2-19-1 所示。它可以与下一个例子所介绍的红外接收器组成一对遥控开关。

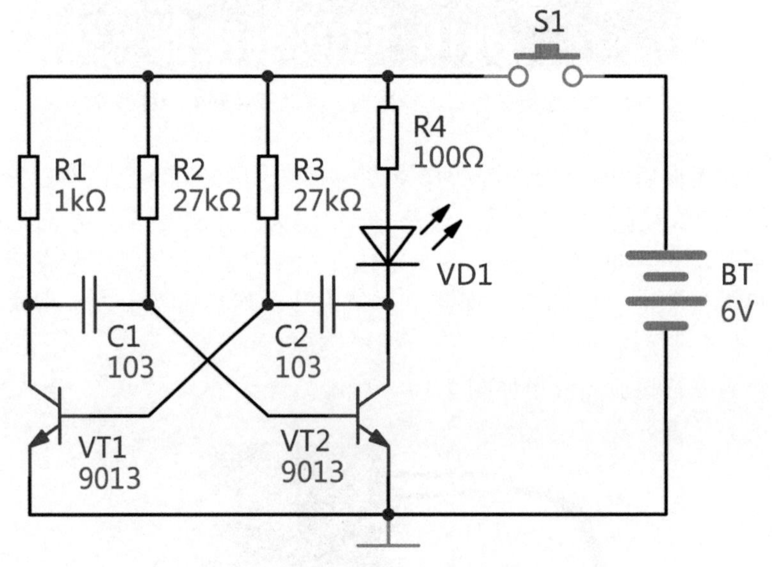

图 2-19-1 简易红外遥控器发射器原理图

从原理图中不难看出，本电路的性质与例 1 相似，所不同之处，一是本电路中的电容 C1、C2 容量取值较小，因此电路的振荡频率较高，从而使红外发射管 VD1 发出的是有一定频率的信号。二是在电路只在右侧使用了 1 只红外发射管 VD1，左侧只连接了电阻 R1，当然这并不影响电路的工作状态。有关电路工作过程部分可对比参考例 1 中的描述，这里不再赘述。

参考例 1 中的公式，本电路的振荡频率为 $f=1/(1.4RC)$，即：

$$f=1/(1.4\times 27000\Omega\times 0.00000001\text{F})=2646\text{Hz}$$

表 2-19-1 是简易红外遥控器发射器电路的元件清单，图 2-19-2 是电路印板图，图 2-19-3 是所需元器件实物外观图，图 2-19-4 是电路板外观及尺寸图。扫描下页蓝色二维码可以观看本电路的详细制作过程。

表 2-19-1　简易红外遥控器发射器元件清单

元件名称	编号	参考数值	元件名称	编号	参考数值
电阻	R1	1kΩ	红外发射二极管	VD1	—
电阻	R2、R3	27kΩ	三极管 NPN	VT1、VT2	9013
电阻	R4	100Ω	微动开关	S1	—
瓷片电容	C1、C2	103（0.01μF）	电源接线座	BT 6V	4 节 5 号电池

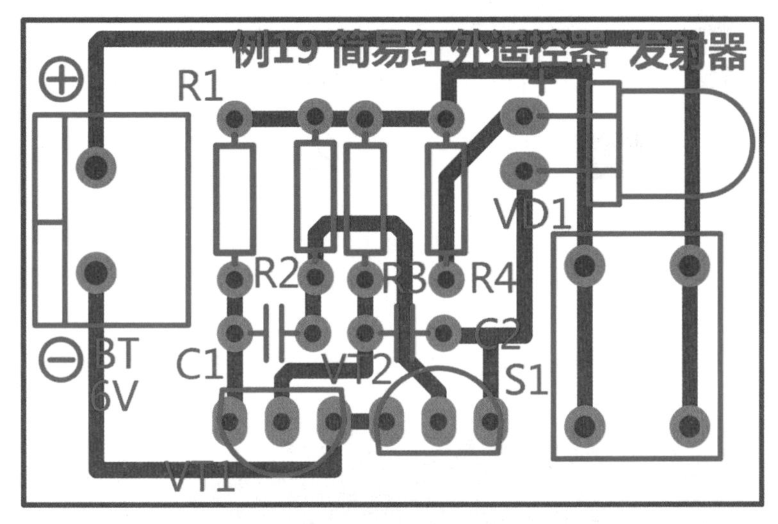

图 2-19-2　简易红外遥控器发射器印板图

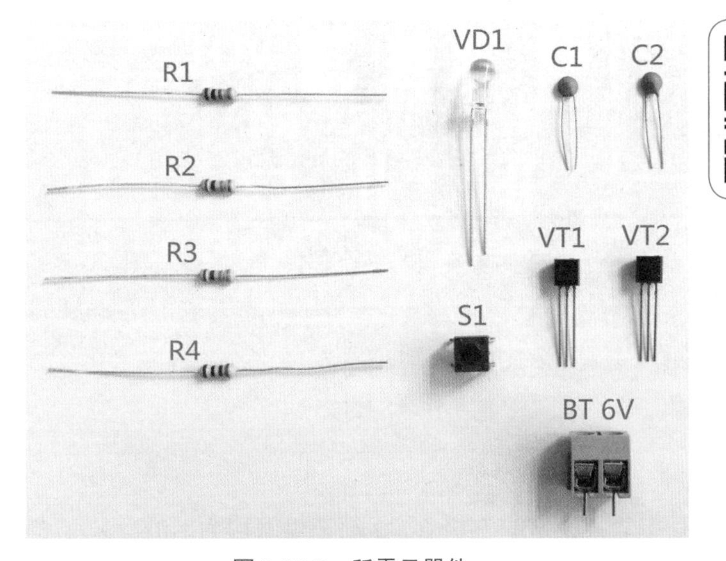

图 2-19-3　所需元器件

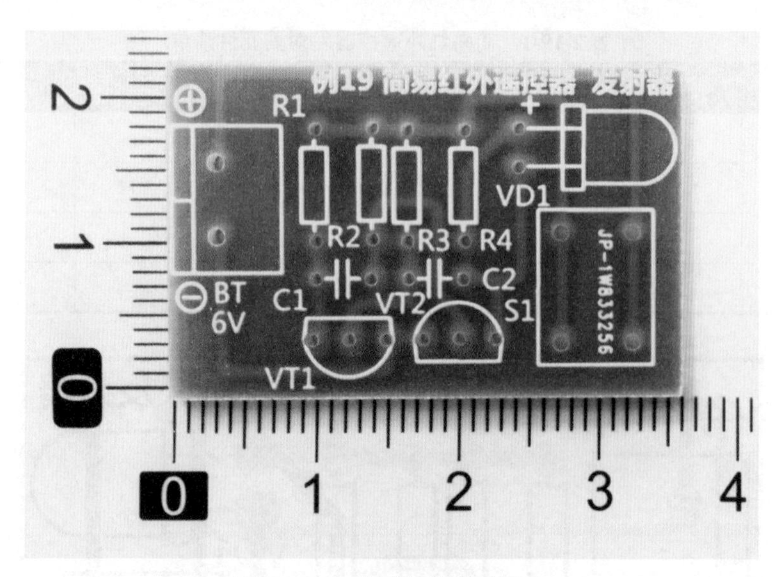

图 2-19-4　电路板外观及尺寸

焊装步骤 1：

对照元件清单，将 4 只电阻焊装在相应的位置，如图 2-19-5 所示。

图 2-19-5　焊接电阻

焊装步骤 2：

焊接 2 只瓷片电容以及 2 只三极管，2 只三极管均为 NPN 型 9013 三极管。如图 2-19-6 所示。

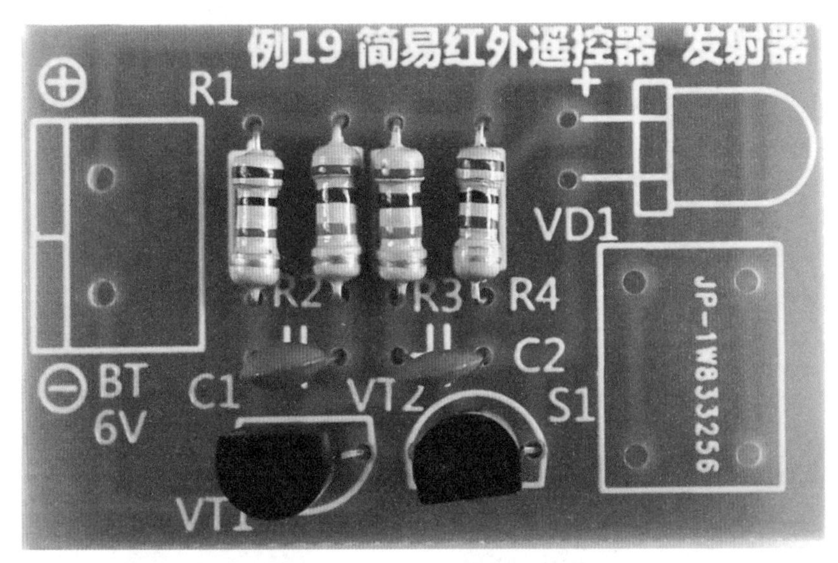

图 2-19-6　焊接瓷片电容和三极管

焊装步骤 3：

焊接微动开关和红外发射管，其中红外发射管引脚弯成 90º 后再焊接在印板上，其长引脚是正极。最后焊接电源接线座。如图 2-19-7 所示。

图 2-19-7　焊接微动开关、红外发射管和电源接线座

仔细检查无误后，接下来的测试可配合例 20 的接收板来进行。也可以找一个中波 AM 收音机，将电路板的红外发射管贴近收音机的磁棒天线位置，调整收音机调台旋钮至无广播的位置，按下微动开关，收音机的扬声器中会发出“滋滋”的鸣叫声，松开微动开关，“滋滋”声音消失，则说明电路板工作正常。

装配好的电路板成品效果如图 2-19-8 所示。

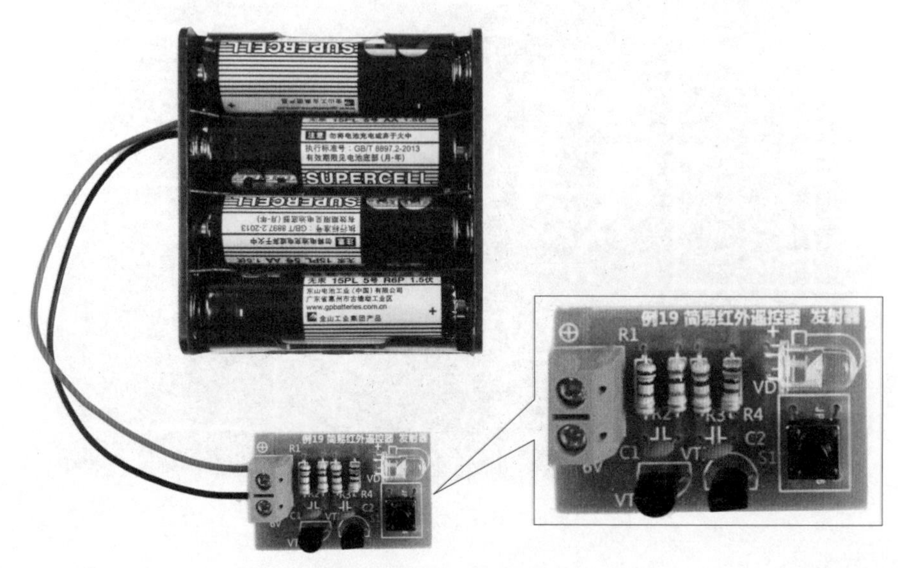

图 2-19-8 成品效果演示

例 20 简易红外遥控器接收器 *

制作难度：★★★中等

原理简介：

这个电路是与例 19 电路配套的简易红外遥控器的接收器，电路原理图如图 2-20-1 所示。

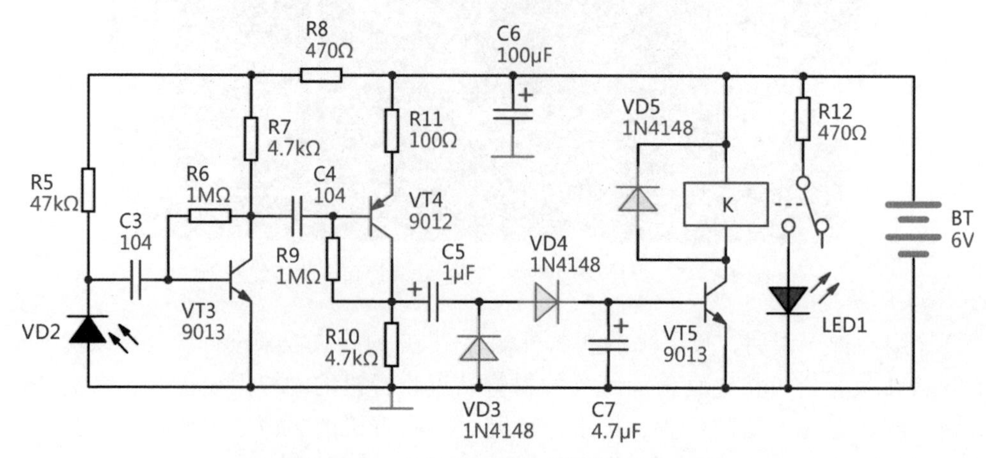

图 2-20-1 简易红外遥控器接收器原理图

VD2 是红外接收管，工作在反向偏置状态，当它接收到发射器发出的信号时，产生的脉冲经 C3 送到 VT3、R6、R7 等组成放大电路进行放大，放大后的信号再经 C4 送入 VT4、R9、R11 等组成的第二级放大电路，其输出信号经 C5 后，送至 VD3、VD4 整流，C7 平滑后加载到 VT5 的基极，由 VT5 驱动继电器动作，继电器的常开触点闭合，LED1 点亮。当红外发射信号消失时，继电器松开，LED1 熄灭。因此这是一个简单的非自锁遥控开关电路。

表 2-20-1 是简易红外遥控器接收器电路的元件清单，元件编号延续了例 19 的发射器电路。图 2-20-2 是电路印板图，图 2-20-3 是所需元器件实物外观图，图 2-20-4 是电路板外观及尺寸图。扫描蓝色二维码可以观看本电路的详细制作过程。

思考题

从电路原理上看，这个红外接收电路仅是对红外信号进行了放大，并没有选频分辨功能。如果我们使用普通电视机、空调器的红外遥控器，能让这个开关电路动作吗？参考解答可查阅本书的附录。

表 2-20-1　简易红外遥控器接收器元件清单

元件名称	编号	参考数值	元件名称	编号	参考数值
电阻	R5	47kΩ	电解电容	C7	4.7μF
电阻	R6、R9	1MΩ	开关二极管	VD3 ～ VD5	1N4148
电阻	R7、R10	4.7kΩ	红外接收管	VD2	—
电阻	R8、R12	470Ω	发光二极管	LED1	绿
电阻	R11	100Ω	三极管 NPN	VT3、VT5	9013
瓷片电容	C3、C4	104（0.1μF）	三极管 PNP	VT4	9012
电解电容	C5	1μF	继电器	K	线圈电压 5V
电解电容	C6	100μF	电源接线座	BT 6V	4 节 5 号电池

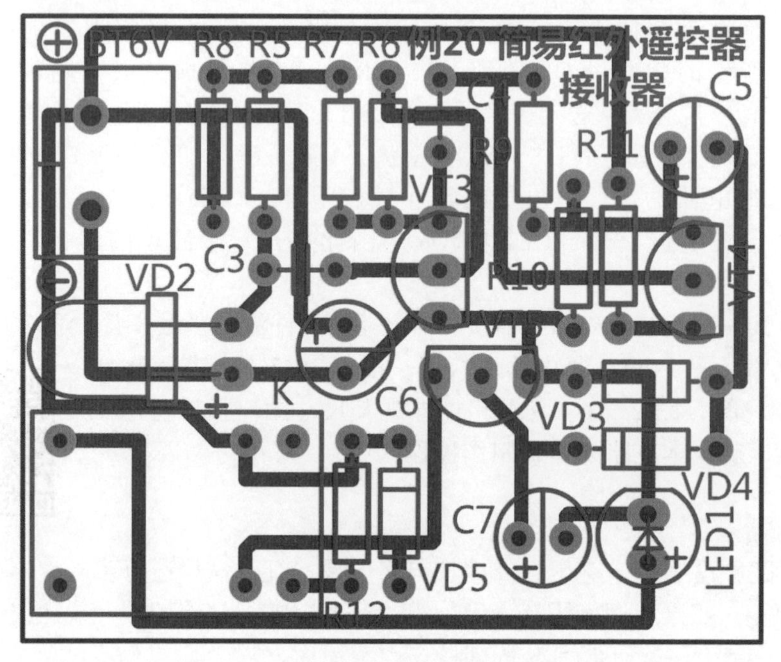

图 2-20-2　简易红外遥控器接收器印板图

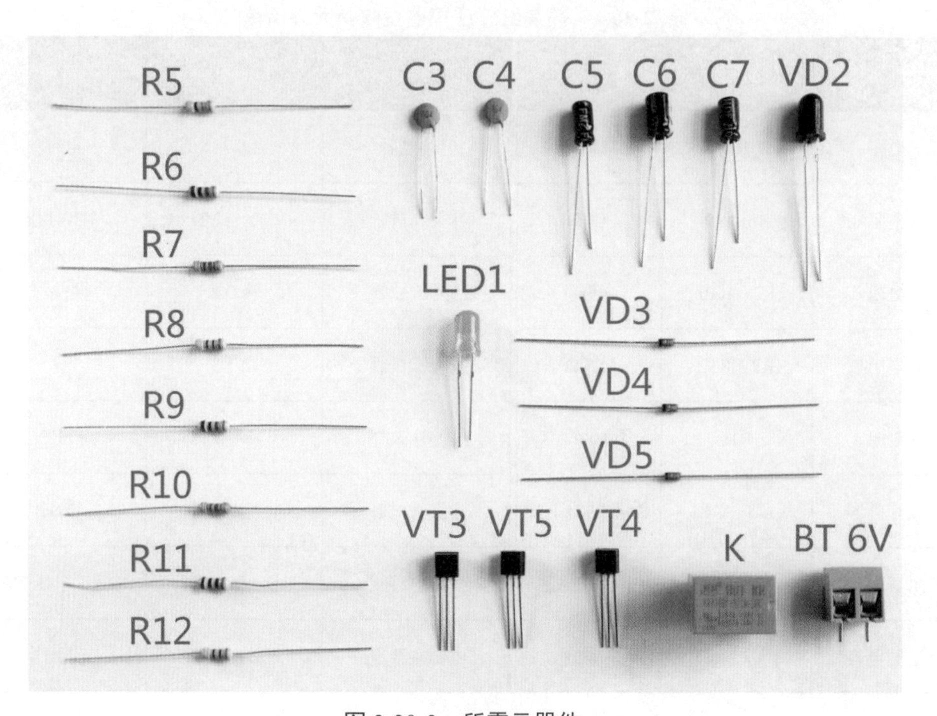

图 2-20-3　所需元器件

图 2-20-4　电路板外观及尺寸

焊装步骤 1：

对照元件清单，将 8 只电阻焊装在相应的位置，然后焊装 3 只二极管，如图 2-20-5 所示。

图 2-20-5　焊接电阻和二极管

焊装步骤 2：

焊接 2 只瓷片电容和 3 只电解电容。如图 2-20-6 所示。

图 2-20-6 焊接瓷片电容和电解电容

焊装步骤 3：

接下来将 3 只三极管焊好，其中 VT3、VT5 是 NPN 型 9013 三极管，VT4 是 PNP 型 9012 三极管。然后将红外接收管引脚弯成 90°，其中长引脚是正极，按照印板字符标注的极性，焊装在印板上。之后焊装 LED。如图 2-20-7 所示。

图 2-20-7 焊接三极管、红外接收管和 LED

焊装步骤 4：

最后焊接继电器和电源接线座，如图 2-20-8 所示。

图 2-20-8　焊装继电器和电源接线座

仔细检查无误后，可分别将接收板和发射板接通电源，将发射板的红外发射管对准接收板上的红外接收管，按下发射板上的微动开关，接收板上的继电器就会吸合，LED 点亮，松开微动开关，继电器松开，LED 熄灭。逐步拉开距离测试，并将红外发射管始终对准红外接收管，一般可以在 3 ～ 5m 距离内实现遥控开关。

装配好的电路板成品效果如图 2-20-9 所示。

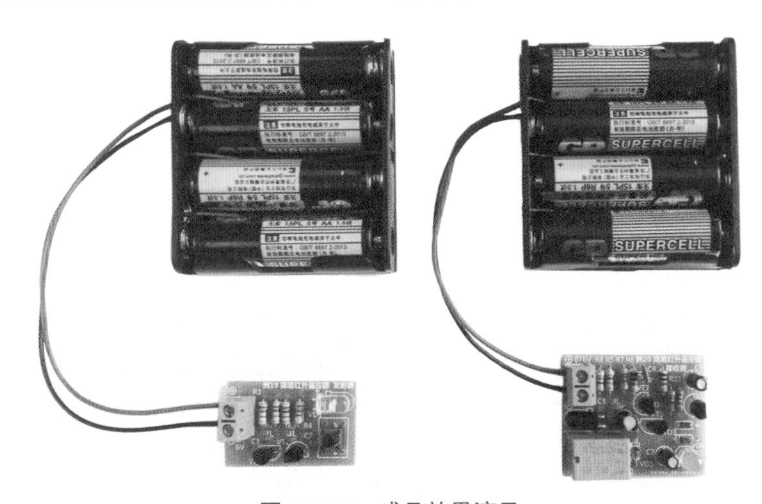

图 2-20-9　成品效果演示

例 21 无线话筒 *

制作难度：★★比较简单

原理简介：

这是一个比较典型的调频无线话筒电路，电路原理图如图 2-21-1 所示。

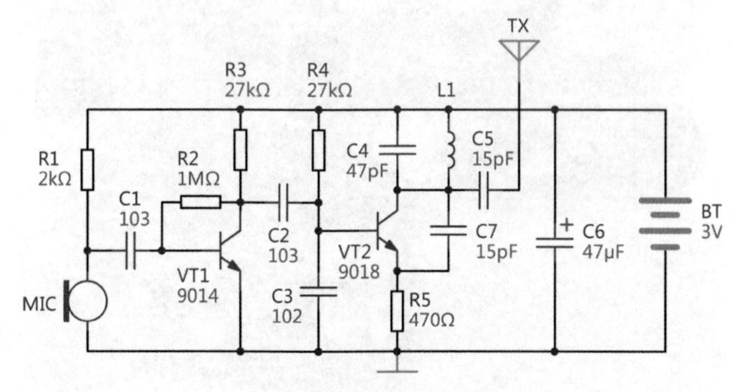

图 2-21-1 无线话筒原理图

电路由音频放大和高频振荡两部分组成。VT1 和 R2、R3 等组成音频放大电路，话筒 MIC 将收集到的声音经 C1 送到 VT1 进行放大，放大后的信号经 C2 送到高频振荡电路部分。VT2、C4、L1、C7 等组成典型的电容三点式振荡器，其中振荡线圈 L1 和电容 C4 决定了高频振荡电路的工作频率。当 C2 送来的音频信号耦合到 VT2 的基极时，改变了振荡器的频率，从而实现了调频方式的调制。调制后的信号经 C5 送至天线 TX，向外发射无线信号。VT2 的工作频率一般在 88 ～ 108MHz，也就是调频广播的频率，因此使用普通调频收音机即可接收到这个无线话筒发出的信号。L1 用 ϕ0.69mm 漆包线在 ϕ4mm 的圆棒上绕 3 圈，即 3T。天线 TX 可使用 0.5m 细电线代替。电路初装好后工作频率大约在 100MHz 左右。VT1 选用的是 9014，具有较高放大倍数和较低的噪声，适合用作音频放大。VT2 选用 9018，具有较高的工作频率，适用于高频电路振荡。

> 关于调制与解调：
>
> 调制是把低频信号加到高频载波上的过程，通常用于发射电路。如果做个比喻，低频就好比是货物，高频是卡车，把货物装上卡车的过程就相当于调制。本电路中的货物就是语音信号，卡车就是高频振荡器，卡车将货物运输出去。
>
> 解调就是把高频载波上的低频信号提取出来的过程。相当于把卡车上的货物卸车的过程。通常用于接收电路，普通收音机里就必不可少的有解调电路。

表 2-21-1 是无线话筒电路的元件清单，图 2-21-2 是电路印板图，图 2-21-3 是所需元器件实物外观图，图 2-21-4 是电路板外观及尺寸图。扫描下页蓝色二维码可以观看本电路的详细制作过程。

思考题

在电路装配调试完成后，如果我们将空芯线圈 L1 稍微拉松一点，会有什么现象发生？参考解答可查阅本书的附录。

表 2-21-1　无线话筒元件清单

元件名称	编号	参考数值	元件名称	编号	参考数值
电阻	R1	2kΩ	电解电容	C6	47μF
电阻	R2	1MΩ	三极管 NPN	VT1	9014
电阻	R3、R4	27kΩ	三极管 NPN	VT2	9018
电阻	R5	470Ω	空心线圈	L1	3T
瓷片电容	C1、C2	103（0.01μF）	驻极话筒	MIC	—
瓷片电容	C3	102（1000pF）	天线	TX	—
瓷片电容	C4	47pF	电源接线座	BT 3V	2 节 5 号电池
瓷片电容	C5、C7	15pF			

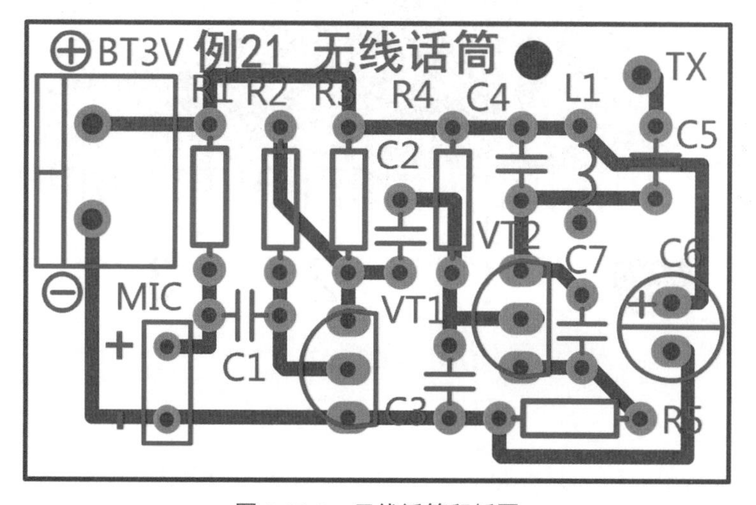

图 2-21-2　无线话筒印板图

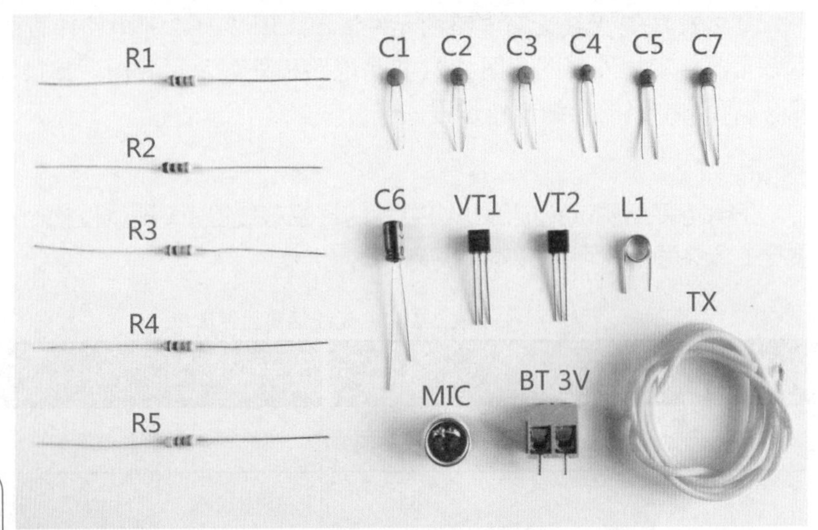

图 2-21-3　所需元器件

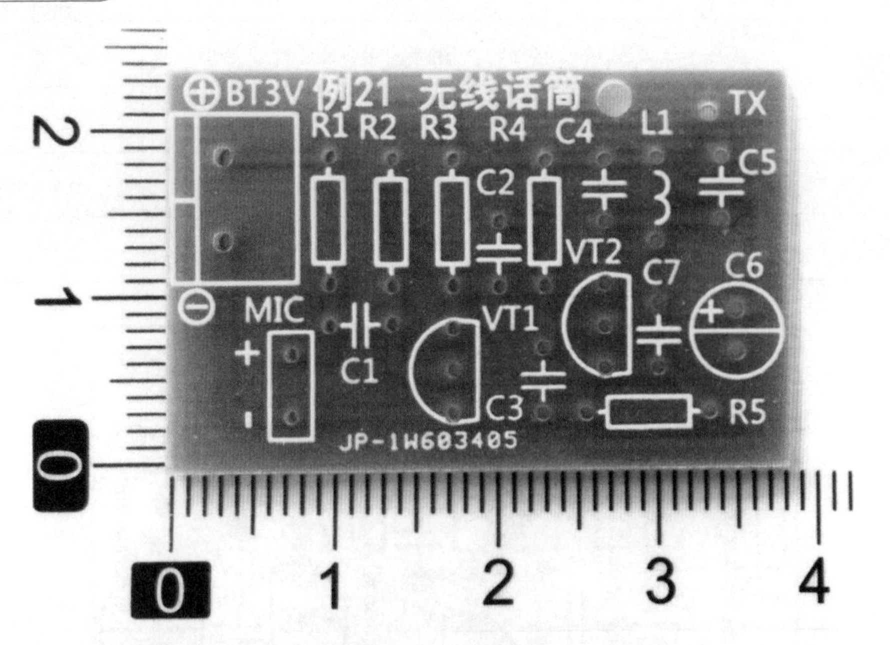

图 2-21-4　电路板外观及尺寸

焊装步骤 1：

对照元件清单，将 5 只电阻焊装在相应的位置。如图 2-21-5 所示。

图 2-21-5　焊接电阻

焊装步骤 2：

焊接 6 只瓷片电容和 1 只电解电容。如图 2-21-6 所示。

图 2-21-6　焊接电容

焊装步骤 3：

将 2 只三极管焊好，VT1 型号为 9014，VT2 型号为 9018 三极管。如图 2-21-7 所示。

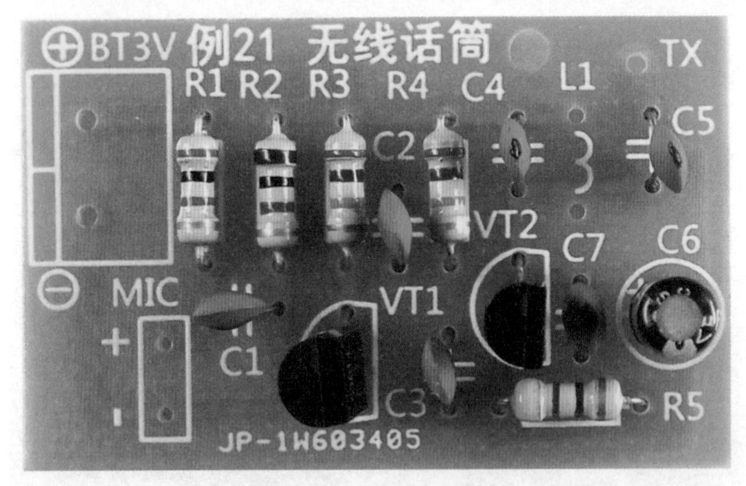

图 2-21-7　焊接三极管

焊装步骤 **4**：

将L1空芯线圈的引脚先用刀片刮去外层漆皮，然后再用烙铁镀锡，如图2-21-8所示。

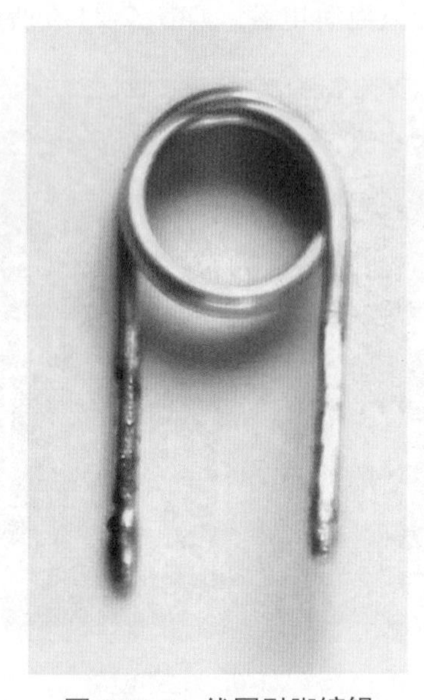

图 **2-21-8**　线圈引脚镀锡

焊装步骤 **5**：

将线圈和驻极话筒焊好。线圈要保持紧密的状态，不要松散、变形。驻极话筒有两个引脚，与外壳相通的引脚是负极。然后将电源接线座焊好，如图 2-21-9 所示。

图 2-21-9　焊接线圈、驻极话筒和电源接线座

焊装步骤 6：

最后将天线焊好，天线先通过电路板上预留的通孔从走线面穿过后再焊接在印板上，可有效防止引线被意外扯断。如图 2-21-10 所示。

图 2-21-10　焊接天线

仔细检查无误后，可接通电源。将天线垂直放置。本电路设计的 LC 振荡参数实际频率在 100MHz 左右。取一台调频 FM 收音机，调整调台旋钮，在 100MHz 附近可收到本电路板的发射信号，特别是将收音机靠近电路板时会有啸叫，拉开距离啸叫会消失。仔细调整好收音机的频率，在无遮挡环境下，大约可在 20 ～ 50m 范围内收到本电路板发出的信号。如果发射频率正好与当地调频广播电台的频率重叠，可稍微拉松一点线圈，发射频率即可升高，可避开广播电台的频

率。如果在收音机的 88 ～ 108MHz 的接收范围内均没有收到信号，则应先检查电路装配，看是否存在错误，线圈是否变形。部分手机也具有 FM 调频硬件接收功能，使用耳机线作天线，由于这种方式的收音机灵敏度偏低，会导致接收距离变短，也是正常现象。

装配好的电路板成品效果如图 2-21-11 所示。

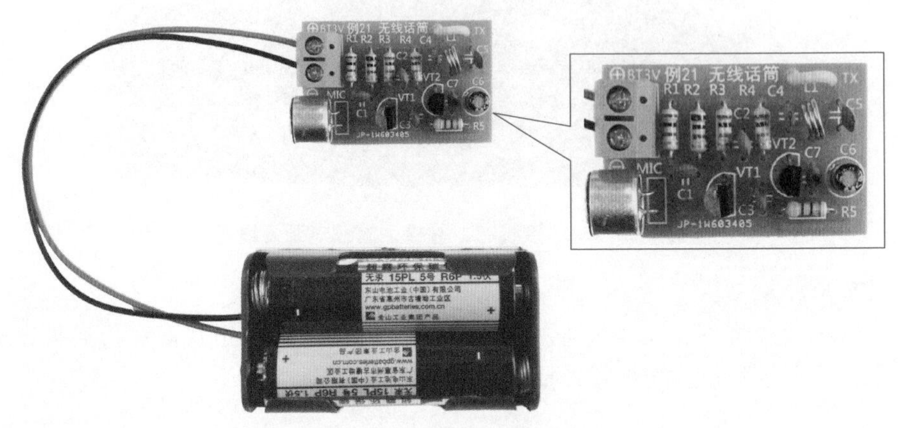

图 2-21-11　成品板效果演示

例 22　晶振稳频无线话筒 *

制作难度：★★★★★高

原理简介：

在例 21 当中，我们制作了一个 LC（电感电容）选频的无线话筒，虽然具有电路简单、容易调试等优点，但也存在着易受外界干扰，频率容易跑偏的问题，当人体接近或触摸天线和电路板时，发射频率就可能发生偏移，导致收音机收到的信号可能时断时续。而本例介绍的无线话筒，使用了晶体振荡器，使得振荡电路的频率稳定很多，电路原理图如图 2-22-1 所示。

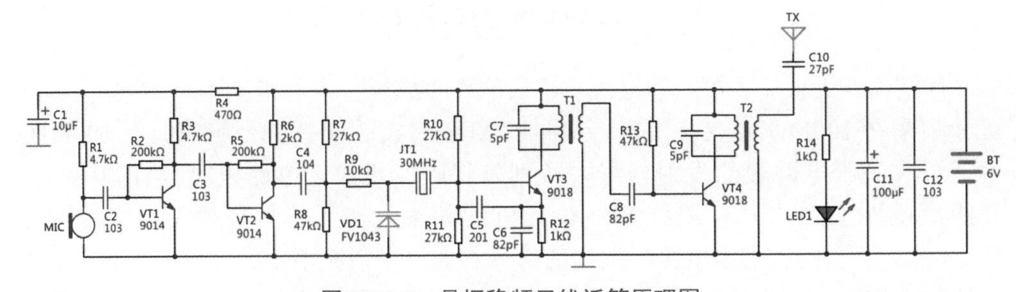

图 2-22-1　晶振稳频无线话筒原理图

声音信号由话筒 MIC 采集后，经由 VT1、VT2 及外围元件组成两级音频信号放大电路后，经 C4、R9 加载到变容二极管 VD1，当调制电压发生变化时，变容二极管的等效电容也随之变化，因此振荡器的频率也随调制电压而改变，从而实现调频。主振电路由 VT3、JT1、VD1、C5、C7、T1 等组成，其中 C7、T1 谐振在晶体 JT1 三倍频，也就是 30MHz×3=90MHz。T1 的输出端经 C8 送入由 VT4、C9、T2 等组成的第二级放大电路，放大后的高频信号经 C10 后由天线 TX 发射出去。

由于电路中采用了晶体 JT1，因此振荡频率非常稳定，调试好的电路不会因为人体靠近而发生频率飘移。由于本电路的发射频率固定在 90MHz，如果当地有同频率或接近频率的调频广播，例如北京地区就有 90MHz 的调频广播电台存在，则可能会对调试电路带来干扰，只能在室内进行短距离的测试。

电路调试还可借助例 23 的简易场强仪进行，参见例 23 的介绍。

表 2-22-1 是无线话筒电路的元件清单，图 2-22-2 是电路印板图，图 2-22-3 是所需元器件实物外观图，图 2-22-4 是电路板外观及尺寸图。扫描下页蓝色二维码可以观看本电路的详细制作过程。

表 2-22-1　晶振稳频无线话筒元件清单

元件名称	编 号	参考数值	元件名称	编 号	参考数值
电阻	R1、R3	4.7kΩ	瓷片电容	C7、C9	5pF
电阻	R2、R5	200kΩ	瓷片电容	C10	27pF
电阻	R4	470Ω	电解电容	C11	100μF
电阻	R6	2kΩ	变容二极管	VD1	FV1043
电阻	R7、R10、R11	27kΩ	发光二极管	LED1	红色
电阻	R8、R13	47kΩ	三极管 NPN	VT1、VT2	9014
电阻	R9	10kΩ	三极管 NPN	VT3、VT4	9018
电阻	R12、R14	1kΩ	屏蔽线圈	T1、T2	定制
电解电容	C1	10μF	驻极话筒	MIC	—
瓷片电容	C2、C3、C12	103（0.01μF）	晶振	JT1	30MHz
瓷片电容	C4	104（0.01μF）	天线	TX	0.5m 导线代
瓷片电容	C5	201（200pF）	电源接线座	BT 6V	4 节 5 号电池
瓷片电容	C6、C8	82pF			

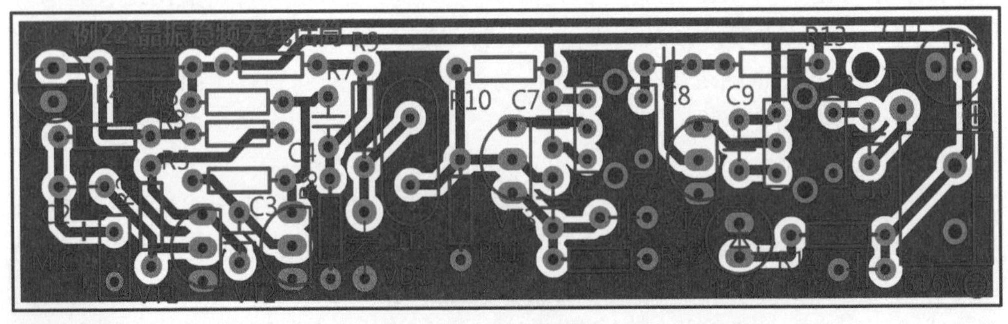

图 2-22-2　晶振稳频无线话筒印板图

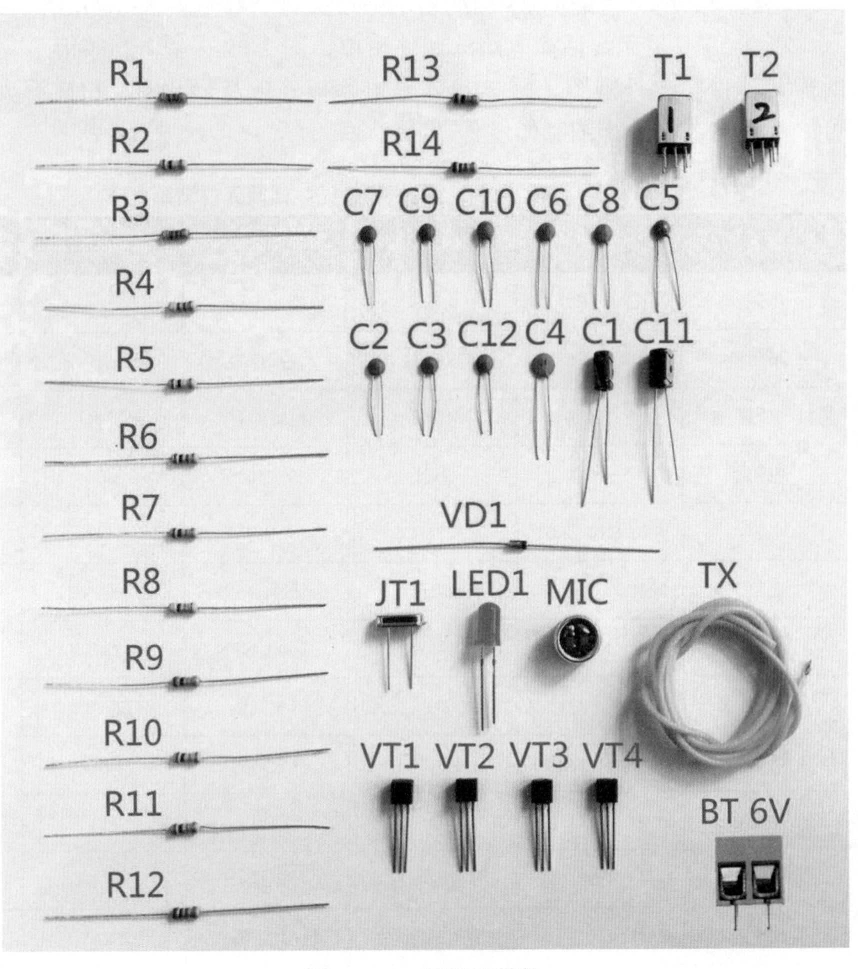

图 2-22-3　所需元器件

图 2-22-4　电路板外观及尺寸

焊装步骤 1：

对照元件清单，将 14 只电阻焊装在相应的位置，然后焊装 1 只变容二极管，管身上有黑色圆环的一端是负极。如图 2-22-5 所示。

图 2-22-5　焊接电阻和变容二极管

焊装步骤 2：

焊接 10 只瓷片电容和 2 只电解电容。如图 2-22-6 所示。

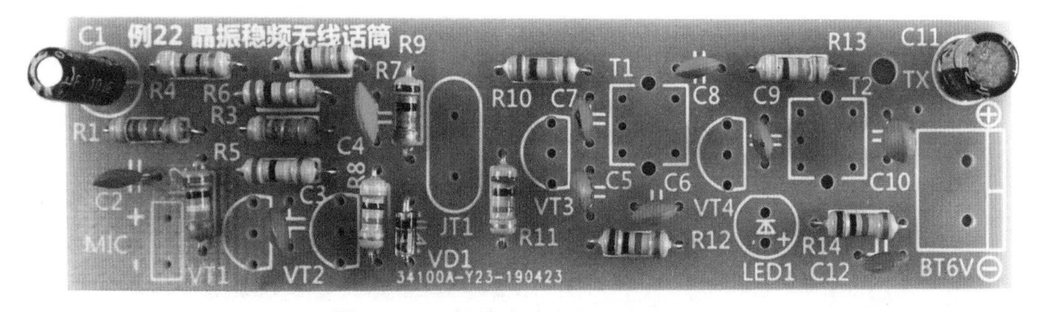

图 2-22-6　焊接瓷片电容和电解电容

焊装步骤 3：

接下来将 4 只三极管焊好，VT1 和 VT2 的型号为 9014，VT3、VT4 的型号为 9018。如图 2-22-7 所示。

图 2-22-7 焊接三极管

焊装步骤 4：

焊接晶振、驻极话筒和 LED，如图 2-22-8 所示。

图 2-22-8 焊接晶振、驻极话筒和 LED

焊装步骤 5：

焊装 2 个屏蔽线圈 T1 和 T2，屏蔽线圈的外壳引脚也要焊接在印板上，使外壳接地，避免受到外界干扰。然后将电源接线座焊好，最后将天线穿过板上预留的通孔后焊接在 TX 焊盘上。如图 2-22-9 所示。

图 2-22-9 焊装屏蔽线圈、电源接线座和天线

检查无误后，接通电源，找一台FM调频收音机，最好是有数字频率显示功能的，将接收频率设定在90MHz，用套装中的一字改锥仔细调整屏蔽线圈T1和T2的磁芯，使收音机接收到的信号最干静、噪声最小，然后适当拉开距离，此时可将一手机放置在话筒前，利用外放音乐功能作为声音信号源，然后适当拉开距离，仔细调整磁芯，使收音机收到的音频信号最清晰，距离最远即可。

屏蔽线圈的磁芯一字槽比较窄，一般应使用专用的无感改锥调整，业余条件下，也可使用套装中的一字金属改锥，如果改锥一字面较宽，不能插入磁芯中，则需要在砂纸或砂轮上修磨一下。

部分手机也具有FM调频硬件接收功能，使用耳机线作天线，并具有数字频率显示功能，也可以用来调试这款电路板，但手机的FM接收灵敏度普遍偏低，会导致接收距离较近，也是正常现象。

装配好的电路板成品效果如图2-22-10所示。

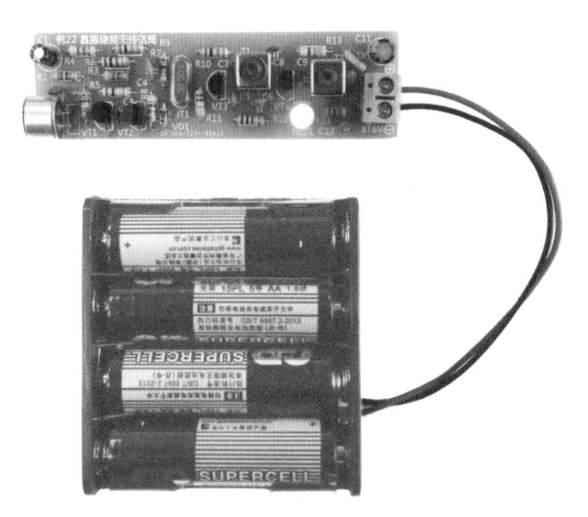

图2-22-10　成品板效果演示

信号检测类电子制作

例23　简易场强仪

制作难度：★简单

原理简介：

这是一个用于调频无线发射电路测试的简易小工具。有很多无线电爱好者，

都喜欢自己动手组装无线收发装置，比如无线话筒、无线对讲机、无线遥控器等。在组装这些电路的时候，往往缺少必要的仪器设备，通常只能按照图纸装好发射机后，利用接收机互调，一般只能调个大概，缺少量化直观的检测手段。而各种专业仪器往往价格高昂。这里向大家介绍一款简易场强仪，配合万用表使用，就可以方便地测量发射电路的输出功率大小。电路原理图如图 2-23-1 所示。

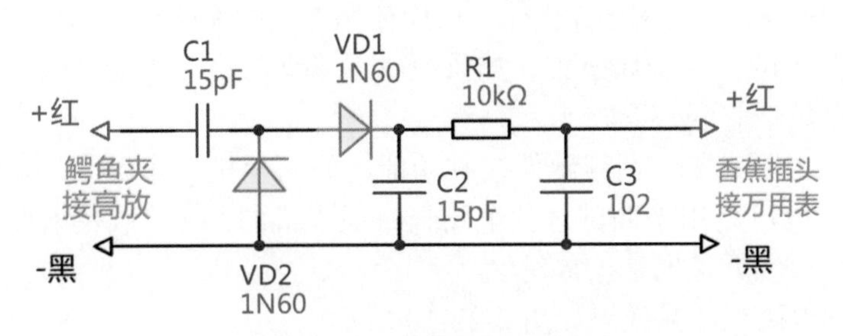

图 2-23-1　简易场强仪原理图

被测的高频信号经 C1 和 2 只检波二极管 VD1、VD2 检波后，变换为直流电压信号，用万用表直流电压挡测量这个电压，就可以直观观察出高频放大电路输出功率的大小。

在使用时，如果被测电路是无线话筒、无线射频遥控器等微小功率的发射电路，可以直接将红色鳄鱼夹接在高频放大电路的输出端。如果是无线对讲机、远距离无线遥控器等输出较大功率的电路，应将红色鳄鱼夹上接一小段电线作为天线，将此线靠近发射电路的发射天线，用电磁感应的方式测量，不能直接接在功率输出端。

例如在测量例 22 的晶振稳频无线话筒电路时，将此场强仪接在发射电路的天线输出端，配合具有数字频率显示的调频收音机（具有调频 FM 收音功能的 MP3、手机等亦可），将接收机频率调整在 90MHz，然后调整发射电路相关线圈或电容，使得数字万用表直流电压指示值最大，且收音机收到的信号最清晰、最稳定，总电流约 20mA 左右，就可以认定发射电路处于较好状态了。

建议使用数字万用表直流电压挡测量。仅参考电压数值的大小变化，具体电压值并无太大的实际意义。指针万用表表头内的电磁线圈可能会受到发射电路的强干扰，尤其在测量发射功率较大的电路时，可能导致测量失败。

本电路的频率适用范围大致在 100MHz 左右。在测量时，万用表的指示值可能会随各连接电线的晃动、人手的操作等因素而产生波动，是正常现象。原则上应以人手离开发射电路板和本场强仪后的指示值为参考值。这款简易场强仪，虽然达不到精确的测量，但对于缺少专业仪器的业余电子爱好者来说，也不失为一个简单、实用的小工具。

表 2-23-1 是简易场强仪电路的元件清单，图 2-23-2 是电路印板图，图 2-23-3 是所需元器件实物外观图，图 2-23-4 是电路板外观及尺寸图。

思考题

我们常用的手机也是一个无线电发射机，在通话时它的发射功率有时也能达到 0.5W 左右，能用这款简易场强仪来测量手机的发射功率大小吗？参考解答可查阅本书的附录。

表 2-23-1　简易场强仪元件清单

元件名称	编号	参考数值	元件名称	编号	参考数值
电阻	R1	10kΩ	鳄鱼夹	—	红、黑
瓷片电容	C1、C2	15pF	香蕉插头	—	红、黑
瓷片电容	C3	102（1000pF）	连接导线	—	—
检波二极管	VD1、VD2	1N60			

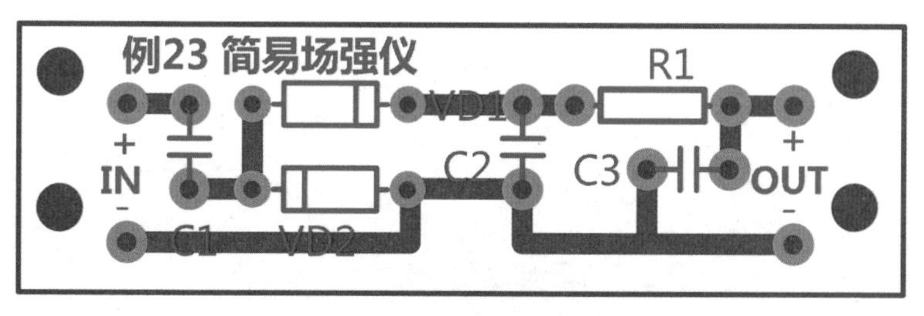

图 2-23-2　简易场强仪印板图

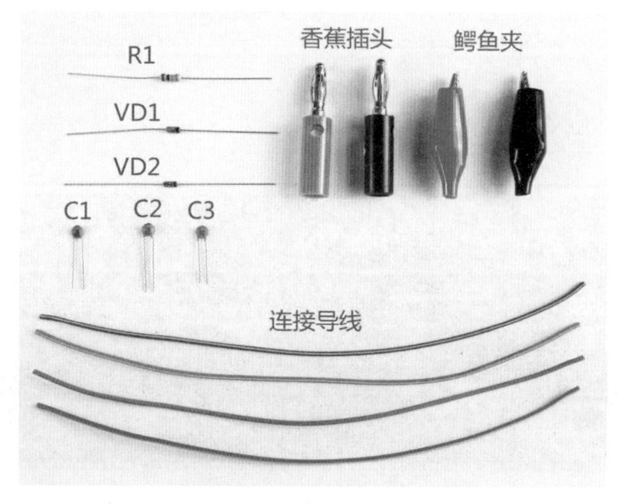

图 2-23-3　所需元器件

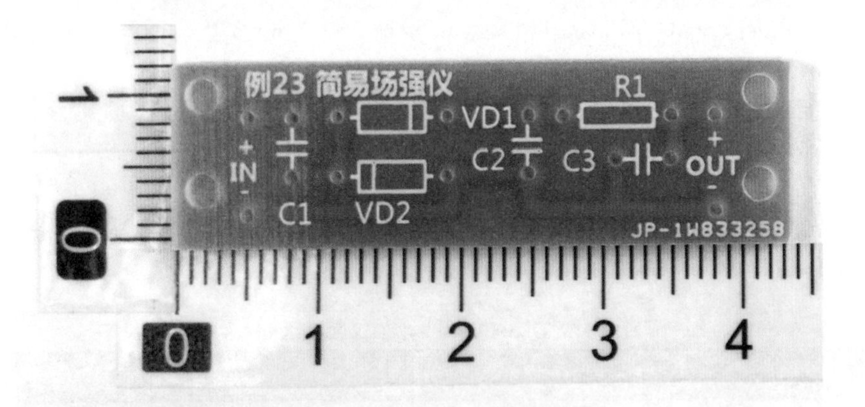

图 2-23-4　电路板外观及尺寸

焊装步骤 1：

将 1 只电阻和 2 只检波二极管焊装在相应的位置，如图 2-23-5 所示。

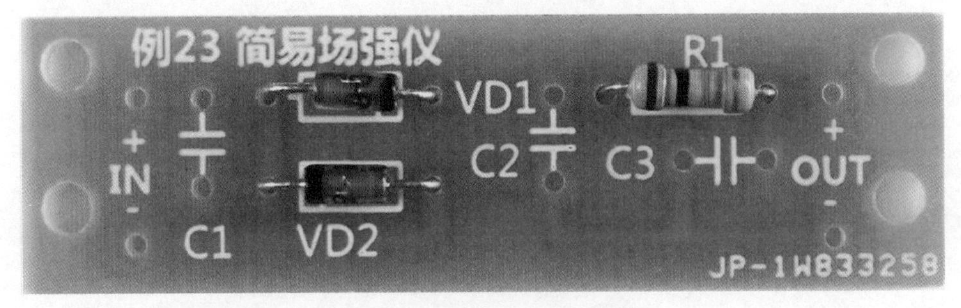

图 2-23-5　焊接电阻和二极管

焊装步骤 2：

焊接 3 只瓷片电容。如图 2-23-6 所示。

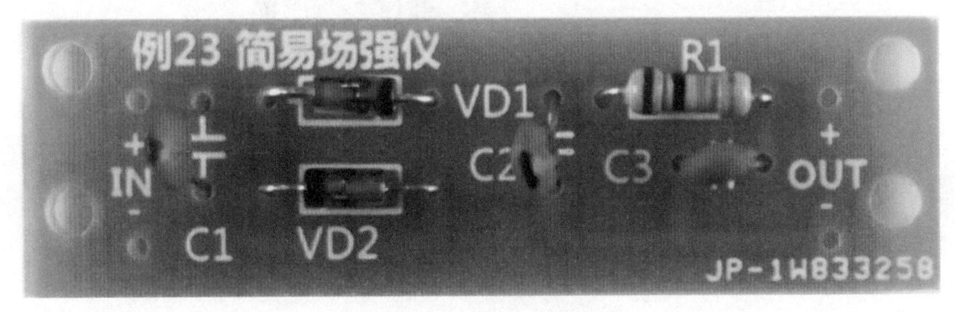

图 2-23-6　焊接瓷片电容

焊装步骤 3：

取 2 根导线，将一端线头剥出约 2cm 长，并镀锡。这个线头是接香蕉插头位置的。如图 2-23-7 所示。

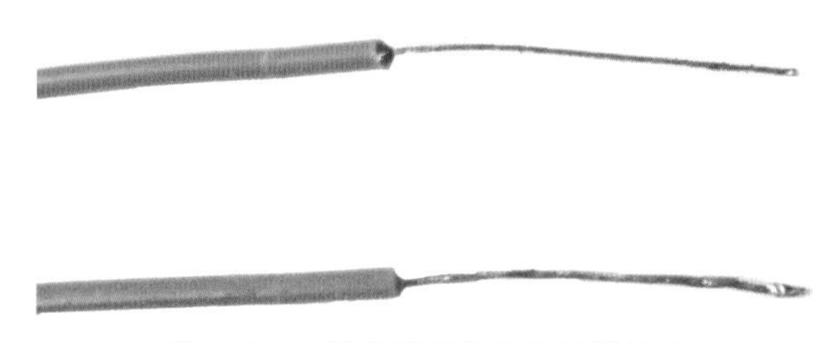

图 **2-23-7**　剥出香蕉插头的导线线头

焊装步骤 4：

将镀锡线头向回缠绕在导线外皮上。这样做是因为香蕉插头孔径较粗，我们用的导线较细，向回缠绕是为了加粗导线直径，便于紧固。如图 2-23-8 所示。

图 **2-23-8**　缠绕线头

焊装步骤 5：

将缠绕好的线头插入香蕉插头孔径内，深入最里端，并用螺钉紧固。如图 2-23-9 所示。

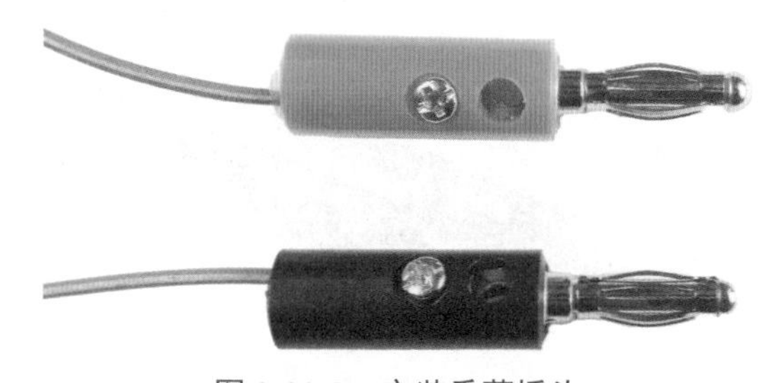

图 **2-23-9**　安装香蕉插头

焊装步骤 6：

将其余导线端剥出约 0.5cm 长的线头，并镀锡。如图 2-23-10 所示。

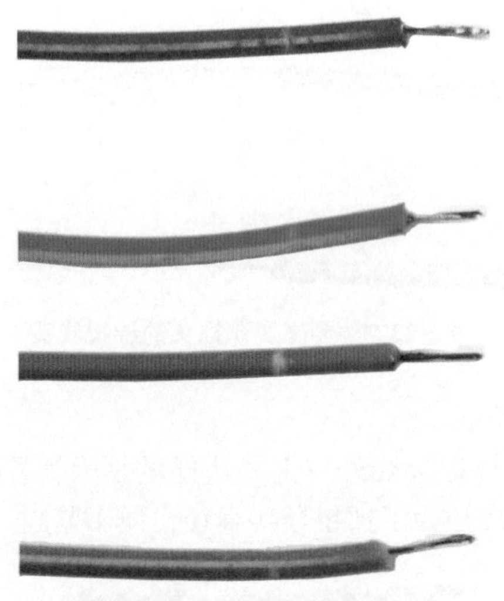

图 2-23-10 剥其他导线线头

焊装步骤 7：

将导线线头插入鳄鱼夹的通孔，用尖嘴钳等工具将鳄鱼夹尾部的两侧金属片向内压紧导线外皮。如图 2-23-11 所示。

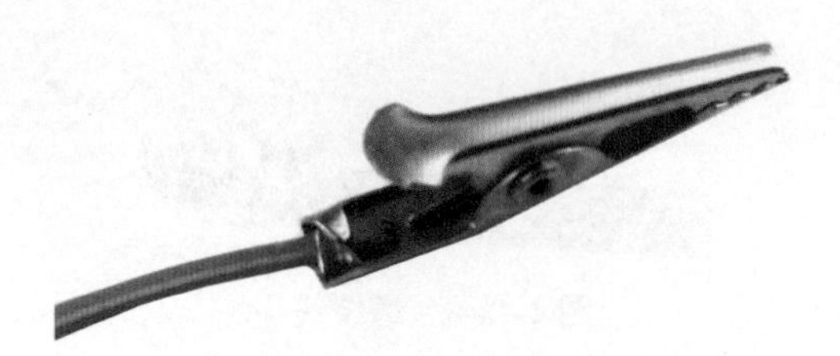

图 2-23-11 连接鳄鱼夹

焊装步骤 8：

将导线的线头焊接在鳄鱼夹的金属面上，焊接时烙铁头加热时间可稍微长一点，有助于焊锡与鳄鱼夹金属面充分融合。如图 2-23-12 所示。

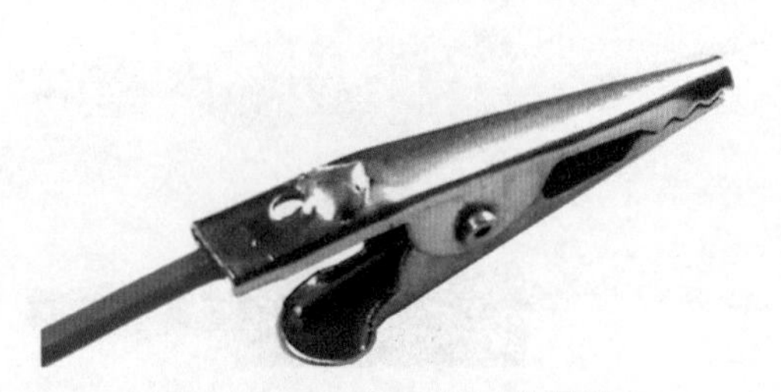

图 2-23-12 焊接鳄鱼夹导线

焊装步骤 9：

两根导线均焊装完毕后，将绝缘保护套套在鳄鱼夹上。如图 2-23-13 所示。

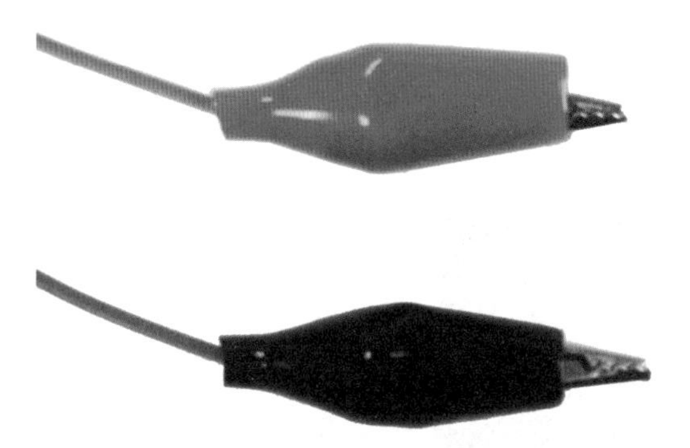

图 2-23-13　套上绝缘保护套

焊装步骤 10：

将 4 根导线的另外一头分别穿过印板上预留的通孔后，焊接在板上，红色鳄鱼夹和红色香蕉插头分别接正输入端和正输出端，黑色鳄鱼夹和黑色香蕉插头分别接负输入端和负输出端。

装配好的电路板成品效果如图 2-23-14 所示。

图 2-23-14　成品板效果演示

我们可以这款简易场强仪来测量例 22 的晶振稳频无线话筒电路。先不接发射天线，在天线处焊一小段导线，红色鳄鱼夹与导线相接，黑色鳄鱼夹夹在电路

的负极上。红色香蕉插头接在数字万用表 VΩHz 端，黑色香蕉插头接在 COM 端，数字万用表设置在直流电压 20V 挡，调整屏蔽线圈 T1 和 T2 的磁芯，并配合 FM 调频收音机，使收音机收到的信号最清晰、最干净，且数字万用表显示值最大即可。这里仅参考数字万用表显示数值大小的变化趋势，具体数值并无实际意义。

测试效果如图 2-23-15 所示。

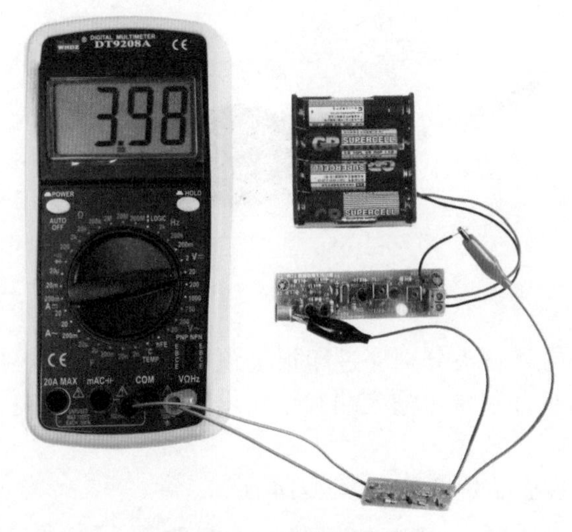

图 **2-23-15** 应用测试效果

例 24 红外遥控接收测试器

制作难度：★★★中等

原理简介：

这是一个可以检测红外遥控器是否能正常发出红外信号的电路。电路原理图如图 2-24-1 所示。

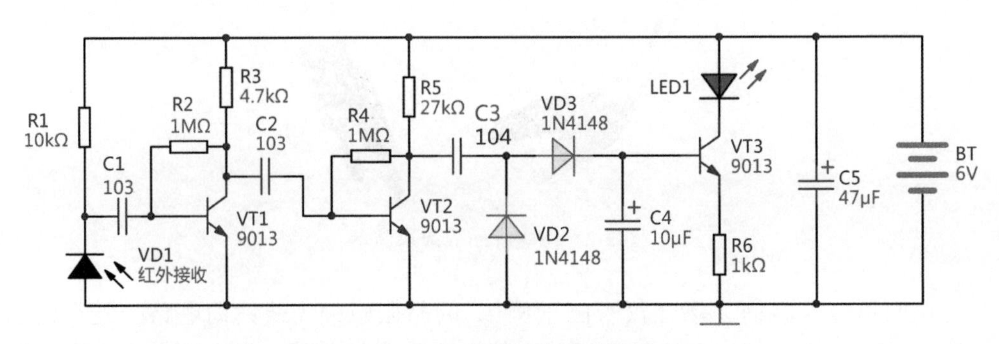

图 **2-24-1** 红外遥控接收测试器原理图

本电路与前面例 21 的红外遥控器接收器有些类似，所不同的是后级驱动电路部分。VD1 是红外接收二极管，它工作在反向偏置状态下，R1 向其提供反向偏压。在没有收到红外信号时，仅有少量的漏电流通过。当接收到遥控器发出的红外信号时，将产生脉冲电流，从而在 C1 的左端产生脉冲电压，经过 C1 的耦合，送到 VT1、R2、R3 等组成的放大电路进行信号放大，之后再经 C2 耦合到 VT2、R4、R5 等组成的第二级放大电路再次进行信号放大，通过 C3 送到由 VD2、VD3 组成的整流电路，并由 C4 平滑滤波，将放大的信号变换成稳定的直流，送到 VT3 的基极，驱动 LED1 点亮。

测试时，可以使用普通电视、空调等红外遥控器，将遥控器的头部对准 VD1 来观察发光二极管 LED1 状态，每当按下红外遥控器上的按键时，LED1 将被点亮，从而验证红外遥控器可以正常发出信号。

表 2-24-1 是红外遥控接收测试器的元件清单。图 2-24-2 是电路印板图。图 2-24-3 是所需元器件实物外观图。图 2-24-4 是电路板外观尺寸图。扫描下页黄色二维码可以观看成品电路板的效果演示。

思考题

在实际装配调试时，可以发现，有时即使没有按下红外遥控器上的按键，LED1 也会微微点亮，这是什么原因呢？参考解答可查阅本书的附录。

表 2-24-1　红外遥控接收测试器元件清单

元件名称	编号	参考数值	元件名称	编号	参考数值
电阻	R1	10kΩ	电解电容	C4	10μF
电阻	R2、R4	1MΩ	电解电容	C5	47μF
电阻	R3	4.7kΩ	红外接收二极管	VD1	—
电阻	R5	27kΩ	开关二极管	VD2、VD3	1N4148
电阻	R6	1kΩ	发光二极管	LED1	红色
瓷片电容	C1、C2	103（0.01μF）	三极管 NPN	VT1 ～ VT3	9013
瓷片电容	C3	104（0.1μF）	电源接线座	BT 6V	4 节 5 号电池

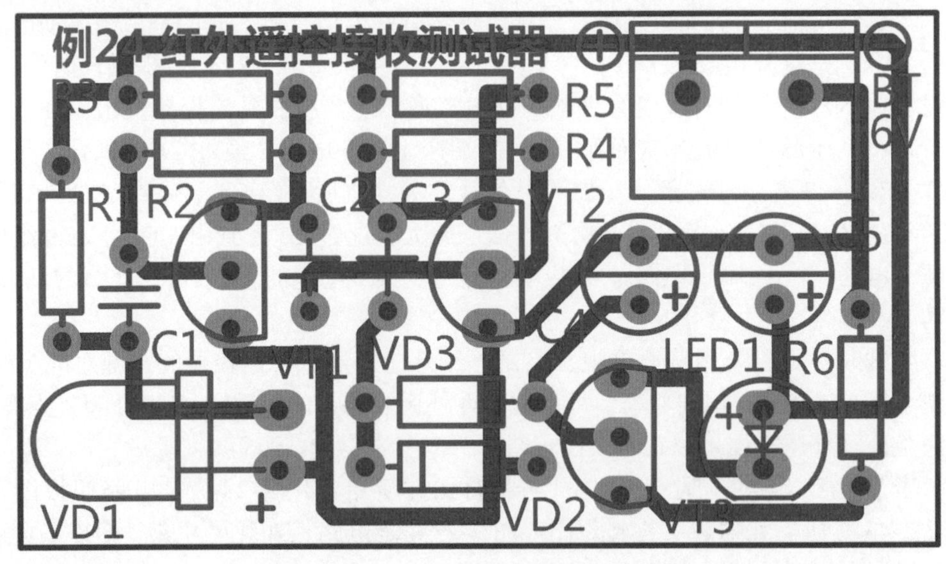

图 2-24-2 红外遥控接收测试器印板图

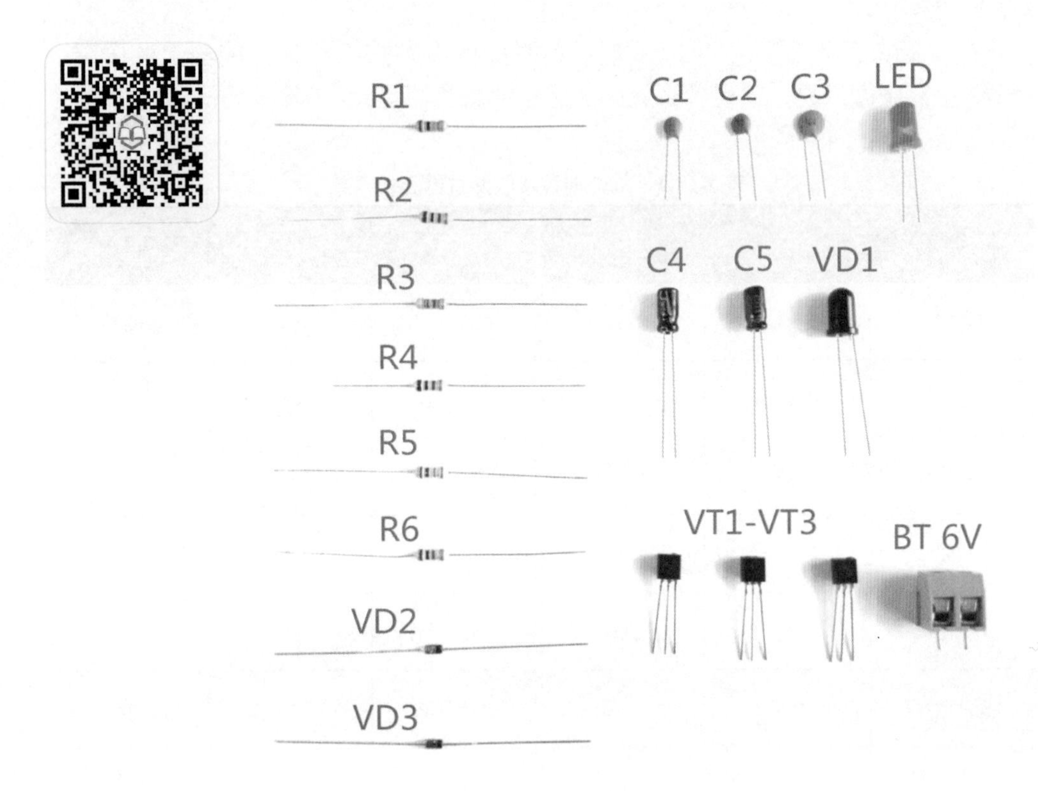

图 2-24-3 所需元器件

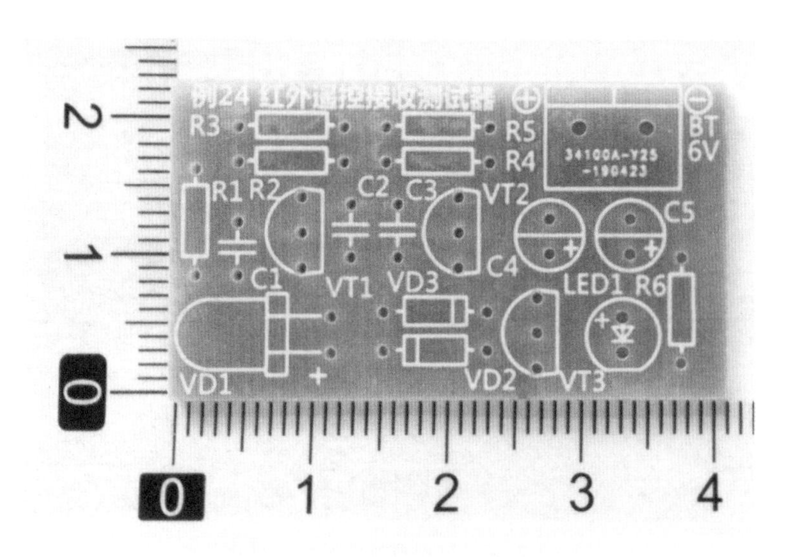

图 2-24-4　电路板外观及尺寸

焊装步骤 1：

对照元件清单，将 6 只电阻焊装在相应的位置，然后焊装 2 只开关二极管，如图 2-24-5 所示。

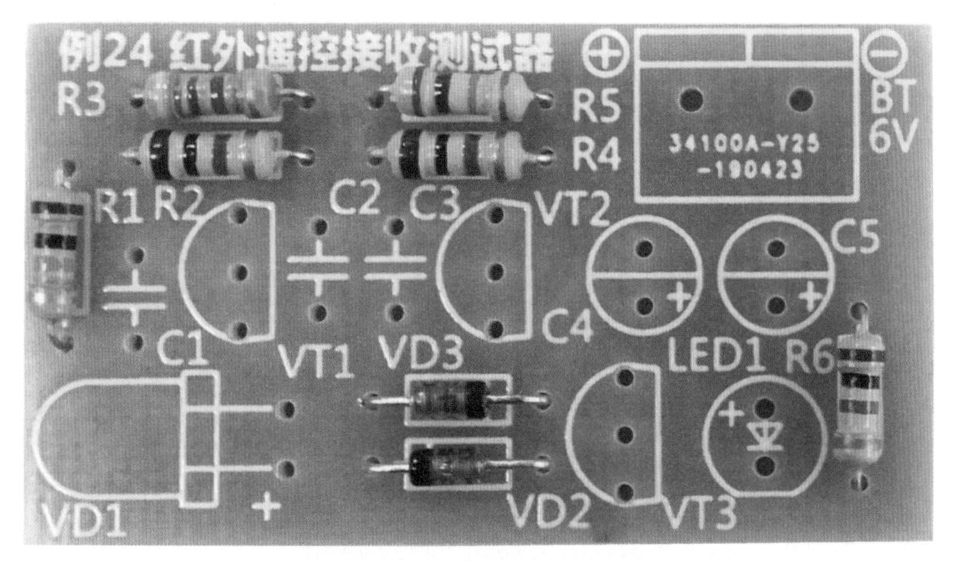

图 2-24-5　焊接电阻和二极管

焊装步骤 2：

焊接 3 只瓷片电容和 2 只电解电容。如图 2-24-6 所示。

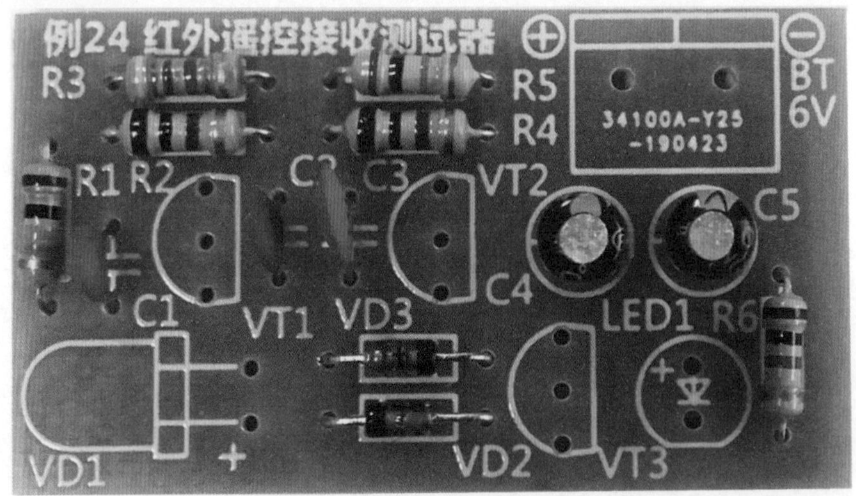

图 2-24-6　焊接瓷片电容和电解电容

焊装步骤 3：

接下来将 3 只三极管焊好，均为 NPN 型的 9013 三极管。如图 2-24-7 所示。

图 2-24-7　焊接三极管

焊装步骤 4：

将红外接收二极管的引脚弯成 90º，然后再按照印板上字符标注的极性焊接，长引脚是正极。最后焊接红色 LED 和电源接线座，如图 2-24-8 所示。

图 **2-24-8**　焊接红外接收二极管、**LED** 和电源接线座

检查无误后，即可接通电源。找一个电视或空调的遥控器，部分手机有红外遥控器功能，也可以用于电路测试。将遥控器发射头对准 VD1，按下遥控器上的任意按键，LED1 将被点亮，松开遥控器按键，LED1 熄灭或微亮，则可以验证遥控器能正常发送红外信号。

装配好的成品电路板效果如图 2-24-9 所示。

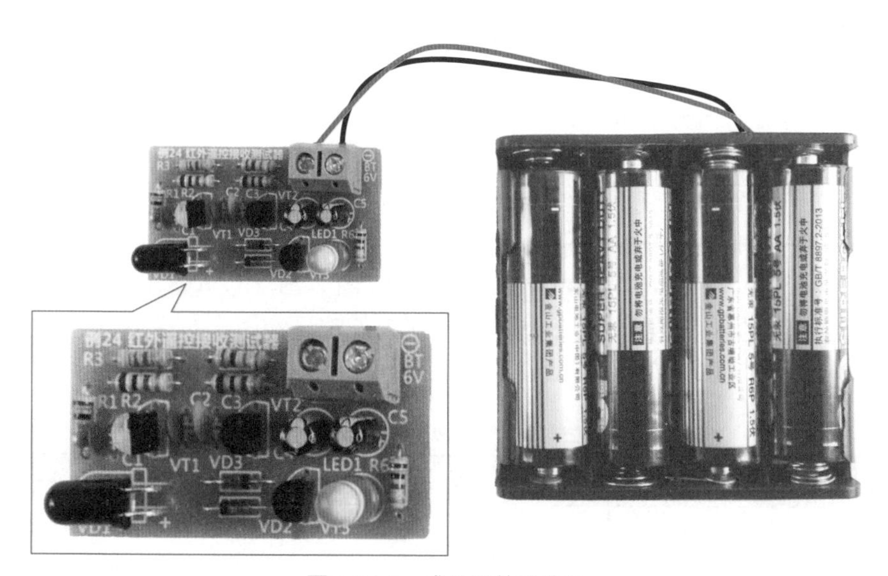

图 **2-24-9**　成品板效果演示

报警器类电子制作

例 25 火焰熄灭报警器

制作难度：★★比较简单

原理简介：

这是一个利用光控实现检测火焰是否熄灭的报警电路，可用于检测燃气灶等发出的火焰是否意外熄灭。电路原理图如图 2-25-1 所示。

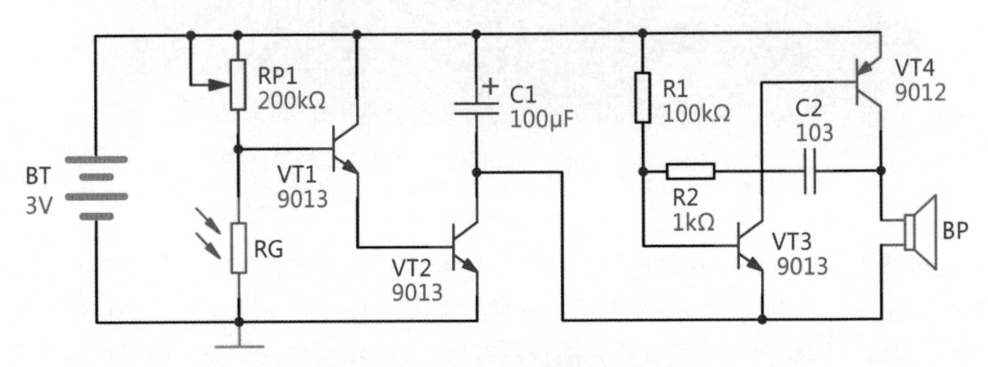

图 2-25-1　火焰熄灭报警器原理图

电路由两部分组成，RP1、RG 及 VT1 和 VT2 组成一个光线强度检测电路。VT3、VT4 及 R2 和 C2 等组成音频振荡发声电路。将光敏电阻 RG 朝向火焰燃烧的方向，当火焰正常燃烧时，火焰发出的光很强，光敏电阻阻值很小，VT1 基极电压很低，不足以导通，故 VT1 截止，同时 VT2 也截止，后续的音频振荡电路无电，扬声器 BP 不发声。当火焰熄灭时，光敏电阻阻值变大，VT1 的基极电压上升，从而使 VT1 导通，VT2 也导通，后续的音频振荡电路得电，开始工作，驱动扬声器发出音频振荡声音，用于报警提示火焰已熄灭。

表 2-25-1 火焰熄灭报警器电路的元件清单，图 2-25-2 是电路印板图，图 2-25-3 是所需元器件实物外观图，图 2-25-4 是电路板外观尺寸图。扫描下页黄色二维码可以观看成品电路板的效果演示。

表 2-25-1　火焰熄灭报警器元件清单

元件名称	编号	参考数值	元件名称	编号	参考数值
电阻	R1	100kΩ	可变电阻	RP1	200kΩ（204）
电阻	R2	1kΩ	光敏电阻	RG	—

续表

元件名称	编号	参考数值	元件名称	编号	参考数值
电解电容	C1	100μF	三极管 PNP	VT4	9012
瓷片电容	C2	103（0.01μF）	扬声器	BP	8Ω
三极管 NPN	VT1 ～ VT3	9013	电源接线座	BT 3V	2 节 5 号电池

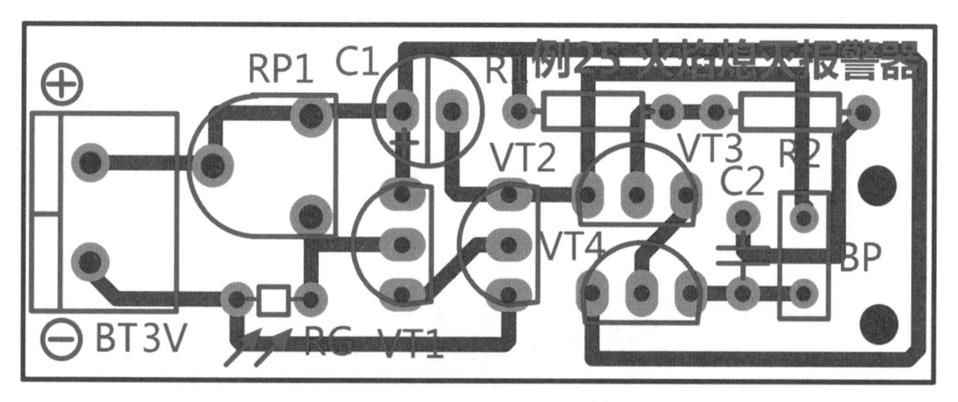

图 2-25-2　火焰熄灭报警器印板图

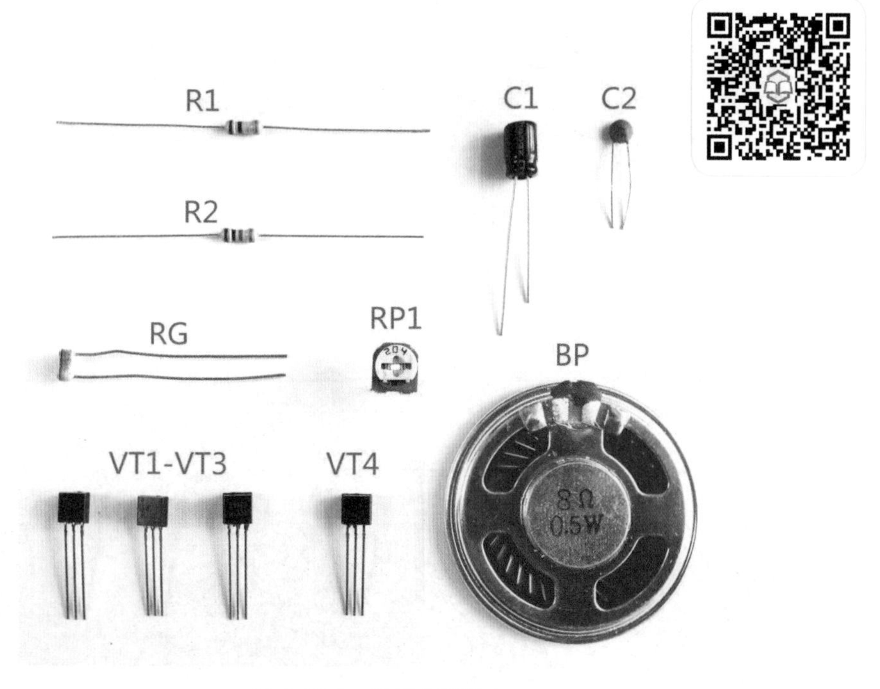

图 2-25-3　所需元器件

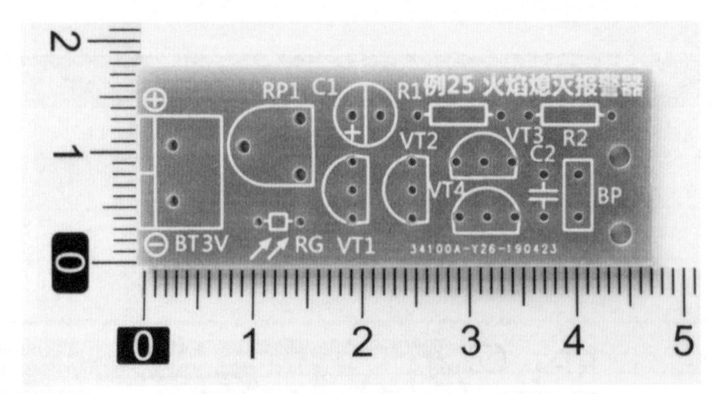

图 2-25-4 电路板外观及尺寸

焊装步骤 1：

对照元件清单，将 2 只电阻焊装在相应的位置，然后焊装 1 只电解电容和 1 只瓷片电容，如图 2-25-5 所示。

图 2-25-5 焊接电阻和电容

焊装步骤 2：

焊接 4 只三极管。VT1-VT3 型号是 9013，VT4 是 9012。如图 2-25-6 所示。

图 2-25-6 焊接三极管

焊装步骤 3：

接下来焊装可变电阻和光敏电阻，其中光敏电阻引脚弯成 90° 焊装，便于接收火焰的光线。如图 2-25-7 所示。

图 2-25-7　焊接可变电阻和光敏电阻

焊装步骤 4：

最后焊接扬声器引线，电源接线座。如图 2-25-8 所示。

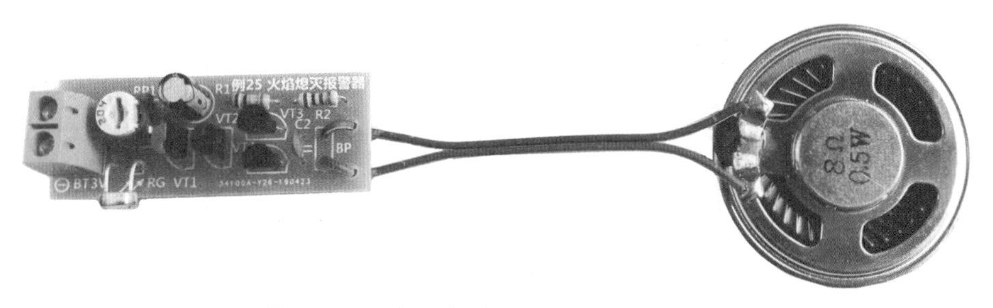

图 2-25-8　焊装扬声器引线和电源接线座

仔细检查无误后，可接通电源，调试可用手电筒代替火焰。先用手电筒照射光敏电阻，用改锥调整可变电阻 RP1，使扬声器刚好不发声。然后移开手电，此时扬声器应发出音频振荡的报警声音，则表明电路工作正常。如果用于火焰检测，应按上述步骤，重新调整设定 RP1，并注意电路板与火焰之间的距离，避免高温炙烤。

装配好的成品电路板效果如图 2-25-9 所示。

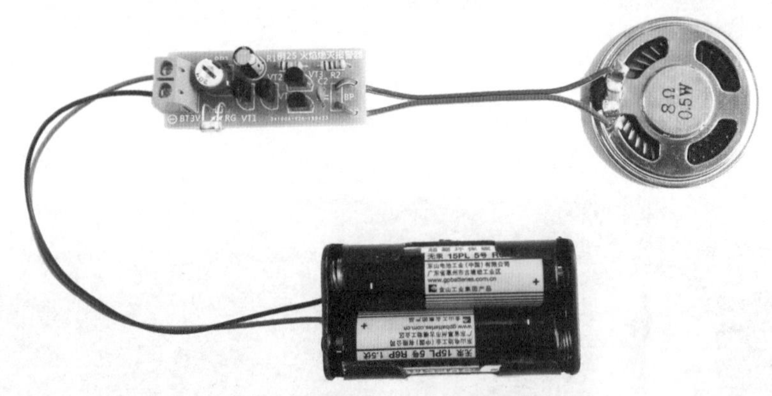

图 2-25-9　成品效果演示

例 26　多路断线报警器

制作难度：★★比较简单

原理简介：

这是一个简单的断线报警电路，用于警戒线被意外碰断时的报警。电路原理图如图 2-26-1 所示。

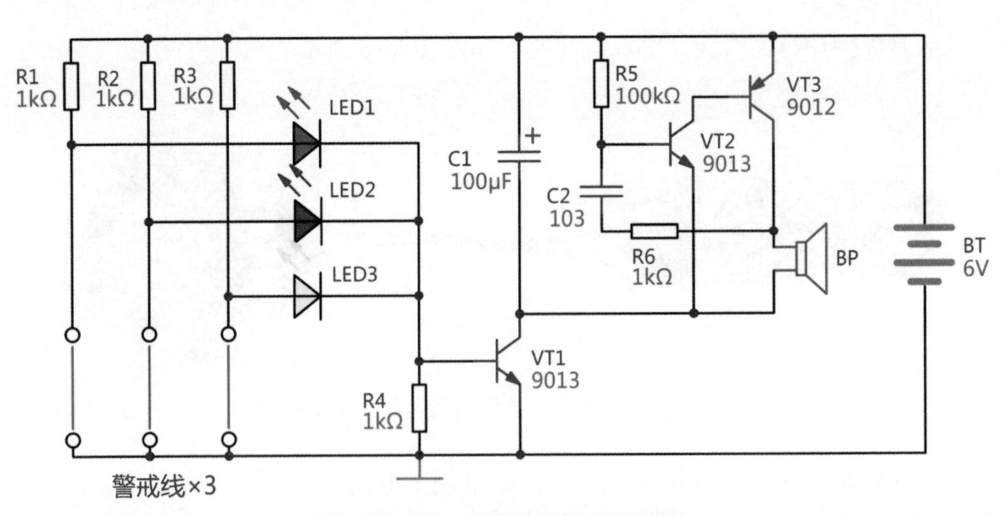

图 2-26-1　多路断线报警器原理图

平时警戒线均处于连通状态，VT1 的基极由于接有 R4，使 VT1 的基极平时处于低电平，VT1 不导通，VT2 和 VT3 组成的音频振荡器无电不工作，扬声器不发声。假如中间的一根警戒线断开，电源正极经 R2、LED2 加到 VT1 的基极，使得 VT1 的基极电压高于所需导通电压，则 VT1 导通，VT2 和 VT3 组成的音频振荡器得电开始工作，扬声器发出鸣叫，同时 LED2 点亮，指示第二条警戒线断线，警示可能有入侵。另外 2 路警戒线工作原理相同。

表 2-26-1 是多路断线报警器电路的元件清单，图 2-26-2 是电路印板图，图 2-26-3 是所需元器件实物外观图，图 2-26-4 是电路板外观及尺寸图。扫描下页黄色二维码可以观看成品电路板的效果演示。

表 **2-26-1**　多路断线报警器元件清单

元件名称	编号	参考数值	元件名称	编号	参考数值
电阻	R1、R2、R3、R4、R6	1kΩ	发光二极管	LED3	黄
电阻	R5	100kΩ	三极管 NPN	VT1、VT2	9013
电解电容	C1	100μF	三极管 PNP	VT3	9012
瓷片电容	C2	103（0.01μF）	扬声器	BP	8Ω
发光二极管	LED1	红	警戒线	—	用导线代
发光二极管	LED2	绿	电源接线座	BT 6V	4 节 5 号电池

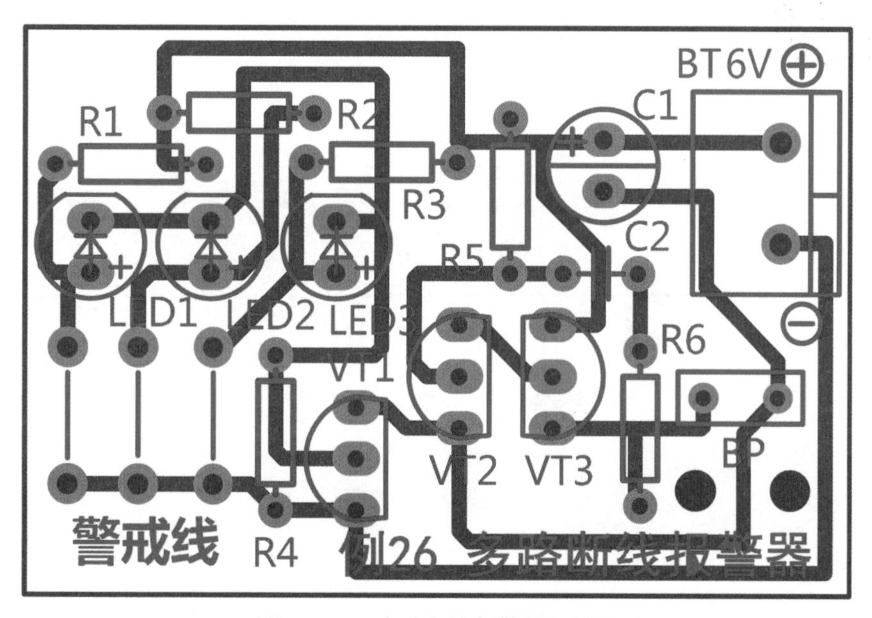

图 **2-26-2**　多路断线报警器印板图

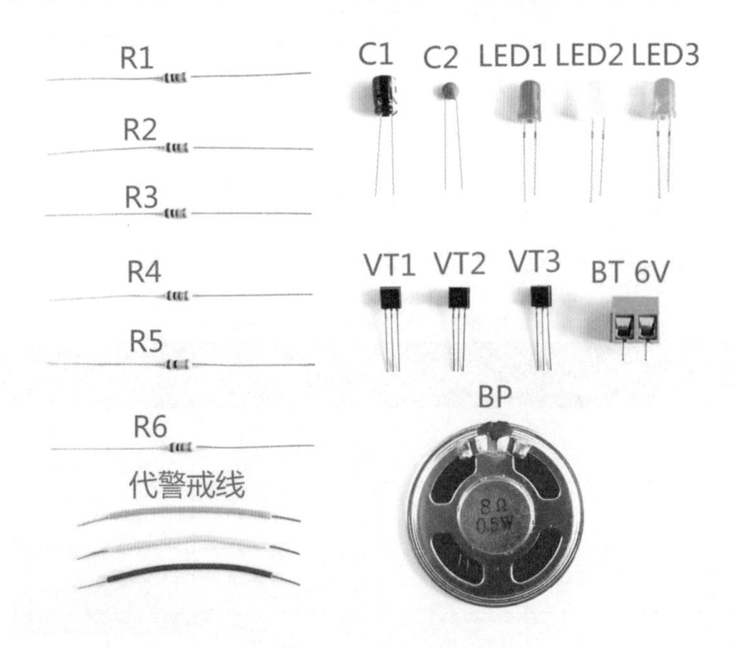

图 2-26-3　所需元器件

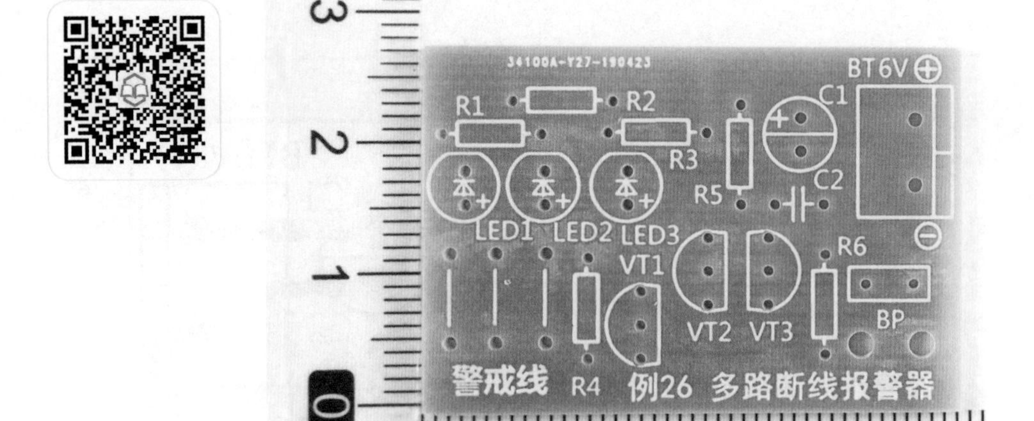

图 2-26-4　电路板外观及尺寸

焊装步骤 1：

对照元件清单，将 6 只电阻焊装在相应的位置上。如图 2-26-5 所示。

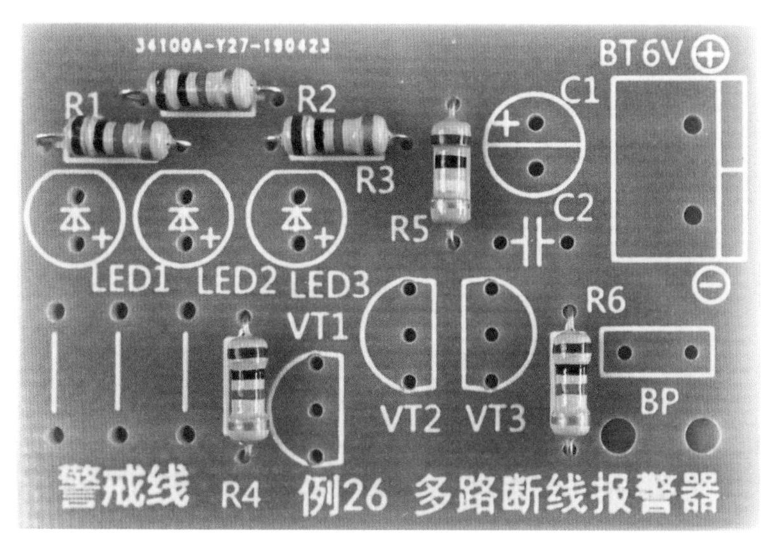

图 **2-26-5**　焊接电阻

焊装步骤 **2**：

焊接 1 只瓷片电容和 1 只电解电容，然后焊接 3 只三极管。其中 VT1、VT2 为 NPN 型 9013 三极管，VT3 为 PNP 型 9012 三极管。如图 2-26-6 所示。

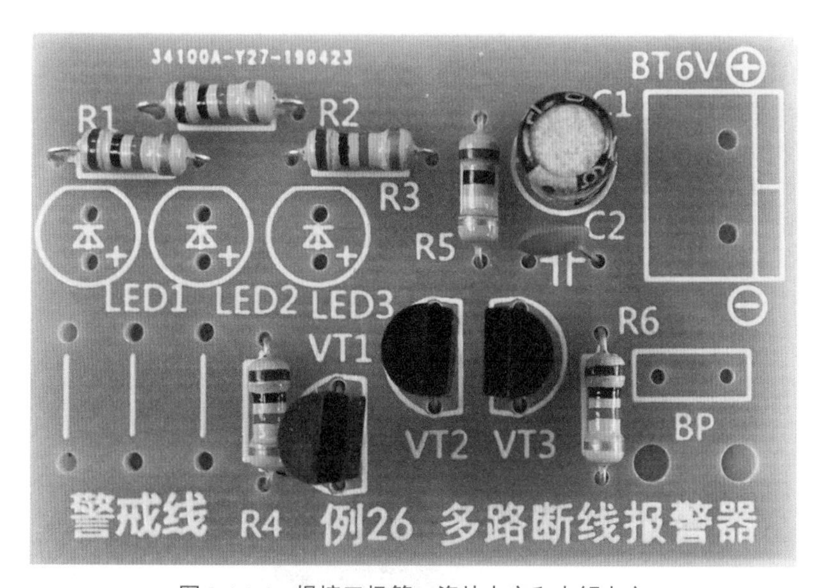

图 **2-26-6**　焊接三极管、瓷片电容和电解电容

焊装步骤 **3**：

接下来将 3 只 LED 焊好，如图 2-26-7 所示。

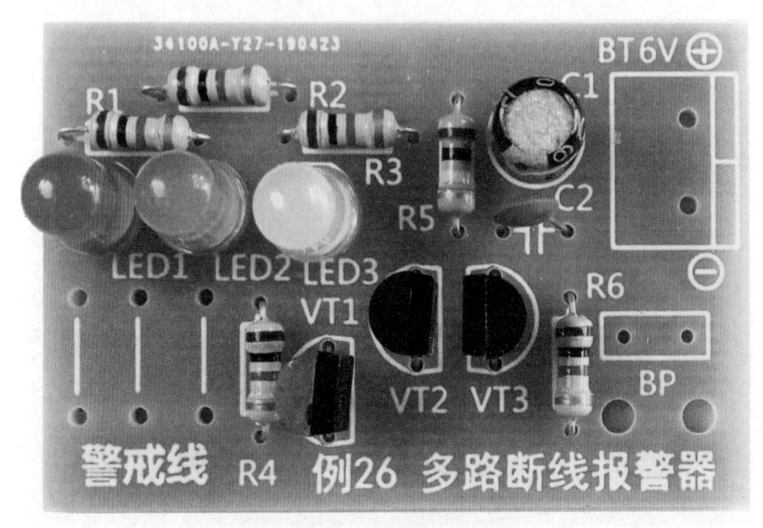

图 2-26-7　焊接 3 只 LED

焊装步骤 4：

将 3 根代用警戒线的导线焊上，其中可留一个线头不焊，作为模拟断线情形。然后将扬声器引线穿入电路板预留通孔后焊在板上，最后将电源接线座焊好。如图 2-26-8 所示。

图 2-26-8　焊装警戒线、扬声器引线和电源接线座

仔细检查无误后，接通电源，此时由于中间的警戒线有一个线头未焊，相当于该处断线，因此扬声器发出鸣叫，LED2 同时点亮，用于警示该处的警戒线已断线。其他两路也可照此方法测试验证。

装配好的成品电路板效果如图 2-26-9 所示。

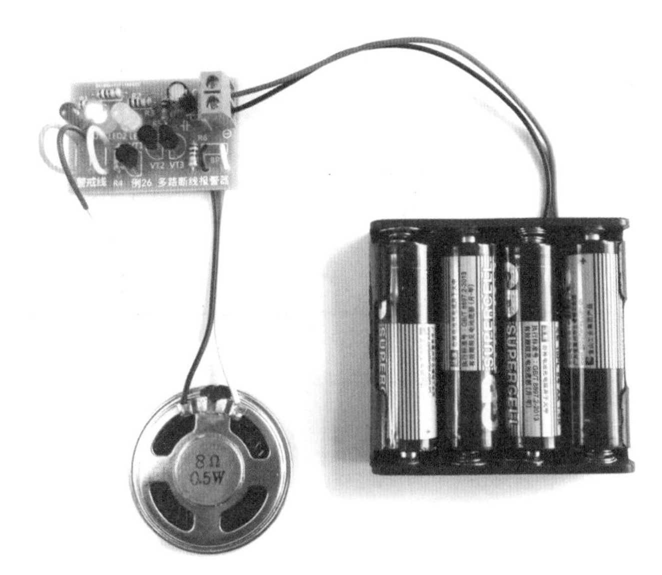

图 **2-26-9**　成品效果演示

例 27　预防近视测光器

制作难度：★★比较简单

原理简介：

在光线较暗的环境下看书，对视力会造成一定的损害。这里提供了一款简单的环境光线强度检测的小电路，用于提醒用户注意光线强度。电路原理图如图 2-27-1 所示。

VT1 和 VT2 共同组成了一个简单的差分放大电路。当光线较强时，光敏电阻 RG 呈现的电阻较小，VT1 导通，LED1 点亮，用于指示当前环境光线较强。此时电源电压为 3V，LED1 点亮时工作电压约 2V，VT1 的集电极和发射极间电压 U_{ce} 很小，趋于 0V，则 R1 上的电压接近 1V。而 VT2 的基极电压由 R2 和 R3 分压所得，得到约 1V 电压，且 VT2 发射极与 VT1 的发射极相接 ，并共用 R1，因此这时 VT2 的基极与发射极间电压 U_{be} 太小，不足以导通，故 VT2 截止，LED2 熄灭。

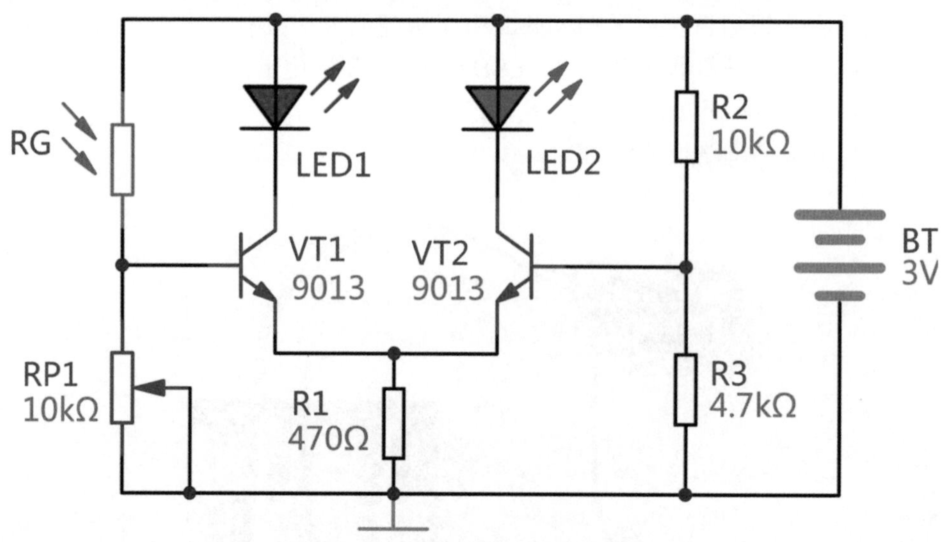

图 2-27-1　预防近视测光器原理图

当光线较弱时，光敏电阻 RG 呈现较高阻值，导致 VT1 趋于截止，LED1 熄灭。此时 VT2 的基极电压经 R2 和 R3 分压后，高于 0.7V，得以导通，LED2 点亮，用来显示光线较暗。这个电路有点像跷跷板，左边低了右边就高，左边高了右边就低。可变电阻 RP1 用于调整光线强弱的转换点，相当于调整跷跷板的中间支点。

表 2-27-1 是预防近视测光器电路的元件清单，图 2-27-2 是电路印板图，图 2-27-3 是所需元器件实物外观图，图 2-27-4 是电路板外观及尺寸图。扫描下页黄色二维码可以观看成品电路板的效果演示。

表 2-27-1　预防近视测光器元件清单

元件名称	编号	参考数值	元件名称	编号	参考数值
电阻	R1	470Ω	发光二极管	LED1	绿
电阻	R2	10kΩ	发光二极管	LED2	红
电阻	R3	4.7kΩ	三极管 NPN	VT1、VT2	9013
可变电阻	RP1	10kΩ（103）	电源接线座	BT 3V	2 节 5 号电池
光敏电阻	RG	—			

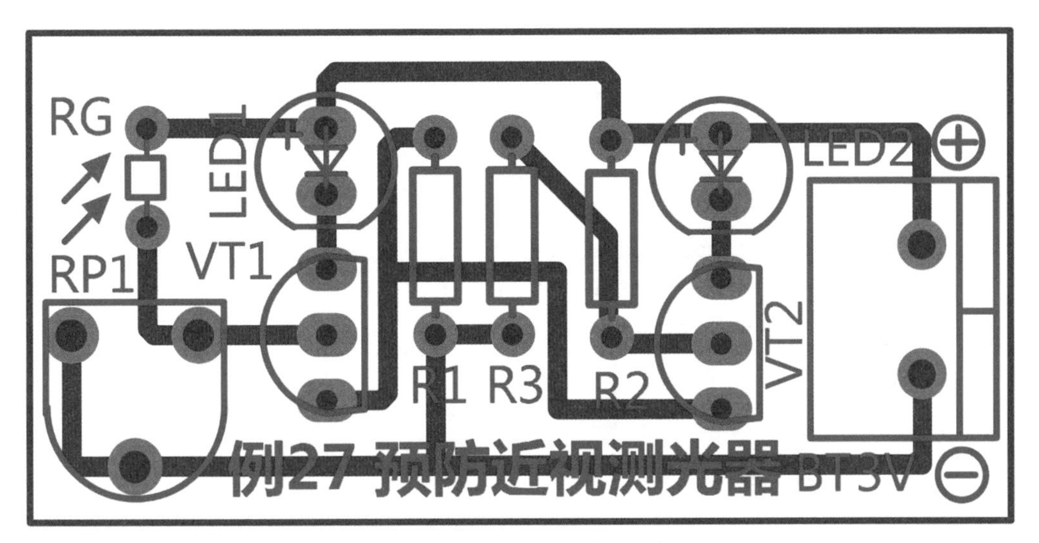

图 2-27-2　预防近视测光器印板图

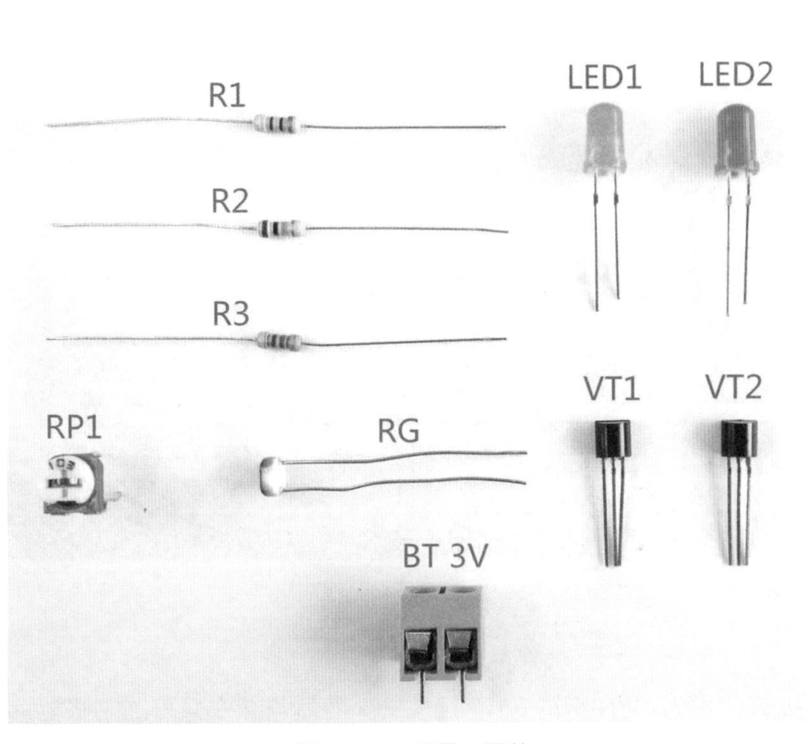

图 2-27-3　所需元器件

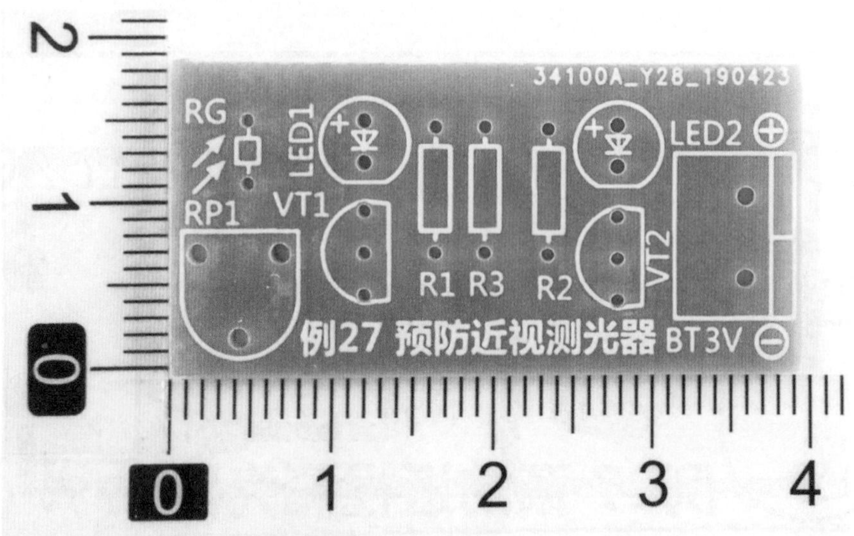

图 2-27-4　电路板外观及尺寸

焊装步骤 1：

对照元件清单，先将 3 只电阻焊装在相应的位置。如图 2-27-5 所示。

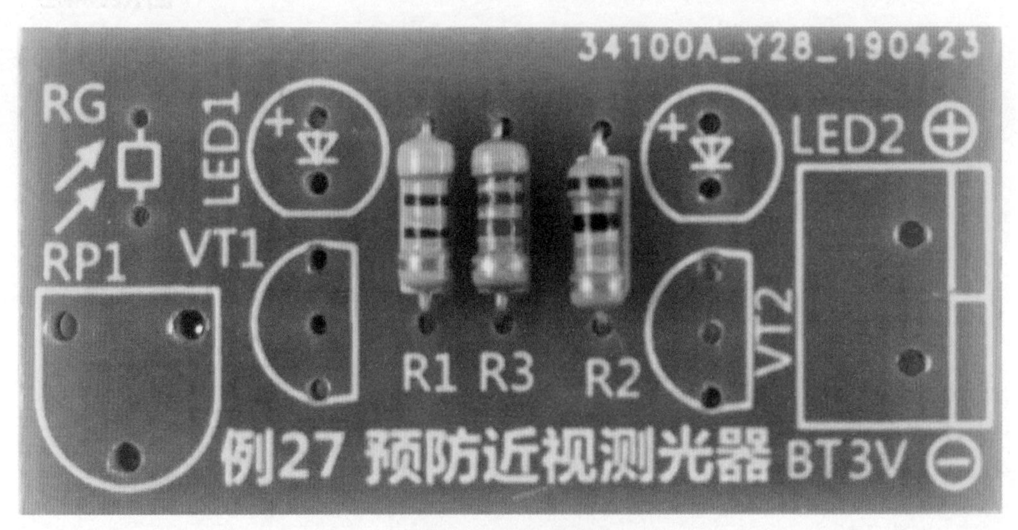

图 2-27-5　焊接电阻

焊装步骤 2：

焊接 2 只三极管，均为 NPN 型的 9013 三极管。然后焊接 2 只发光二极管。如图 2-27-6 所示。

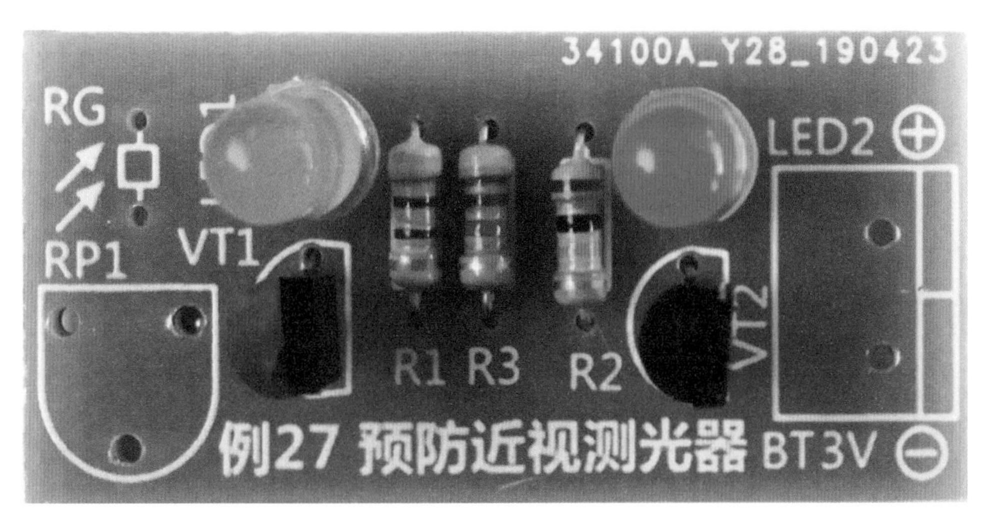

图 2-27-6　焊接三极管和发光二极管

焊装步骤 3：

接下来焊接可变电阻、光敏电阻和电源接线座。如图 2-27-7 所示。

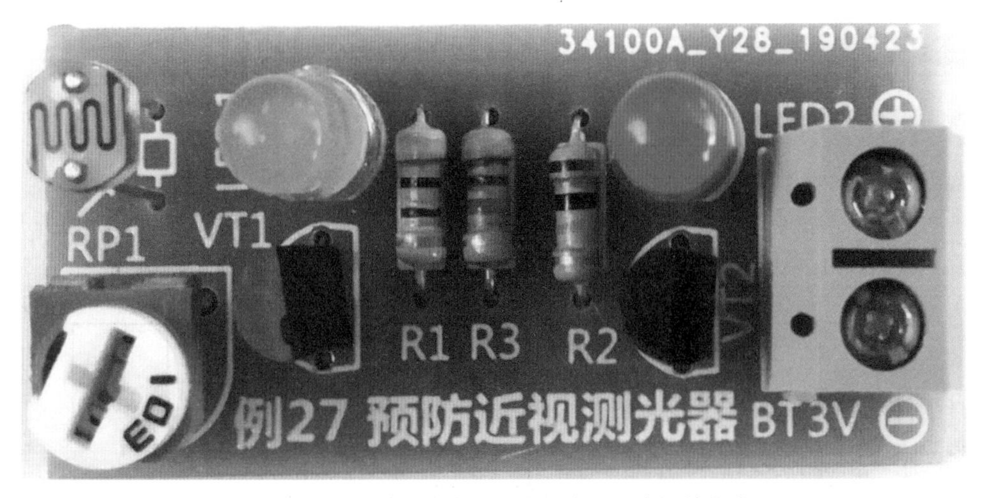

图 2-27-7　焊接可变电阻、光敏电阻和电源接线座

仔细检查无误后，可接通电源。比较理想的阅读光线强度应不低于 100lx（lx 即勒克斯，照度单位）。一般用户没有照度计用于检测，我们可以取 220V 15W 的普通白炽灯泡，在没有其他外界光线干扰时点亮灯泡，距离灯泡约 30cm 处的亮度就接近于 100lx。此时调整可变电阻 RP1，使得 LED1 刚好点亮，LED2 刚好熄灭即可。

装配好的成品电路板效果如图 2-27-8 所示。

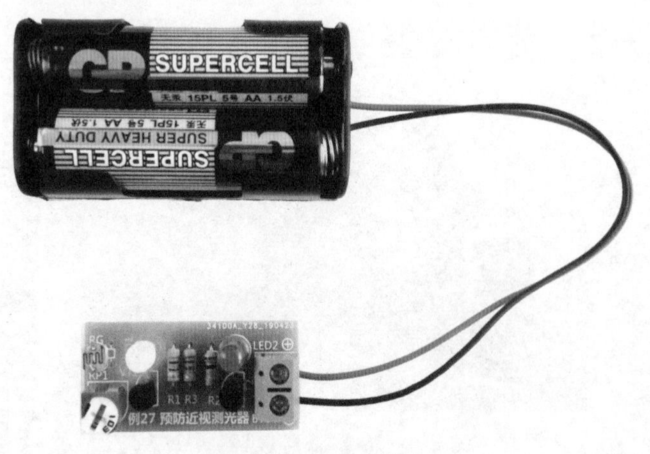

图 2-27-8　成品效果演示

音频放大类电子制作

例 28　助听器

制作难度：★★比较简单

原理简介：

这是一个能将音频信号放大并传送给耳机，实现助听功能的电路。电路原理图如图 2-28-1 所示。

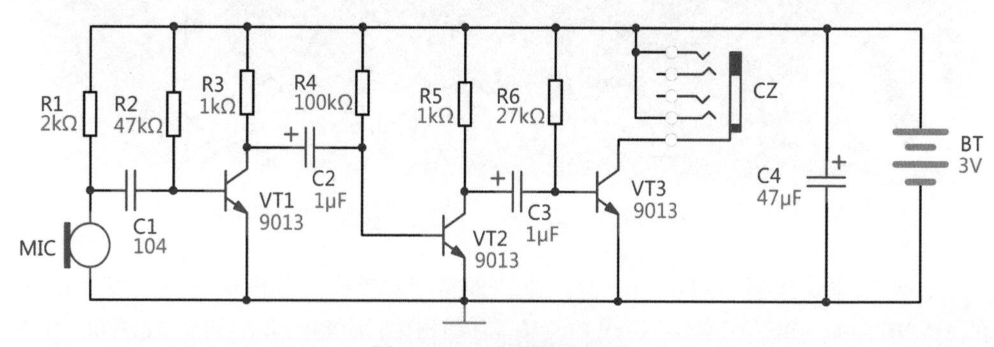

图 2-28-1　助听器原理图

驻极话筒 MIC 将话音信号转换成电信号，经 C1 送到由 VT1、R2、R3 等组成的第一级放大电路，该级是电压并联负反馈电路。放大后的信号经 C2 送到由

VT2、R4、R5 等组成的第二级放大电路，该级也同样是电压并联负反馈电路。再次放大后的信号经 C3 送到 VT3、R6 等组成的第三级放大电路，在 VT3 的集电极接有双声道耳机，直接驱动耳机发出声音。耳机的两个声道并联在一起，左、右两个声道发出的声音完全一样，实际相当于一个声道。

表 2-28-1 是助听器电路的元件清单，图 2-28-2 是电路印板图，图 2-28-3 是所需元器件实物外观图，图 2-28-4 是电路板外观及尺寸图。扫描下页黄色二维码可以观看成品电路板的效果演示。

表 2-28-1　助听器元件清单

元件名称	编号	参考数值	元件名称	编号	参考数值
电阻	R1	2kΩ	电解电容	C4	47μF
电阻	R2	47kΩ	三极管 NPN	VT1、VT2、VT3	9013
电阻	R3、R5	1kΩ	驻极话筒	MIC	—
电阻	R4	100kΩ	双声道插座	CZ	—
电阻	R6	27kΩ	双声道耳机	—	阻抗 32Ω
瓷片电容	C1	104（0.1μF）	电源接线座	BT 3V	2 节 5 号电池
电解电容	C2、C3	1μF			

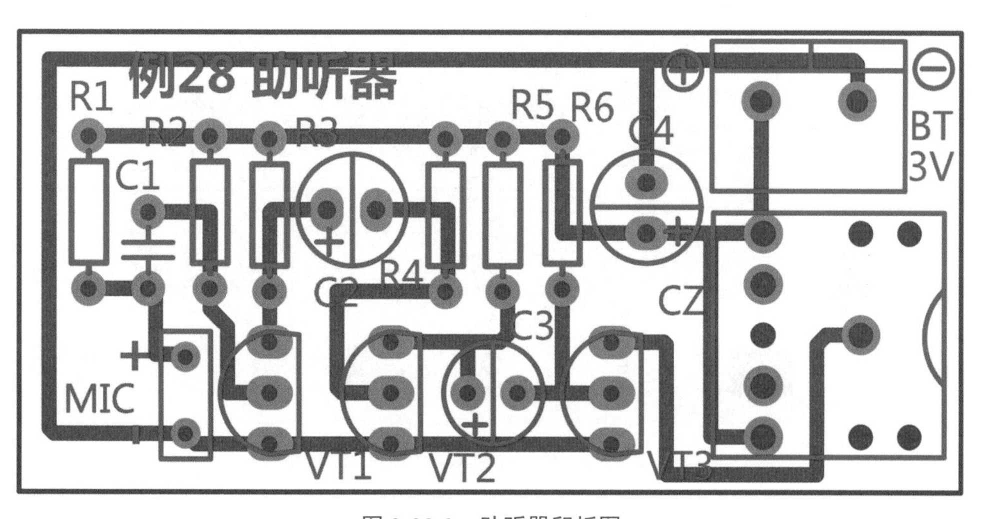

图 2-28-2　助听器印板图

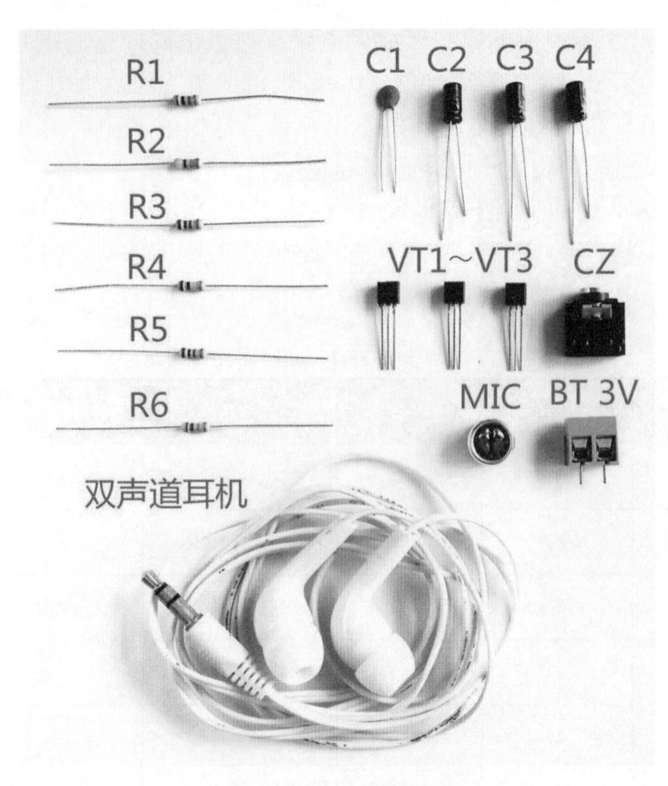

图 2-28-3　所需元器件

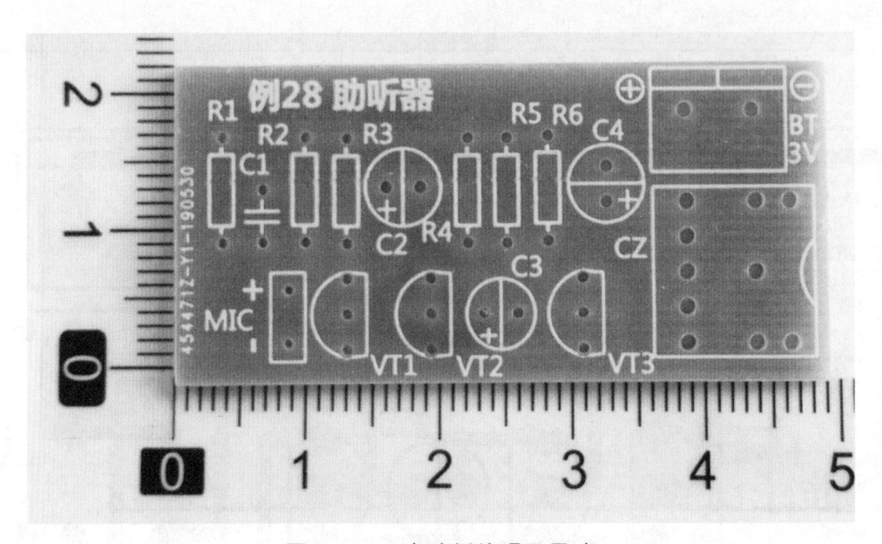

图 2-28-4　电路板外观及尺寸

焊装步骤 1：

对照元件清单，先将 6 只电阻焊装在相应的位置。如图 2-28-5 所示。

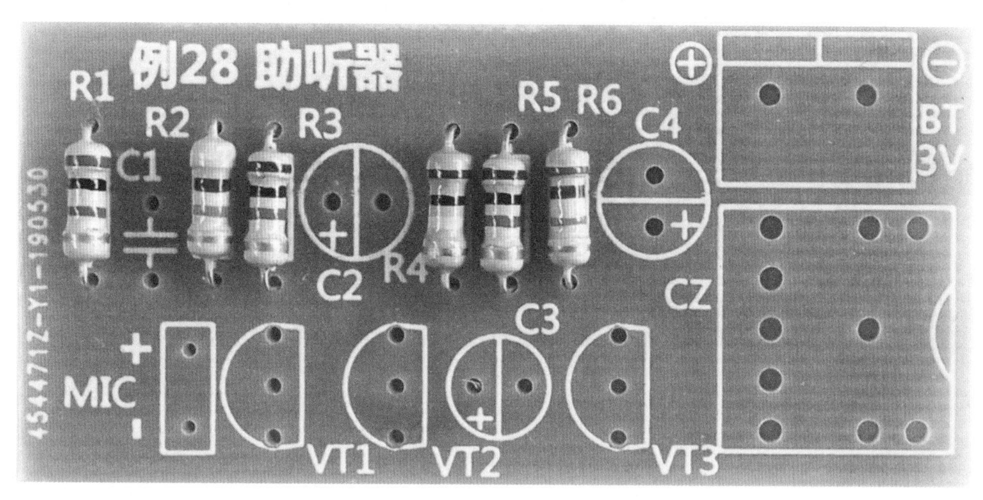

图 2-28-5　焊接电阻

焊装步骤 2：

焊接 1 只瓷片电容和 3 只电解电容。如图 2-28-6 所示。

图 2-28-6　焊接瓷片电容和电解电容

焊装步骤 3：

接下来焊接三极管，均为 NPN 型的 9013 三极管。如图 2-28-7 所示。

图 2-28-7　焊接三极管

焊装步骤 4：

焊装驻极话筒，其与外壳相接的一端是负极。然后焊装耳机插座和电源接线座，如图 2-28-8 所示。

图 2-28-8　焊装驻极话筒、耳机插座和电源接线座

仔细检查无误后，可接通电源。在耳机插座上接上阻抗 32Ω 的双声道耳机，此时耳机中就可以听到清晰的现场声音。由于电路中元件参数值经过了反复实验试听来选取，因此电路无需调试，耳机中的音量大小适中，灵敏度较高，助听效果比较理想。

装配好的成品电路板效果如图 2-28-9 所示。

图 2-28-9　成品效果演示

例 29　音频功率放大器

制作难度：★★★★比较高

原理简介：

这是由分立元件组成的音频功率放大器，具有一定的输出功率，可直接驱动 0.5W8Ω 扬声器。电路原理图如图 2-29-1 所示。

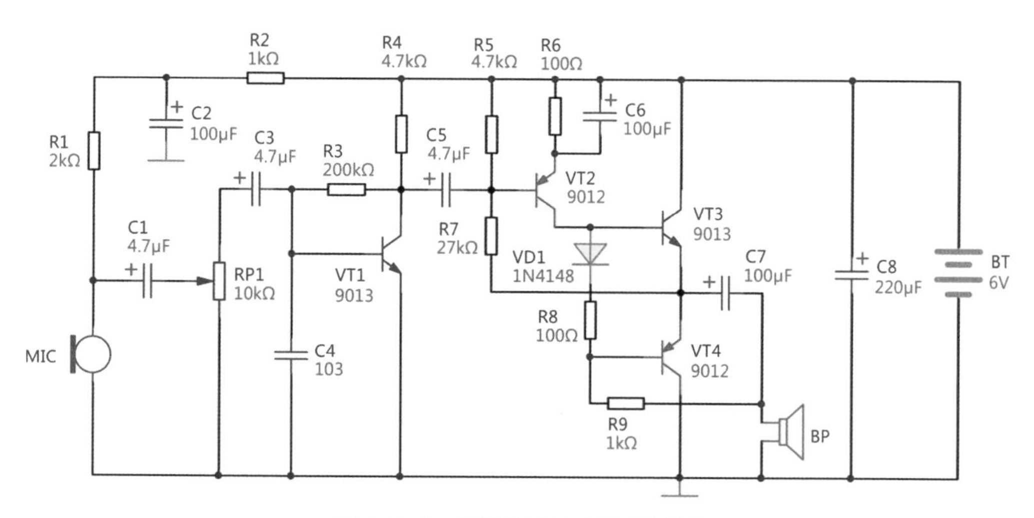

图 2-29-1　音频功率放大器 原理图

驻极话筒将外界声音转换为电信号，R1 为驻极话筒 MIC 提供偏置电压。音频信号经过 C1 加至 RP1，RP1 是起音量控制作用的电位器，可用于调节输出音量大小。C3 是音频耦合电容，VT 1 与 R3、R4 等组成了一个典型的电压并联负反馈电路，音频信号经过 VT1 放大后，经 C5 耦合到由 VT2 构成的推动级。R5、R7 为 VT2 提供了一个稳定的工作点，其中 R7 接在了输出中点电压上。VT3、VT4 组成推挽功率放大，由于 VT2 与推挽管 VT3、VT4 是直接耦合的，电阻 R7 的这样的接法，起着深度负反馈的作用，使电路能够工作更稳定。同时 R6 是 VT2 的发射极反馈电阻，进一步保证了电路静态工作点的稳定。C6 是 VT2 的发射极旁路电容，为交流信号提供了通路，使交流信号不受反馈的影响。VD1、R8、R9 是 VT2 集电极的负载电阻，调整 R8 的阻值，可以改变推挽管 VT3、VT4 的静态工作电流，而二极管 VD1 还有一定的温度补偿作用，保证电路的工作稳定。电路中的 R9 没有直接接在电源的负极，而是通过扬声器 BP 后，再接在电源负极，这种连接有一定的自举作用，使 VT3 工作时能够得到足够的驱动电流。C7 是输出隔直流电容，VT3 和 VT4 输出的交流信号可以顺利通过 C7 驱动扬声器。C8 是电源滤波电容，R2 和 C2 组成滤波电路，为话筒放大级提供稳定电源，C4 是为滤除杂波防止啸叫而设置的。

VT3、VT4 所组成推挽的电路，也是经常采用的一种电路形式，它使用了导电特性完全相反的 NPN 和 PNP 两只三极管组成放大器，当推动级 VT2 集电极输出信号为“正”时，处于上面的 NPN 管 VT3 导通，而下面的 PNP 管 VT4 截止；当推动级 VT2 集电极输出信号为“负”时，处于下面的 PNP 管 VT4 导通，上面的 NPN 管 VT3 截止，两只三极管工作状态就像锯木头一样，一推一拉，使负载扬声器 BP 上得到一个完整的电压信号，从而改善了放大器的音质。

表 2-29-1 是音频功率放大器电路的元件清单，图 2-29-2 是电路印板图，图 2-29-3 是所需元器件实物外观图，图 2-29-4 是电路板外观及尺寸图。扫描下页黄色二维码可以观看成品电路板的效果演示。

思考题

如果调整 RP1 来加大音量，会发现扬声器中容易出现尖锐的啸叫声，从而影响电路正常使用，我们在一些会场里也经常能遇到类似的现象，这是为什么？有哪些消除啸叫的办法呢？答案见附录。

表 2-29-1　音频功率放大器元件清单

元件名称	编号	参考数值	元件名称	编号	参考数值
电阻	R1	2kΩ	电阻	R7	27kΩ
电阻	R2、R9	1kΩ	可变电阻	RP1	10kΩ（103）
电阻	R3	200kΩ	电解电容	C1、C3、C5	4.7μF
电阻	R4、R5	4.7kΩ	电解电容	C2、C6、C7	100μF
电阻	R6、R8	100Ω	瓷片电容	C4	103（0.01μF）

续表

元件名称	编号	参考数值	元件名称	编号	参考数值
电解电容	C8	220μF	驻极话筒	MIC	—
开关二极管	VD1	1N4148	扬声器	BP	8Ω
三极管 NPN	VT1、VT3	9013	电源接线座	BT 6V	4 节 5 号电池
三极管 PNP	VT2、VT4	9012			

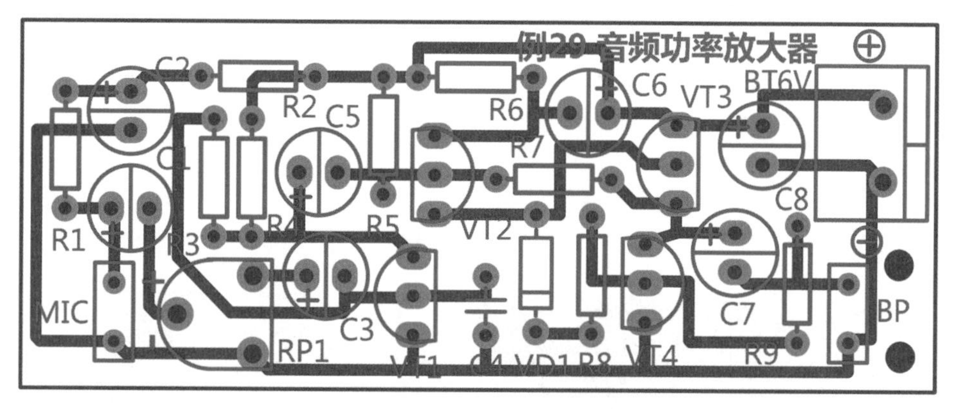

图 2-29-2　音频功率放大器印板图

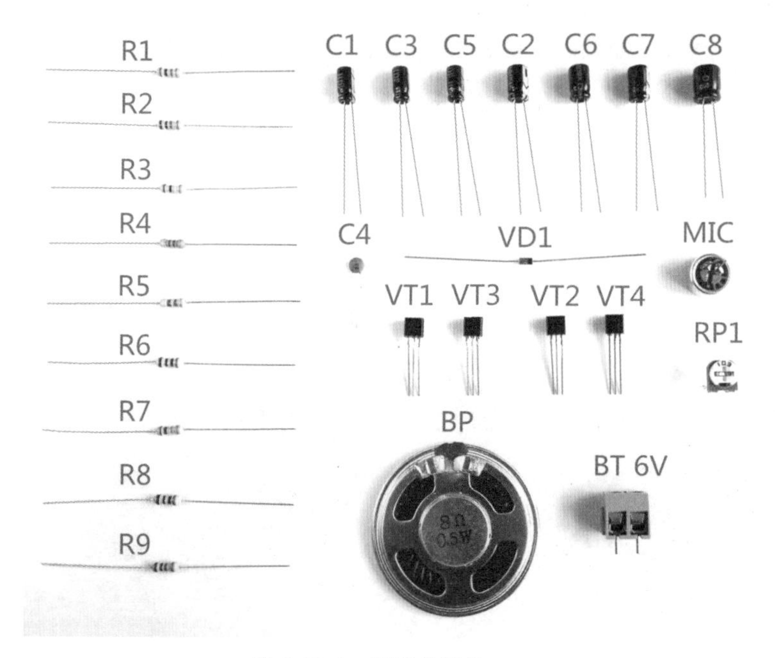

图 2-29-3　所需元器件

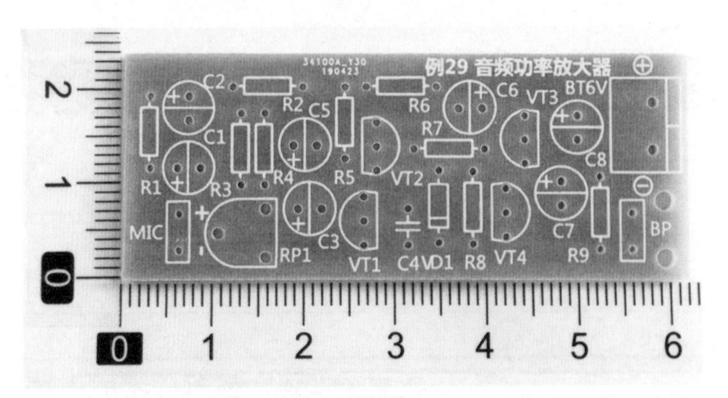

图 2-29-4　电路板外观及尺寸

焊装步骤 1：

对照元件清单，先将 9 只电阻焊装在相应的位置，然后焊接 1 只开关二极管。如图 2-29-5 所示。

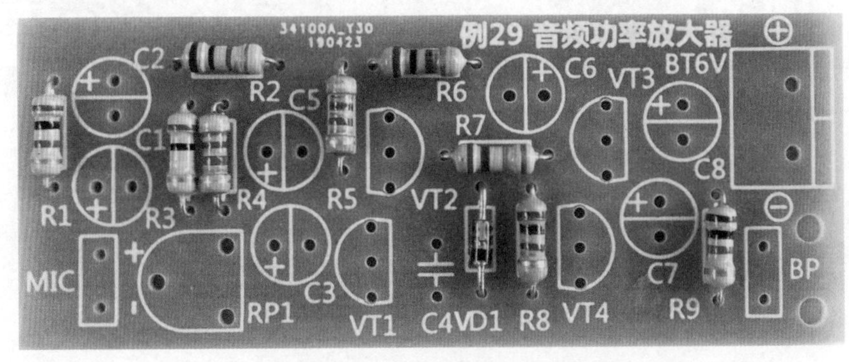

图 2-29-5　焊接电阻和开关二极管

焊装步骤 2：

焊接 1 只瓷片电容和 7 只电解电容。如图 2-29-6 所示。

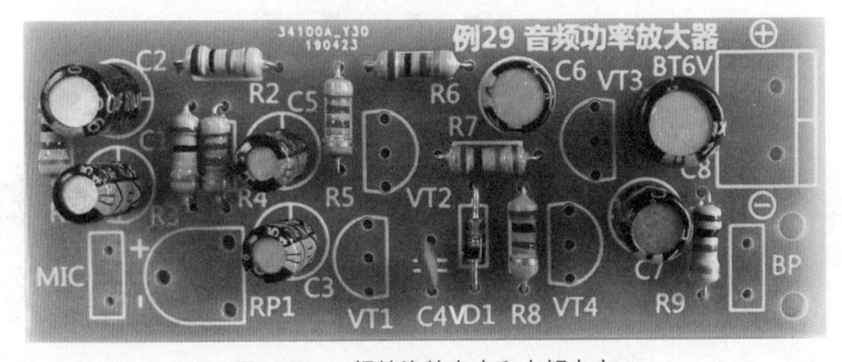

图 2-29-6　焊接瓷片电容和电解电容

焊装步骤 3：

接下来焊接可变电阻和 4 只三极管，其中 VT1、VT3 是 NPN 型 9013 三极管，VT2、VT4 是 PNP 型 9012 三极管。如图 2-29-7 所示。

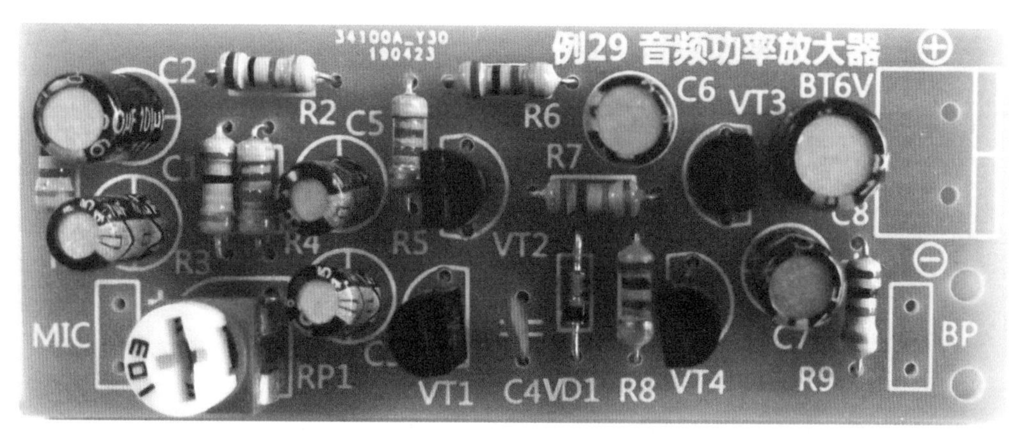

图 2-29-7　焊接可变电阻和三极管

焊装步骤 4：

焊装驻极话筒和扬声器引线，扬声器引线从板上预留通孔中穿过后再焊到印板上。最后焊装电源接线座。如图 2-29-8 所示。

图 2-29-8　焊接驻极话筒、扬声器引线和电源接线座

仔细检查无误后，可接通电源。对话筒讲话，并适当调整 RP1 控制音量，扬声器中就可以传出放大后的声音。如果出现啸叫，则需适当调整 RP1，降低音量，或者延长扬声器引线，使扬声器尽量远离话筒。

装配好的成品电路板效果如图 2-29-9 所示。

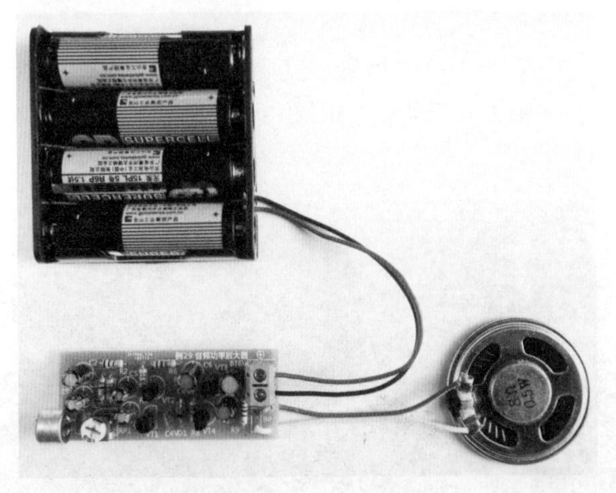

图 2-29-9　成品效果演示

例 30　朗读助记器 *

制作难度：★★★中等

原理简介：

这是一个能在学习中帮助提高记忆效率的电路，它可以将朗读的声音通过电路传送到耳机中，使耳机中同步发出朗读的语音，从而实现嘴、耳同步，有助于加深大脑的记忆。电路原理图如图 2-30-1 所示。

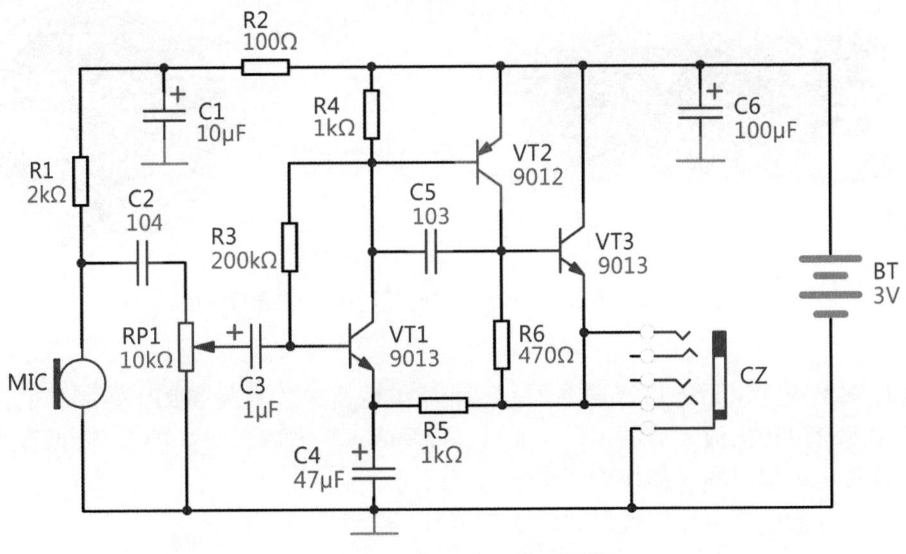

图 2-30-1　朗读助记器原理图

驻极话筒将外界声音信号转换成电信号后，经 C2、RP1、C3 送到由 VT1、R3、R4 等组成的放大电路，其中 RP1 用来调整信号强度，从而实现音量调整。经 VT1 放大后的信号，直接与 VT2、VT3 等组成的第二级放大电路相接，这种前后级直接耦合的电路，工作点易发生偏移现象，这里 VT2 选用的是 PNP 型三极管，在本电路中工作时其基极电压高于集电极电压，有助于向 VT3 提供适合的工作点，减少电路的工作点飘移。VT3 通过发射极输出，具有输出阻抗低的特点，可以直接驱动耳机。耳机采用双声道并联的方式。R2、C1、C6 组成退耦电路，用于抑制电路可能产生的自激。

与例 28 的助听器电路相比，这个电路除了具有音量调整功能外，还具有工作点稳定、频率响应快、信号传送效率高等特点。

表 2-30-1 是朗读助记器电路的元件清单，图 2-30-2 是电路印板图，图 2-30-3 是所需元器件实物外观图，图 2-30-4 是电路板外观及尺寸图。扫描下页蓝色二维码可以观看本电路的详细制作过程。

表 2-30-1　朗读助记器元件清单

元件名称	编号	参考数值	元件名称	编号	参考数值
电阻	R1	2kΩ	电解电容	C4	47μF
电阻	R2	100Ω	瓷片电容	C5	103（0.01μF）
电阻	R3	200kΩ	电解电容	C6	100μF
电阻	R4、R5	1kΩ	三极管 NPN	VT1、VT3	9013
电阻	R6	470Ω	三极管 PNP	VT2	9012
可变电阻	RP1	10kΩ（103）	驻极话筒	MIC	—
电解电容	C1	10μF	双声道插座	CZ	—
瓷片电容	C2	104（0.1μF）	双声道耳机	—	32Ω
电解电容	C3	1μF	电源接线座	BT 3V	2 节 5 号电池

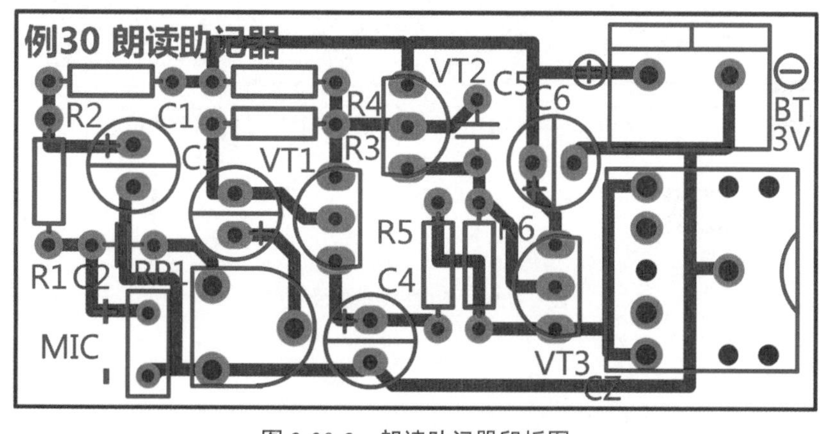

图 2-30-2　朗读助记器印板图

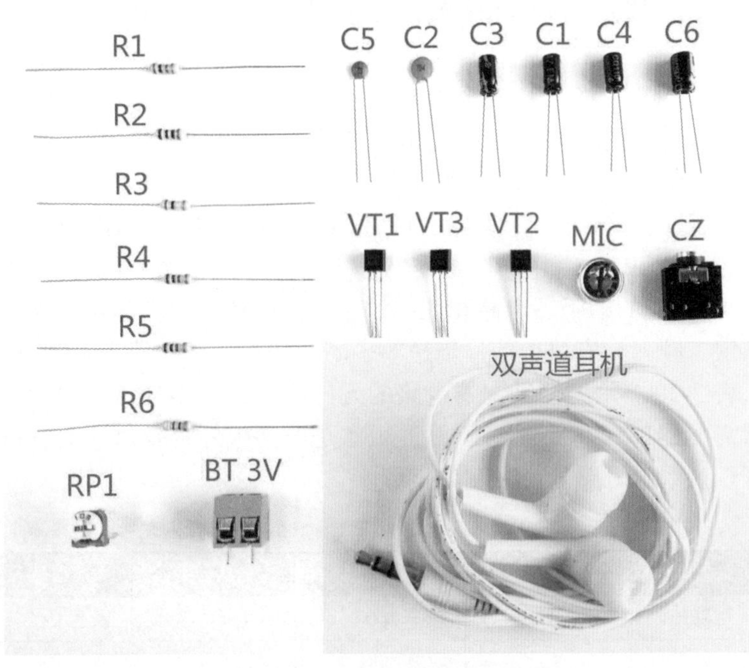

图 2-30-3　所需元器件

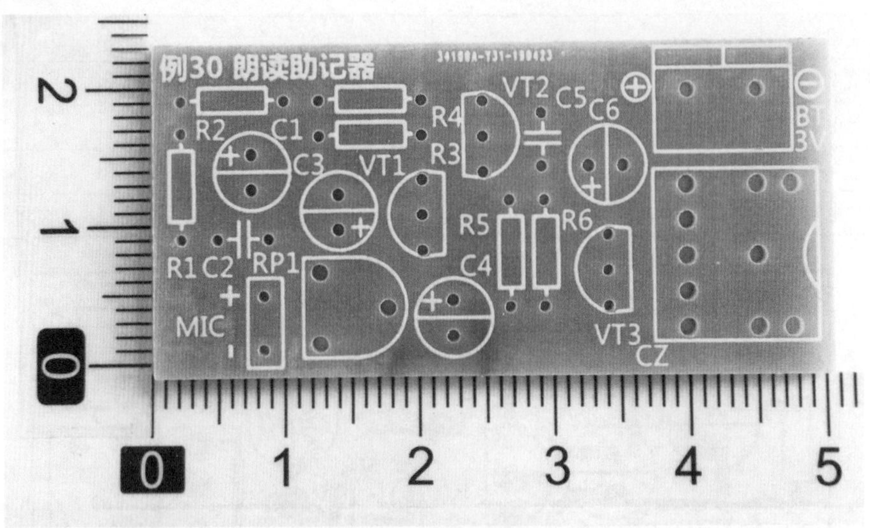

图 2-30-4　电路板外观及尺寸

焊装步骤 1：

对照元件清单，先将 6 只电阻焊装在相应的位置。如图 2-30-5 所示。

图 2-30-5 焊接电阻

焊装步骤 2：

焊装 2 只瓷片电容和 4 只电解电容。如图 2-30-6 所示。

图 2-30-6 焊装 2 只瓷片电容和 4 只电解电容

焊装步骤 3：

接下来焊接可变电阻，3 只三极管，其中 VT1 和 VT3 为 NPN 型 9013 三极管，VT2 为 PNP 型 9012 三极管。如图 2-30-7 所示。

图 2-30-7 焊接可变电阻和三极管

焊装步骤 4：

焊装驻极话筒、耳机插座和电源接线座，如图 2-30-8 所示。

图 2-30-8　焊装驻极话筒、耳机插座和电源接线座

仔细检查无误后，可接通电源。插好耳机后，对话筒讲话，即可在耳机中听到声音，调整 RP1 可调整耳机音量，让耳机中的声音大小适中。

笔者在上学期间，对于像语文、英语、政治等课程中，部分需要死记硬背的内容，就曾经用过这样的产品，在口中读出背诵内容的同时，耳中同步灌输自己朗读的语音，在突击背诵记忆时能起到一定的辅助作用。周边环境需要安静，不然噪声也会被放大灌输到耳中。当然应用效果也是因人而异，不同的人使用效果和体会也不尽相同，也不排除在其中有一定的心理作用。我们这里主要研究的是电路本身。

装配好的成品电路板效果如图 2-30-9 所示。

图 2-30-9　成品效果演示

附录 思考题参考解答

1. 例3思考题

在第一章第三节中曾经介绍过，不同颜色的LED工作电压不同，例如红色的LED，额定工作电压为1.8～2V左右，而蓝色、白色的LED，额定工作电压都在3.0～3.3V左右，如果将不同颜色的LED直接并联，会导致额定工作电压低的LED较亮，而额定工作电压高的较暗或者不亮。如果将本例电路中的整组LED换成其他同一颜色的，例如LED5～LED8换成黄色的，LED9～LED12换成绿色的，LED1～LED4仍然为红色的，则电路可以正常起振，能循环闪烁，但仔细观察，会发现各组LED闪烁的时间并不均匀，有快有慢，这是由于各颜色LED的额定工作电压不同，导致各电容的充放电时间不同，从而使各组的LED点亮时间也有所不同，出现各组LED闪烁间隔不均的现象。如果将LED换成白色或蓝色的，则由于白色或蓝色的LED额定工作电压等于或高于电源电压，会导致电路无法正常工作。

2. 例4思考题

如果同时增加电阻R1、R3、R5的阻值，或者同时增加电容C1、C2、C3的容量，则会增加电容的充电时间，使电路的振荡频率降低，也就是LED的闪烁速度会降低。反之则会减少电容充电时间，电路振荡频率升高，LED闪烁速度加快，加快到一定程度，由于人眼存在视觉暂留现象，因此看上去就像LED全都点亮了。

3. 例12思考题

C1的作用是让语音IC的触发信号更加稳定，避免抖动。电路的前几级都是对光敏信号的检测判断，假如光敏电阻与可变电阻RP1的分压点正好处于VT1似导通非导通的临界点时，将可能导致电路在短时间内发生多次导通与截止，产生抖动现象，会短时间内多次触发音乐芯片。C1的作用就是平滑触发信号，消除抖动，保证电路可靠触发。

4. 例 13 思考题

出现这样的现象，往往是电路板直接放置在了桌面上，硬质桌面本身悬空容易产生震动，这个震动声音被驻极话筒收集，并经后级放大电路放大后驱动继电器，从而导致电路出现频繁反复动作的情况。解决的办法也很简单，在电路板与桌面之间垫入软质绝缘物品，如海绵、软纸、软布等都可以有效避免这种现象的发生。

5. 例 17 思考题

主要是考虑到发射和接收管相距比较近，不需要很强的红外信号，R1 选用较大的阻值也是为了降低红外发射管的信号强度，为调试带来便利。如果 R1 取值较小，红外发射管发出的信号较强，一般的遮挡物可能无法完全遮挡住红外信号，红外信号会通过绕射、折射等方式，到达红外接收管，会导致电路无法正常关断。与此同时，电路板还要尽量远离外界光线，毕竟这只是一个简易的红外控制电路，没有采用信号调制方式，也没有对红外发射管采取定向发射措施，因此缺乏抗干扰的能力。

6. 例 20 思考题

实际上，由于接收电路仅具有放大红外信号的功能，没有选频功能，因此，它不光能对例 19 的发射电路响应，对其他红外遥控器也会有响应，例如用电视遥控器对准接收板的红外接收板，按下遥控器任意按键，继电器可能会多次频繁动作，既可以验证电视机遥控器也能让这个接收板响应，也说明电视机的红外遥控器发出的是一串脉冲信号，需要配合专用的接收解码电路来识别各个按键的功能。例 24 的电路就是用于电视机等红外遥控器的检测，只是用 LED 来代替继电器，不会发生继电器频繁动作的现象。

正式的红外遥控器产品一般还会在接收头前端加装深红色的透镜，可有效虑除外界杂波干扰。在后续的系列电路制作的图书中，我们将使用专用集成电路来制作红外遥控器，通过选频电路来实现一对一遥控，既可以实现多路遥控，还能有效杜绝误动作。

7. 例 21 思考题

本例电路中，L1 和 C4 组成并联谐振电路，L1 是空芯线圈，适当拉松，就相当于减少了 L1 的电感量，其结果是振荡频率升高。如果 L1 原本是紧密状态，电路振荡频率是 100MHz 左右，拉松一点后，电路振荡频率就可能提升到 105MHz 左右。这点在使用普通调频收音机接收时就能明显感觉到。如果 L1 拉松较多，则电路振荡频率就可能超过 108MHz，导致收音机无法接收到无线话筒发出的信号，还有可能导致电路失谐而停止振荡。

8. 例 23 思考题

我们常用的手机也是一个无线发射机，且能根据与基站之间的通信信号强弱，自动调整发射功率大小。当与基站之间的联络信号较强时，手机的发射信号自动降低，既减少辐射还节省电量。反之，与基站之间联络信号较弱时，会自动加大发射功率，以尽量保持通信畅通。因此，我们的手机在信号较弱的场合里使用，电池消耗较大，续航时间会缩短。手机的发射频率很高，不同制式，如 2G、3G、4G、5G 等发射频率都有所不同，不同运营商所使用的频率也有不同，但基本上都在 800MHz 到 5000MHz 左右，新的标准可能还会更高。而我们的简易场强仪中所使用的检波二极管 1N60，所能响应的最高频率也就在 150MHz 左右，因此无法检测到手机的信号，也就无法监测手机发射功率大小。手机发射信号监测需要使用专用的仪器，不是我们这款小电路能胜任的。

9. 例 24 思考题

红外遥控接收测试器在没有收到信号时，LED1 也会微微发亮，这主要是由于我们所处的环境之中，也多少存在一些红外线的信号，例如太阳光、部分灯具发出的光中都含有一定的红外线成份，这些微弱的红外线经过红外接收管接收后，再经电路放大后，就能驱动 LED1 发光，只是亮度较低而已，是正常的现象。而电视机的红外遥控器发出的红外线信号强度明显要高一些，特别是将遥控器头部的红外发射管对准接收板上的红外接收管时，电路所接收到的红外线信号更强，因此这时 LED1 的亮度要高很多。

10. 例 29 思考题

啸叫的产生，主要是话筒与扬声器距离太近，扬声器在声音特性中有一个频率峰值，话筒接收到这个峰值信号，音频放大电路再次放大这个峰值并送到扬声器，由此形成了正反馈，不断的循环放大形成了振荡而使扬声器发出啸叫。

解决的办法也有很多种，简单的就是让话筒尽量远离扬声器，让话筒收集不到扬声器的峰值信号。但有时这样远离并不方便使用，因此还需要在电路上做一些处理。处理的措施可以调整相位，让话筒输出的音频信号与扬声器发出的音频信号在相位上正好相反，从而破坏正反馈产生的条件，可以有效抑制啸叫。很多音频功放的正规产品还会采用多种措施来防止啸叫产生，比如使用频率均衡电路、窄带陷波电路，话筒采用无指向性等多种措施来抑制啸叫的产生。

参考文献

[1] 王晓鹏 . 面包板电子制作 130 例 . 北京：化学工业出版社，2016.

[2] 张庆双 . 晶体管应用电路精选 . 北京：机械工业出版社，2010.

[3] 方大千，朱丽宁 . 电子制作 128 例 . 北京：化学工业出版社，2016.

[4] 刘祖明，祝新元 . 36 例趣味经典电子制作图解 . 北京：机械工业出版社，2016.

[5] 张晓东 . 一周一个电子制作 . 北京：国防工业出版社，2009.